지 은 이 | 이주문
펴 낸 이 | 김원중

편 집 주 간 | 김무정
기　　　획 | 허석기
편　　　집 | 손광식
디 자 인 | 옥미향
제　　　작 | 박준열
관　　　리 | 차정심
마 케 팅 | 박혜경, 정혜진

초 판 인 쇄 | 2019년 1월 6일
초 판 발 행 | 2020년 1월 10일

출 판 등 록 | 제313-2007-000172(2007.08.29)

펴 낸 곳 | 도서출판 상상나무
　　　　　상상바이오(주)
주　　　소 | 경기도 고양시 덕양구 고양대로 1393 상상빌딩 7층
전　　　화 | (031) 973-5191
팩　　　스 | (031) 973-5020
홈 페 이 지 | http://smbooks.com
E - m a i l | ssyc973@hanmail.net

ISBN 979-11-86172-60-5(03430)
값 21,000원

Chemistry

$M_x = \dfrac{M_{(x)}}{M_{(-)}}$

화학으로 바라본
건강세상

상상나무

화학의 창문으로 들여다보는 건강 지침서

세상을 생각할 때 각 개인은 각자의 눈으로 세상을 본다. 대화를 하다 보면 생각하는 방향이 다르다는 것을 느낄 때가 종종 있다. 그렇다고 누구의 의견이 옳고 그르다는 말은 아니다. 단지 방향이 다르다는 사실을 말할 뿐이다. 2019년 6월 26일에 방영된 SBS 방송 영재 발굴단 프로그램에서는 초등학교 영재 학생이 화학을 무척 좋아하여 나무를 보든 어떤 것을 보든 화학의 분자를 생각하는 모습을 보여주었다. 그 학생은 화학으로 세상을 바라보는 것이 흥미롭고 즐겁다고 했다. 또한 『화학으로 이루어진 세상』이란 책에서도 우리가 사는 세상은 온통 화학으로 이루어져 있다고 주장한다.

나는 학교에서 융합 교과로 학생들을 가르쳐야 하는 2015년 교육 과정에 따라 화학을 활용한 융합 교과를 구상하게 되었다. 그런 가운데 화학을 통해 건강을 바라보는 것도 하나의 방법이 되지 않을까 하고 아이디어를 내고 준비하기 시작하여 건강 관련 서적을 많이 읽고 정리해 나갔다. 대다수 저서는 의사들이 저술한 것으로서 각종 병을 어떻게 치유할 수 있는지 기술되어 있었다. 의사가 아닌 일부 저자들은 우리 몸의 자연 치유력을 바탕으로 질병을 치유할 수 있는 길이 있다고 주장하였다.

나는 책을 읽으면서 건강을 바라보는 방법이 나와는 다소 다르다는 것을 느꼈다. 의사들은 질병에 대해 어떻게 치료하고 예방하느냐 하는 방법의 방향에서 바라보고 있었다. 사실 우리 신체라는 것은 동일하지만 그것을 어떠한 관점에서 바라보느냐는 사뭇 다를 수 있다고 생각한다. 나는 실험실에서 수많은 실험을 하면서 플라스크 안에서 일어나는 화학 반응을 관찰하고 그 결과를 확인하는 작업을 한 적이 있었다.

화학 반응을 일으키기 위해서는 먼저 실험을 디자인하고 어떤 반응 물질을 사용할 것인지 생각하고 그에 적절한 용매와 촉매를 선택하며, 교반은 어느 정도의 속도로 하고 반응 온도는 얼마로 할지 등을 미리 정하여 실험을 설계하는 작업이 따라야 한다. 그 후에 이에 맞추어 실험을 실시하는데, 자신이 원하고 예측하는 결과가 나오는 경우도 있지만 그렇지 않은 경우도 허다하다. 만약 원하는 결과를 얻게 되면 최적의 실험 조건을 찾기 위해 여러 조건을 변화시켜 가면서 실험을 실시하게 된다. 이렇듯 화학 반응은 어떤 조건들을 변화시켜 가며 진행해야 원하는 결과를 얻을 수 있다. 사실 이것은 무척 힘들고 많은 시간이 요구되며 실질적인 노력이 필요하다.

화학 실험실의 플라스크 안에서 관찰하던 화학 반응을 우리 신체 안에서 일어나는 화학 반응으로 대상을 바꾸는 과정이 필요하다. 사실 우리 신체 안에서는 수많은 화학 반응이 일어났고 일어나고 있으며 앞으로도 생명이 다하는 순간까지 일어날 것이다. 나는 건강 관련 책을 많이 읽고 KBS에서 방송하는 '생로병사의 비밀' 관련 다큐멘터리 프로그램을 보고 건강 관련 내용들을 정리하면서, 우리 신체에서 일어나는 화학 반응을 최적화하는 방법(반응 조건)들을 생각하여 보았다.

나는 2014년부터 많은 책에 기술된 내용을 나 자신에게 직접 적용하면서 소위 건강 실험을 해 보았다. 실험실에서는 실험 후 나온 결과들을 놓고 분석 기기들을 사용하여 그 구조를 분석하고 해석하였는데 몸을 이용한 건강 실험에서는 느낌과 몇 가지 신체 결과들이 전부였다. 그래도 학생들에게 유익한 내용을 가지고 수업을 진행하고 무언가 도움을 주기 위해서는 내가 먼저 실험을 실시하고 그 결과를 이야기하는 것이 필요하다고 생각하였기에 열심히 건강 실험을 지속적으로 실시하여 왔다.

약 6여 년에 걸쳐 각종 책을 읽고 영상을 보면서 터득한 지식을 직접 실행해 본 결과 확실히 우리 신체는 계속 화학 반응을 일으키고 그에 따라 변화를 일으킨다는 확신이 들었다. 여러 가지 신체 반응이 나타났고 실제로 6년여에 걸쳐 매우 좋은 건강 결과를 얻었다. 나는 건강 실험을 실시한 과정과 결과를 빠짐없이 '나의 건강 실험 이야기'라는 제목으로 기록하여 왔다. 이러한 나의 경험을 토대로 학생들에게도 건강해지려면 무엇이 중요하고 어떻게 실천해야 하는지 좀 더 자신감을 가지고 알려줄 수 있다는 신념이 생겼다. 실제로 2019년 1학기부터 진행한 '화학으로 바라본 건강 세상' 수업 시간에 이것을 강조하고 있다.

여태까지 나는 화학을 학생들에게 가르쳐 왔지만 실제로 실생활에 얼마나 화학을 적용하면서 살고 있는지, 화학을 등한시해온 것은 아닌지 반성도 해보았다. 화학을 배웠으나 실생활에 응용하지 못한다면 그냥 지식 차원에 머물고 마는 것은 아닌지 되돌아보았다. 우리 세상이 온통 화학으로 이루어졌다는 이야기처럼 실제로 화학이 아닌 것이 없는데 왜 교과서 속 내용의 지식수준에서 멈추고 마는 것인가, 시험 성적만을 위한 공부로 끝나는 것은 아닌가 하고 생각해보았다. 그러면서 앞으로 수업 시간에는 실제로 주변에서 응용할 수 있는 내용을 다루어가면서 진행하는 것이 필요하겠다고 생각하였다.

나는 학교에서 융합 교과를 준비하면서 '화학으로 바라본 건강 세상'이라는 제목으로 학생들에게 강의를 하고 화학과 건강을 연결하여 생각해보는 시간을 보내고 있다.

사실 건강은 많은 측면에서 생각할 수 있다. 우리 몸의 건강을 위해 필요한 것이 정말 무엇인지 정리해본 결과 다음 7가지, 곧 물, 공기, 빛, 온도, 음식물, 신경, 호르몬이 중요하다고 보았다. 실제로 나에게 감기나 환절기 알레르기 등의 문제점이 있을 때 그 문제를 해결하기 위하여 생활 조건을 바꾸어 실행하면서 그 문제들을 해결해 보았다. 우리 학생들은 내가 진행해온 건강 실험을 참고하여 좀 더 많은 상상력을 키워 다양한 각도로 사고의 폭을 넓히면서 건강뿐만 아니라 우리 주변에서 일어나는 다양한 문제점을 스스로 찾아내고 그 문제들을 해결해나가는 연습을 많이 하여 미래의 4차 산업혁명 시대에 요구되는 훌륭한 인재들로 성장해주기를 바란다.

앞에서 언급한 7가지 측면에서 건강을 살펴보면 우리의 건강이 어떻게 개선될 수 있는지 조금은 알 수 있지 않을까 생각한다. 실제로 나 자신에게 적용하여 효과를 보았고 그래서 주변 사람들에게도 권장하고 있는데, 건강에 도움이 되었다고 하는 사람들도 있다. 앞으로 계속 이 내용들을 토대로 학생들에게 건강의 소중함과 건강해질 수 있는 방법을 소개하고자 한다. '화학으로 바라본 건강 세상'의 내용이 부디 많은 분들의 건강에 도움이 되었으면 좋겠다.

저자 이 주 문

세네카의 '인생이 왜 짧은가'의 이야기

1세기 로마 시대에 유명한 철학자 세네카가 쓴 『인생이 왜 짧은가』라는 책을 보면 우리의 인생은 결코 짧지 않다고 역설한다. 인생을 살아가는 데 주어진 시간을 어떻게 사용하는가에 따라 인생의 길이가 달라진다는 것이다. 시간을 주인 의식을 가지고 사용하는 사람은 시간이 충분히 긴 반면에 시간을 노예, 곧 남의 눈치와 체면 때문에 낭비하고 남이 시키는 일만 하는 사람처럼 사용하는 사람은 인생이 짧다고 한다. 봉건 시대에는 신분 제도가 있어서 노예가 있었고 주인이 따로 존재하였으나 현대에 들어와 모든 사람은 존중받을 존엄성을 가지고 있으므로 철학 또한 변하였다. 현대에는 주인과 노예의 논리가 아니라 주인 의식을 가진 사람과 주인 의식이 없는 사람 정도로 생각하는 것이 타당하다고 본다.

우리 건강을 돌아보는 일도 이와 유사할 수 있다. 주인 의식을 가지고 자신의 건강을 챙기는 사람은 아주 의미 있는 삶을 살게 되고, 주인 의식이 결여되어 자신의 건강을 무시하는 사람은 나중에 건강이 무너져서 병이 생기는 일이 발생할 수 있다. 사실 건강을 위하여 먼저 시간을 투자하는 주인 의식을 가지는 삶과 병에 걸리고 이끌려 병원에서 아픈 상태로 시간을 보내는 삶 중에서 어느 것이 우리에게 중요한지 생각하면서 생활하는 지혜가 필요하다.

만약 1년에 4차례 감기에 걸린다고 할 경우, 한 번 감기에 걸릴 때마다 약 2주를 보낸다고 하면 1년 중 2개월을 아픈 상태로 보내게 된다. 그렇다면 차라리 이 시간을 운동하고 건강을 돌보는 데 먼저 투자하면 건강하고 행복한 삶을 살 수 있지 않을까. 자기 건강을 돌보는 데 주인 의식을 가지고 직접 건강 실험을 하면서 건강을 회복하고 행복한 삶을 살아가기를 진심으로 바란다.

CONTENTS

CONTENTS

Chemistry
part 1.

제1부 | 우리 몸속의 화학 반응

화학 반응이 일어날 때는 항상 물질과 에너지의 변화가 수반된다. 물질과 에너지는 우리 우주의 공간과 시간 안에서 항상 변화하고 있고 앞으로도 영원히 변화를 지속할 것이다. 우리 몸도 우주의 일부분, 즉 자연의 일부로서 마찬가지로 변화를 보이고 있다. 물질은 질량과 부피가 있는 특성이 있는 반면에 에너지는 질량과 부피가 없다고 정의된다. 우리 몸은 수많은 원자로 이루어져 있는데 이들 물질의 변화에는 물, 공기, 음식물 등이 관계되고, 에너지에는 빛과 열에너지(온도) 그리고 화학 에너지(ATP) 등이 관계된다.

화학에 대한 이야기

화학이란 무엇인가? 우리 학생들에게 물어보면 영어를 잘하는 학생들이어서 "화학은 chemistry다."라고 대답하기도 한다. 내가 화학(化學)은 사실 '되는 학문이다.'라고 이야기하면 다소 의아해한다. 화학은 "새로운 물질이 되는 것을 다루는 학문이다."라고 이야기하면 그때야 화학이라는 단어의 뜻을 이해하기에 이른다. 다시 말하면 화학은 물질의 변화를 다루는 학문이고 물리는 물질이 변하지 않는 것을 다루는 학문으로, 물질의 변화 유무 측면에서 보면 과학은 크게 물리와 화학 두 분야로 나누어진다.

영어로 화학은 chemistry이다. 이 단어는 어떤 의미가 있을까? chemistry라는 단어를 풀어쓰면 'Chem is try(금은 도전이다).'로 나타낼 수 있다. 'chem'은 금(金)을 의미한다고 한다. 여기까지 이야기하면 학생들은 재미있기는 하나 믿기 어렵다는 반응을 보인다. 그래서 더 나아가 새로운 단어 alchemist(연금술사)라는 단어를 소개한 뒤,

alchemist의 단어를 'all+chem+ist'의 조합으로 보고 '모든 것을 금으로 만들고 싶어 하는 사람'(Person who want to make all chem, 즉 연금술사).'이라고 설명하면 앞의 이야기가 타당하다고 믿는다. 많은 외국인들도 이런 설명을 들으면 재미있어하는 것을 여러 번 보았다. 영어의 chemistry(화학)는 화학이 금을 만들려는 다양한 시도를 통해서 발전해온 역사를 보여주는 것이다.

화학 실험실에서는 플라스크에 반응물을 적절한 용매로 녹인 후 촉매 물질들을 넣기도 하고 교반(회전)시키면서 적정 온도로 가열하거나 냉각시켜 가며 반응 시간을 조절하여 화학 반응의 최적 조건을 찾기 위해 매일매일 조건들을 바꾸어 가면서 수많은 실험을 실시한다. 이러한 실험 조건들을 동시에 여러 개 변화시키면 어떤 요인에 의해 실험 결과가 달라졌는지 알기가 어렵기 때문에 가능하면 1개의 조건을 변화시켜 가면서 반응 결과를 추적하고 관찰하여 최적의 조건을 얻으려고 한다. 이처럼 실험실에서는 수많은 시간을 투자해야만 비로소 원하는 결과를 얻게 되며, 이러한 노력 없이는 원하는 연구 결과를 얻는 것이 불가능하다. 각 실험실에서는 원하는 결과를 얻기 위해 매일매일 실험에 열중하고 있다.

나는 이러한 화학 실험을 우리 몸 안에서 실시할 경우 더 많은 변수가 있음을 알았다. 그래서 문제가 있는 요인을 찾아 그중 중요하다고 생각되는 것을 변화시켜 가면서 실제로 '나의 건강 실험 이야기'를 쓰는 과정에서 중요한 요인이 무엇인지 직접 체크하여 설정해 보았다. 우선 화학 반응에 직접 영향을 미치는 요인은 물, 공기, 빛, 음식물이고, 이들 화학 반응을 전체적으로 조화롭게 조정하는 역할을 하는 것은 신경과 호르몬이라고 생각되어 이들을 중심으로 화학 반응을 일으키는 우리 몸의 건강을 살펴보고자 한다.

제 1 장

물

01

물의 화학적 특성

물은 정말 신비하고 감사한 물질 중의 하나이다. 우주 공간에서 지구처럼 물을 가지고 생명체를 이룰 수 있는 행성은 그리 많지 않은 것으로 알고 있다. 물은 수소 2개와 산소 1개로 이루어진 분자로서 비공유 전자쌍 2개와 수소 2개를 가지고 있어서 수소 결합을 2배로 할 수 있는 아주 특이한 구조로 되어 있다. 그 결과 물 분자 간에 인력이 대단히 커서 분자량이 비슷한 다른 분자들에 비해 녹는점과 끓는점이 월등히 높다. 이렇게 큰 인력 때문에 물이 증발할 때는 많은 열량을 빼앗아 가므로 우리 몸의 체온 조절에서 아주 중요한 역할을 하게 된다.

또한 수소 결합을 할 수 있는 물 분자의 특징 때문에 물이 얼면 육각형 구조의 연속된 결정체를 형성하면서 가운데 부분이 비므로 부피가 늘어나게 되면서 밀도가 낮아져 얼음이 물에 뜨는 결과를 보여준다. 이런 특징 때문에 물속에 살고 있는 물고기들이 얼음 아래에서 방한 효과를 누리면서 살 수 있고, 또한 얼음 위에서 스케이트를 타면 압력이 가해지면서 얼음이 녹는 효과로 인해 김연아 선수처럼 얼음 위에서 피겨 스케이트를 할 수 있다.

물의 특징 중 다른 하나는 산소와 수소 사이에 공유결합이 형성되어 있다는 점이다. 여기서 공유 전자쌍이 산소 쪽으로 더 끌려가 있어 산소는 부분적으로 음전하를 띠고 수소는 부분적으로 양전하를 띠는 극성 분자가 된다. 극성 분자인 물 분자는 수많은 극성 물질을 녹일 수 있으며, 우리 생명 현상에서 물에 녹는 물질들을 운반하는 아주 중요한 용매로 사용된다.

사실 우리 몸속에서 활용되는 물질들은 대부분 물에 녹는 수용성 물질들이고, 물에 녹지 않는 물질들은 우리 몸에서 화학 반응에 이용될 수 없다. 예를 들면 포도당, 아미노산, 지방산, 칼슘 이온, 나트륨 이온, 마그네슘 이온, 비타민 C 등이 있다. 우리 세포들이 모두 물속에서 화학 반응을 일으키는 장소라고 생각하면 물의 역할이 얼마나 소중한지 알수 있다. 유기화학은 유기 용매에서 반응이 일어나지만 생화학의 생명체들은 모두 물이라는 특이하고 신비로운 용매에서 화학 반응이 일어난다.

식물들도 모두 물을 통해 영양분을 뿌리로부터 흡수하고, 물이 나무 위로 높이 이동하는 특성이 있어 생명을 유지한다. 이것은 모세관 현상이라는 특징으로 가능한 것이다. 모세관 현상은 물 분자 사이의 응집력보다 물 분자와 셀룰로오스 사이의 부착력이 더 커서 물이 끌려 올라가는 현상을 말한다. 우리는 세상에서 아주 높은 나무들이 자라는 모습을 보면서 어떻게 저렇게 높은 나무 위까지 물을 올릴 수 있을까 하고 의문을 품기도 하지만, 여기에는 이런 숨은 모세관 현상 원리가 숨어 있다. 흘린 물에 종이(셀룰로오스)를 가져다 대면 물이 흡수되는 현상은 물과 종이 사이의 부착력이 물 분자들 사이의 응집력보다 강하기 때문에 일어나는 것으로 설명할 수 있다.

소금쟁이가 물 위를 걸어 다니는 것을 본 일이 있을 것이다. 여기에는 표면장력이라는 원리가 작동한다. 물 표면에 있는 물 분자는 표면적을 최소화하려는 인력이 작용하기 때문에 어느 정도 무게가 있는 물질을 이겨낼 수 있는 정도로 물 분자 사이의 인력이 작용한다. 물 분자 사이의 수소 결합 덕분에 인력이 커져서 소금쟁이가 몸무게를 지탱하는 결과를 보여주는 것이다. 만약 소금쟁이를 소주에 넣으면 그 위에서 걸을 수 있을까? 에탄올과 물 사이의 인력이 물 분자 사이의 인력보다 약하기 때문에 소금쟁이의 몸무게를 견디지 못하여 빠질 가능성이 있다. 실제로 실험을 해보면 매우 흥미로운 결과를 얻을 것으로 기대된다.

물의 수소 결합에 의한 큰 인력은 물이 기화할 때 많은 열량을 필요로

하기 때문에 기화열이 다른 용매들에 비해서 크다. 이러한 특성은 여름철 더운 시간에 물놀이를 할 때 몸을 시원하게 하는 작용을 한다. 물의 비열이 큰 이유로 해서 비열이 작은 육지의 땅이 바다에 비하여 빨리 온도가 상승하기 때문에 여름철에 바닷가에 가면 낮에는 해풍이 불고(차가운 쪽에서 더운 쪽으로 바람이 분다), 밤에는 육풍이 분다(땅이 열 손실을 일으켜서 빨리 온도가 낮아진다). 자연 환경에서 일어나는 현상과 마찬가지로 우리 몸 안에서도 몸의 체온을 조절하는 데에 비열이 큰 수분이 매우 유용하게 이용된다.

02
우리 몸에서 물의 작용

물은 우리 몸 구석구석에서 많은 작용을 한다. 구체적으로 물은 액체로서 흐를 수 있고 물에 녹을 수 있는 여러 물질을 용해하여 운반하는 매개체로 사용된다. 우리 몸에서 물의 작용은 크게 '영양소와 산소의 운반', '노폐물과 독성 물질의 제거'라는 두 가지로 분류할 수 있다. 이 두 가지 이외에도 물은 우리 몸에서 체온 조절 기능과 세포에서 일어나는 여러 화학 반응(단백질 합성 등)의 중요한 용매로 작용한다. 아무리 많은 포도당이나 다른 단백질 효소들이 있어도 이것들은 모두 고체로 이루어져 있으므로 이들 사이에서는 아무런 반응이 일어날 수 없다. 충분한 양의 용매인 물이 없으면 최적의 화학 반응이 일어날 수 없게 되어 생명 활동이 잘 이루어질 수 없게 된다. 이를 해결하기 위해서는 충분한 수분(하루에 약 2리터)을 섭취함으로써 우리 몸속에 존재하는 반응물들과 효소들과 미네랄, 무기물질 등이 물에 잘 녹아서 화학 반응이 잘 일어나도록 하는 것이 가장 중요하다.

1) 영양소와 산소의 운반

우리 몸속의 세포는 약 216종류가 있고 개수는 60조 개에 이른다. 이는 실로 어마어마한 숫자이다. 이 세포들이 각자 자신의 위치에서 각자의 역할을 훌륭히 수행하기에 우리가 건강하게 살아갈 수 있다. 마치 거대한 오케스트라처럼 이들이 협연을 펼치는 장대한 모습은 감탄을 금할 수 없다. 이들 세포 하나하나가 모두 소중하게 자신의 역할을 잘 수행해 나갈 수 있도록 충분한 지원이 필요하다. 그 방법이 혈액을 통한 운반이다. 세포에 필요한 것은 에너지 생산과 단백질 생성 등에 필요한 포도당, 아미노산, 지방산, 비타민류들, 칼슘 이온, 마그네슘 이온 등 수많은 물질(영양소)과 산소이다. 이 물질들이 물에 녹아 우리 몸속 세포들에 공급된다. 만약 물이라는 용매가 없다면 포도당이나 아미노산 등 여러 물질은 우리 몸에서 아무런 역할을 하지 못할 것이다. 물은 열량을 가지고 있지 않지만 우리 몸에서 실로 가장 중요한 역할을 하는 소중한 물질이라고 할 수 있다.

많은 세포들이 애타게 영양소와 산소의 공급을 기다리고 있는데 이것들이 제때에 배달되지 않으면 세포의 입장에서는 아주 난처한 상황에 빠지게 되어 제 역할을 할 수 없게 된다. 입장을 바꿔 생각하면 세포 하나하나에 매우 미안한 상황이 펼쳐지는 것이다. 영양소와 산소를 전달하는 주요 매개체는 물이다. 세포에 필요한 물질을 원활히 공급해 주는 것은 우리가 해야 할 일이며, 그렇게 함으로써 세포들도 우리의 건강을 보장해줄 것이다. 세포에서 에너지를 생산하고 각종 필요한 물질을 생성하여 생명 활동을 유지하기 위해서는 우리 몸에서 물을 충분히 활용하여야 할 것이다. 그런데 현대인들이 건강에 좋은 음식과 건강 보조 식품에 많은 정성을 기울이는 것에 비하여 물 섭취량은 절대적으로 부족하다고 한다. 물을 통한 영양소와 산소의 신속한 배달은 우리 세포에 반드시 필요하기 때문에 탈수가 일어나지 않도록 미리미리 물을 마시는 습관을 들이는 것이 건강을 얻는 길임을 알고 평소에 물을 마시는 습관을 들이자.

2) 노폐물과 독성 물질의 제거

물의 작용에서 두 번째로 중요한 것이 노폐물과 독성 물질의 제거이다. 우리 몸은 외부 음식물로 들어온 독성 물질뿐만 아니라 세포 내 신진대사 과정에서 생긴 이산화탄소나 젖산, 요소, 요산 등을 물에 녹여 운반하여 신장이나 피부를 통해 배출한다. 또한 폐에서는 하루에 1리터의 물을 수증기의 증발과 함께 기체 형태로 하여 노폐물과 독성 물질을 배출한다. 노폐물이나 독성 물질은 우리 몸의 세포 주위에 머물면서 세포의 정상 활동을 방해하기 때문에 이를 오랜 시간 방치하면 세포들의 손상과 악화를 초래해 많은 질병에 노출될 위험에 처하게 된다.

우리 몸에는 60개 조나 되는 엄청나게 많은 세포들이 있는데, 이 세포들의 주위를 얼마나 청결하게 유지하려고 노력하느냐가 바로 우리 건강의 핵심 포인트다. 앞에서 말했듯이 세포들에 필요한 영양소와 산소를 공급하더라도 세포 주위가 오염되어 있으면 세포들이 정상 활동을 하는 데 많은 제약이 따른다. 수족관을 살펴보면 깨끗한 물속에서는 물고기들이 아주 여유롭게 헤엄치는 모습을 보이는 반면에 더러운 물에서는 물고기들이 생존하기 힘들다는 것을 금방 알 수 있다. 하지만 우리는 몸속의 세포 상태를 눈으로 볼 수 없어서 잘 알지 못한다는 점 때문에 많은 사람들이 자신의 몸속 세포들이 어떤 상태에 있는지 관심을 잘 기울이지 않고 생활에서 소홀히 다루고 있다.

우리 몸에 안 좋은 영향을 미치는 노폐물이나 독성 물질을 어떻게 하면 효과적으로 없앨 수 있을까? 우리는 텔레비전이나 각종 서적에서 다양한 방법을 제시하는 것을 보아왔다. 해독 주스, 청혈 주스 등을 이용하여 노폐물과 독성 물질을 제거할 수 있다고 말하기도 한다. 각자 자신이 선호하는 방식으로 노력하는 것은 바람직하지만, 실제로 얼마나 효과가 있는지는 직접 실험을 해서 확인하는 방법이 최선이라고 생각한다.

나는 물만 마시면서 건강 실험을 해보았다. 사실 해독 주스나 청혈 주스 등 많은 수단이 있을 수 있으나 먼저 물이라는 공통분모에 주목하여 물만의 작용을 알아보고자 하였다. 실험에는 수많은 변수가 있지만 우선 가장 중요한 요인에 집중하여 그 특징적인 역할을 아는 것을 목표로 하였다. 또한 이미 뱃맨겔리지 박사가 시행한 수많은 실험이 있어서 그것을 믿고 건강 실험에 돌입했다.

나의 건강
실험
No.1

물

나는 우리 몸에 어떤 과학적인 메커니즘이 있다고 예전부터 어렴풋이 생각하기는 했었다. 실제로 물에 관한 건강 실험을 하면서 우리 몸에도 과학이 직접 적용되고 활용될 수 있다는 체험을 하였다. 다음은 그에 대한 이야기이다.

기원전 5세기에 탈레스가 "만물의 근원은 물이다."라고 했다는 유명한 이야기가 있다. 하지만 이보다 더 중요한 것은 우주에는 질서가 존재한다는 사실을 이야기한 점이다. 탈레스는 번개가 치는 것과 같은 자연의 모든 현상에는 우리가 모르는 어떤 질서가 존재한다고 역설하였다. 그 영향을 받아 탈레스가 살았던 그리스 이오니아섬에서 기원전 4세기(2400년 전)에 데모크리토스가 나타나 모든 물질은 원자로 이루어져 있다고 말하기에 이른다. 데모크리토스는 우리를 이루는 몸은 포도의 원자들이 들어와 이루어진 것일 수 있고 또다시 우리 몸의 원자들이 흩어져서 새로운 생명체들의 원자들로 영원히 순환될 수 있다고 믿었다.

사실 과학은 아직 모르는 자연의 질서를 알고자 노력하는 가운데 발전했을 수도 있다. 현재는 많은 과학자들의 노력으로 상당히 많은 진실이 밝혀지고 그것이 이론으로 만들어졌다. 성의 히포크라테스 시대에 알지 못했던 수많은 의학 지식들이 알려져 있고 실제로 현재 적용되고 있다. 우리 몸에도 어떤 질서가 반드시 존재하고 그 질서를 제대로 이해하는 과정이 우리에게 필요하다. 나는 이러한 질서가 있다고 믿고 건강 실험을 해보았고 실제로 아주 좋은 결과를 얻었다.

사실 나는 55세까지 생활에서 물은 거의 중요하지 않다고 생각하고 그냥 되는대로 살아왔다. 한번은 45세 때에 역류성 식도염에 걸리는 바람에 성대 근처에서 자란 혹이 성대와 부딪치면서 염증이 생겨 목소리가 제대로 나오지 않아 전신 마취 후 레이저 수술로 혹을 제거한 적이 있었다. 그때 이비인후과에서 내시경으로 검사하면서 혹이 보이기에 혹시 암이 아닌가 불안하여 의사 선생님에게 "저거 암 아니에요?" 하고 물었던 기억이 지금도 생생하다. 검사 결과가 나오기까지 약 2주 정도를 이런저런 많은 생각을 하며 보냈다. 이렇게 예측할 수 없이 암으로 세상을 떠날 수도 있겠구나 하는 생각이 들어 인생이 허무하다고 느껴졌다. 나중에 조직 검사를 한 결과 암은 아니고 양성 혹이라 하여 레이저 수술로 제거하기는 하였지만, 그때 살아오면서 가장 큰 충격을 받았다. 의사 선생님은 생활이 올바르지 않아서 생긴 것이니 물을 좀 더 마시고 베개를 반드시 베고 자는 습관을 들이라는 두 가지 충고를 해주었다. 그 이후 이 두 가지를 지키려고 노력했다. 하지만 6개월이 지나자 다시 물 먹는 습관이 사라지고 옛날 습관으로 돌아가는 모습을 보이고 말았다. 사실 새로운 생활 습관을 들이는 것은 무척 힘이 드는 일이다.

2017년 7월경에 이란 출신의 뱃맨겔리지 박사가 쓴 책을 읽고 물이 정말 중요한지 무척 궁금했다. 8월부터 물을 하루에 1.5리터 이상 꾸준히 마시기 시작했다. 아침 7시 30분쯤에 사과 하나를 먹고 두유를 마시고 난 다음 1시간 30분 후부터 머그잔으로 물(찬물 반+뜨거운 물 반)을 받아 1시간에 걸쳐 마시고, 다시 10시부터 11시까지 또 한 잔을 마시고 11시부터 30분까지 한 잔을 더 마신 뒤 점심 식사를 하러 갔다. 점심 식사 이후 2시간 후부터 약 2시~3시, 3시~4시, 4시~5시까지 3시간에 걸쳐 1시간 간격으로 물을 한 잔씩 마셔 총 석 잔을 마시는 습관을 꾸준히 유지했다. 저녁 식사 후에 약 두 잔 정도를 더 마시면 총 2리터(머그 한 잔 250ml×8회)를 마시는 셈이 되었다. 전에는 물을 하도 안 마셔서 염소라는 별명으로 불린 적도 있었으나 이렇게 생활 습관을 완전히 바꾸었더니 몸에 서서히 변화가 나타나기 시작했다. 2017년 이후 눈에 띄는 변화는 무좀에서 나타났다. 새끼발가락 사이에 해마다 무좀이 발생하여 무좀약을 연 4회 이상 발랐으나 물을 마시고 난 이후부터 무좀이 생기지 않았다. 신기한 일이었으나 몸의 변화로 나타난 결과였다.

이후 물에 대한 공부를 좀 더 깊이 있게 해보았다. 왜 무좀이 사라진 것일까? 여러 각도로 생각해 보았다. 건강 관련 텔레비전을 보니 '해독 주스'니 '청혈 주스'니 하는 것을 마시고 혈액이 깨끗해졌다는 내용이 나왔다. 나는 해독 주스나 청혈 주스를 마시지 않았으므로 다른 이유가 있을 것으로 생각되었다. 뱃맨겔리지 박사의 말에 따르면 물을 충분히 마시면 세포 속에 있는 노폐물과 독성 물질이 청소되고 혈액이 깨끗해진다고 한다. 이렇게 해서 세포 주변이 깨끗한 환경으로 바뀌고 나면 무좀균들이 먹을 것이 없어지니까 무좀이 더는 생기지 않은 것으로 보인다. 우리 생활 주변에서도 깨끗한 환경에서는 미생물들이 살 수 없듯이 우리 몸 안에서도 깨끗한 세포에서는 나쁜 균들이 자랄 수 없는 것이 아닐까?

참고하자면, 유럽에서는 세균 감염설과 토양 이론설을 두고 열띤 논쟁이 있었으나 세균 감염설이 유력하게 받아들여져서 그 영향으로 항생제 역할이 중요하게 자리 잡게 되었다고 한다. 특히 플레밍에 의해 푸른곰팡이에서 발견된 페니실린으로 2차 세계대전 때 영국 수상 처칠을 치료하여 그 명성이 알려지면서 전 세계적으로 항생제 치료법이 우위를 점하게 되었다.

19세기 프랑스에서 안토니언 비첨과 루이 파스퇴르가 질병에 접근하는 방법은 상이하였다. 안토니언 비첨은 세포 환경을 깨끗하게 하면 질병이 사라진다는 토양 이론을 주장한 반면, 루이 파스퇴르는 세균 감염에 따라 질병이 발생하므로 항생제가 필요하다는 주장을 펼쳤다. 그리고 푸른곰팡이균에서 항생제를 발견해 감염병을 치료하자 이 세균 이론이 대세로 자리 잡게 되었다. 안토니언 비첨의 토양 이론은 그 당시에 크게 인정받지 못했으나 점차 많은 사람들에 의해 그 가치가 드러나고 있으므로 앞으로 많은 연구가 필요한 분야라고 할 수 있다.

『더러운 장이 병을 만든다』라는 책에 나오는 다음 사례는 세포의 깨끗한 환경이 세포의 생존에 얼마나 중요한지 보여준다.

록펠러 의학연구소의 알렉스 카렐 박사는 병아리에서 채취한 심장 조직을 배양액에 담가 배양 약에서 양분을 얻게 하였다. 그리고 노폐물은 액 속에 배설하였다. 매일 배양액을 바꾸어 주고, 노폐물을 제거하고 새로운 양분을 주었다. 이 병아리의 심장 조직은 무려 29년이나 계속 생명을 유지했다. 이 조직 조각이 죽은 것은 어느 날 조수가 오염된 액의 교환을 잊었기 때문이다. 아무튼 29년 남짓 계속된 이 과학 실험을 통하여 얻어낸 결론은 '자가 중독'이 증명되었다는 것이다.

카렐 박사는 이 경험을 바탕으로 이렇게 말했다. "세포는 죽지 않는다. 변질되는 것은 단순히 세포가 떠 있는 액체 쪽이다. 이 액을 매일 교환하여 깨끗하게 하고 세포에 양분을 주면 생명은 영구히 계속될지도 모른다."

이와 마찬가지로 우리 인간도 자연으로 얻은 몸에서 혈액과 체액의 상태를 최대한 독성이 없게 유지하도록 노력하는 것이 건강을 얻는 지름길일지도 모른다. 우리가 아무리 노력한다 해도 결국 점차 기능이 쇠퇴해가는 것을 막을 수는 없겠지만 그 속도를 늦출 수는 있을 것이다.

03
어떤 물이 좋은 물인가
—물의 질적 측면

　과거 1970년대에는 우리나라 어디를 가나 냇물이 깨끗하고, 냇가에서 물고기를 잡으며 놀기도 하던 시절이 있었다. 그런데 현재는 축사들이 여기저기 많이 늘어나서 깨끗한 냇물이 줄어들고 직접 발을 담그지 못할 정도로 오염되었다. 맑은 계곡을 찾으려고 하면 좀 더 깊은 산속으로 들어가야 가능하다. 1980년대에는 언젠가 물을 사 먹는 시대가 올 것이라는 농담 비슷한 이야기가 있었다. 혹은 사우디아라비아 같은 나라에서는 생숫값이 휘발윳값보다 비싸다는 이야기가 있었는데 현재 우리나라에서도 생수를 사 먹는 사람이 무척 많아졌다. 실제로 생수 가짓수도 매우 많아졌다.

　우리 주위에는 먹는 물이 다양하므로 정말 어떤 물이 좋은 물일까 하고 의문을 품어보지 않은 사람은 없을 것이다. 물론 깨끗한 것은 기본이다. 그 안에 들어 있는 성분들이 어떠해야 좋은 물인지 무척이나 궁금하지 않을 수 없다. 우리나라는 옛날부터 시골 마을에서는 대부분 우물을 파서 물을 길어 마셨을 정도로 전국 방방곡곡에 천연 자연수가 넘쳐났다. 지금도 물의 질은 매우 좋은 편이다. 그래서 팔당댐 등에 저장되어 있는 물을 정수 처리하여 각 가정에 수돗물로 공급하여 마시는 음료로 사용하고 있다. 하지만 일부 유럽 국가들 중에는 물에 석회수가 많아 먹기에 적합하지 않은 나라들이 있으며 실제로 생수를 사서 마신다.

우리나라에서는 식당에 가면 대부분 물을 기본으로 제공하는 반면에 유럽 이탈리아에서는 각 식당에서 생수를 사 먹는 모습을 볼 수 있다. 2012년에 비전 트립 인솔 교사로 유럽을 다녀올 때 생수에 관심을 가지고 생수 라벨을 떼어 와서 정리해 분석한 적이 있다. 우리나라에서 수입해 팔리고 있는 유명한 에비앙을 비롯하여 여러 가지 생수의 1리터당 칼슘, 나트륨, 마그네슘, 탄산수소 이온 등의 밀리그램 양을 정리한 표를 보자. 이탈리아 북부 지역의 생수는 칼슘 함량이 무려 303밀리그램으로 우리나라의 식수 기준치를 초과하며, 증발 후 잔류물의 기준도 500밀리그램 이상인 것이 있다. 이탈리아 생수 기준이 우리와 달라서 그렇다고 생각한다.

유럽 국가들은 전반적으로 석회암 지대가 많아 탄산수소 이온양이 많은 것을 알 수 있고, 우리나라는 탄산수소 이온양을 생수에 표시하지 않는다. 주로 칼슘 이온, 나트륨 이온, 칼륨 이온, 마그네슘 이온을 표시한다. 우리나라에서 생산되는 생수의 성분 표시를 표로 정리해서 보면 전반적으로 유럽 생수에 비해 칼슘 이온이 적게 들어 있다.(물론 베트남 생수도 적게 들어 있다.) 빗물이 내려 어떤 지역을 통과하느냐에 따라 암석이나 토양에서 녹아나오는 이온 물질의 양이 다른 데 그 이유가 있다고 볼 수 있다. 제주도나 백두산의 경우 암반 지대가 많아 칼슘 이온이 적게 녹아 있고, 기타 지역들은 10~60밀리그램의 칼슘 이온이 녹아 있다. 물속에 미네랄이 많이 녹아 있으면 좋은 물이라고 이야기하는데 정말 그런 것인지 건강 실험을 해보지 않고는 알 수 없다. 사실 미네랄은 음식물(곡류, 채소, 과일 등)을 통해서 충분히 섭취할 수 있고 우리가 마시는 물로만 취하는 것은 아니기 때문에 변수가 될 수 있다. 미네랄이 적은 물을 먹은 지역 사람들에게 심각한 문제가 생긴 일이 없으며, 미네랄이 많이 들어 있는 물을 마신 유럽 사람들이 특별히 다른 점이 있는 것이 아니라면, 생수에 들어 있는 미네랄이 우리 건강에 아주 중대한 영향을 미치는 것은 아닐 수도 있다. 그래서 국가에서 정하는 기준치 안에 드는 물을 마시는 것이 안전한 것으로 판단할 수 있다. 그러니 우리가 먹는 대부분의 생수나 음료는 국가에서 지정하는 범위 안에 있는 것이므로 안심하고 마셔도 좋을 것이다.

칼슘(Ca^{2+})과 탄산수소 이온(HCO_3^-)이 많이 녹아 있는 커피포트에서 물을 가열하면 가열 스테인리스 주위에 석회석($CaCO_3$)이 단단하게 많이 달라붙어 점점 두꺼워지는 것을 볼 수 있다. 삼다수를 사용하면 거의 석회석이 생기지 않지만 민족사관고등학교 생수(Ca^{2+} 35밀리그램/L)를 사용하면 상당히 많이 생기고 에비앙 생수를 사용하면 더 많이 생기는 것을 확인할 수 있다. 이는 물속에 녹아 있는 칼슘 이온과 탄산수소 이온의 양이 달라서(국내 생수표, 유럽과 베트남 생수표 참조) 생기는 현상이므로 크게 문제가 되지 않는다. 가열하면서 생긴 석회석은 매우 단단하여 그냥 수세미나 물리적 힘을 이용하여 떼어내기가 무척 힘들다. 하지만 화학 반응을 이용하면 아주 손쉽게 제거할 수 있다. 커피포트에 식초를 일정량(스테인리스가 잠길 정도) 넣고 가열하면 다음과 같은 화학 반응이 일어나 깨끗이 제거된다. 가열했을 때 석회석이 생기는 화학 반응(석회암 동굴에서 종유석이나 석순 그리고 석주가 생성되는 반응과 동일)과 식초를 넣고 제거하는 화학 반응을 살펴보자.

$Ca^{2+}+2HCO_3^- \rightarrow CaCO_3(s)$: 석회석($CaCO_3$)이 생성되는 화학 반응식

$CaCO_3(s)+2CH_3COOH \rightarrow CO_2+H_2O+CH_3COO^-$: 석회석(계란 껍데기, 조개껍데기, 진주, 대리석)이 녹는 화학 반응식

'결국 어떤 물이 좋은 물인가?'라는 질문에 여러 가지 다른 의견이 나올 수 있는 경우라고 본다. 우리나라 수질 기준표를 보면 칼슘 이온이 물 1리터당 300밀리그램을 넘지 않으면 식수로 안전하다고 하니 300밀리그램보다 많지 않은 물은 안심하고 마셔도 좋다. 하지만 기준표에 나오는 것보다 많은 양의 칼슘이 들어 있는 물은 우리 몸에 고칼슘으로 인한 여러 부작용(담석 등 생성)을 일으킬 수 있기 때문에 마시지 않는 것이 좋다. 각자 자신이 좋다고 생각하는 물, 국가에서 제시한 안전 기준을 통과한 물을 기분 좋게 마시는 것이 정답이지 않을까 생각한다. 생수에서 가장 중요한 물질은 바로 기본이 되는 물(H_2O)이다. 이 물이 충분히 우리 몸에 섭취되어 우리 몸에 있는 각 세포에 잘 공급되는 것이 가장 중요하다. 이 물이라는 용매가 영양소와 산소를 운반하고, 노폐물과 독성 물질을 배출하는 역할을 한다. 그리고 세포 안에서 일어나는 각종 화학 반응을 원활하게 해주는 역할을 한다.

표 1. 우리나라 수질 기준표

종류	수질 기준	종류	수질 기준
1. 경도	300 mg/L, 칼슘, 마그네슘	7. 증발 잔류물	500 mg/L
2. 과망산칼륨	10 mg/L	8. 철	0.3 mg/L
3. 동(구리)	1 mg/L	9. 망 간	0.3 mg/L
4. 수소이온농도(pH)	5.8 ~ 8.5	10. 황산 이온	200 mg/L
5. 아연	1 mg/L	11. 알루미늄	0.2 mg/L
6. 염소 이온	250 mg/L		

어떤 물이 좋은 물인가라는 질문에는 정답이 없는 것 같다. 혹자는 알칼리수가 좋다고 말하기도 하고, 식초가 몸에 좋다고 말하기도 하며, 여러 다른 물이 몸에 좋다고 이야기하기도 한다. 하지만 중요한 사실은 본인이 직접 체험하여 좋은지 나쁜지 검증할 수밖에 없다는 것이다. 이때 반드시 의사의 진찰을 받고 의견을 참고하는 것이 좋다. 왜냐하면 알칼리수의 경우 잘못하면 위산이 소진되어 산(H^+)의 중요한 역할이 사라지면 소화나 세균 등의 제거에 문제가 생길 수 있기 때문이다.

어떤 물이 몸에 좋더라는 이야기가 있다고 해도 그 성분 때문에 그렇게 됐는지, 평소 물을 잘 안 마셨는데 그 성분이 몸에 좋다고 하여 우려 낸 물을 많이 마셔서 몸이 좋아졌는지 비교해 보아야 하는데, 무슨 차를 마셔서 건강해졌다는 말은 되돌아보아야 할 요소가 있다. 사실 거기에는 그 성분이 들어 있지 않은 순수한 물을 같은 양으로 마셨을 때의 비교가 빠진 것을 간과할 수 있으며, 어떤 경우에는 그저 순수한 물(생수 등)을 충분히 많이 마셨을 때 건강에 많은 도움이 되었다는 건강 실험 결과들이 많이 있기 때문이다.

표 2. 국내 각 생수 이온 분석표

생수 종류	Ca^{2+}	Na$^+$	K$^+$	Mg^{2+}
1. 삼다수(제주도)	2.2~3.6	4.0~7.2	1.5~3.4	1.0~2.8
2. 백산수(백두산)	3.0~5.8	4.0~12	1.4~5.3	2.1~5.4
3. 미네마인(동원샘물, 경남 산청) (동원샘물, 경기도 연천군)	4.2~9.1 1.0~40.1	2.4~6.0 0.9~30.9	0.4~1.2 0.2~2.1	0.4~1.3 0.1~6.7
4. 블루마린(해양 심층수, 1032m) (강원 양양 원포)	6~9	6~10	5~8	20~25
5. 롯데 아이시스(경기 양주시)	7~46	4~40	0~2	1~6
6. 맑은 샘물(충북 청원)	10~40	0~6	0~4	6~14
7. 초정수 (충북 청원)	16.2~17.9	6.3~8.0	0.2~0.3	3.1~3.4
8. 석수(충북 청원)	15~49.6	2.1~9.2	0.8~2.4	1.7~5.7
9. 괴산(충북)	17.2~34.5	2.99~7.43	0.58~1.31	4.31~7.09
10. 워터라인(풀무원, 괴산)	25.2~49.5	2.0~12.4	0.89~1.56	4.99~9.94
11. 산수려(구례군)	34.8~56.2	9.1~22.2	2.46~3.98	3.6~5.52
12. 에비앙(프랑스 수입 생수)	54.0~87.0	4.4~15.6	20.3~26.4	1.0~1.3

　　현대인들은 아무 물이나 몸에 좋다고 생각하기 쉬우나 일반적으로 커피나 술 등은 오히려 이뇨 작용을 함으로써 마시는 만큼 탈수 현상을 초래한다고 하니 주의해야 한다. 차를 즐길 때는 차를 마시고 물을 마시고 싶을 때는 순수한 물을 마시는 것이 바람직하다고 생각하는 편이 좋다. 물을 차 마시듯, 차를 물 마시듯 하지 말고 구분하여 섭취하는 것이 현명하다. 차의 성분 중 어떤 것이 몸에 좋다고 하여 마시는 것은 일종의

약효를 염두에 두는 것이므로 약효를 구분하는 것이 좋고, 순수하게 우리 몸에 필요한 물은 물(지하수, 수돗물, 정수기물, 끓인 물 등 포함)로 마시는 것이 좋다.

표 3. 유럽 및 베트남 생수 이온 성분 분석표

생수 이름	Na^+	Ca^{2+}	Mg^{2+}	HCO_3^-	비교
엘레나(ELENA)	8.4	67.5	6.9	228	프랑스 생수
Marzia	10.2	303.0	88.0	636.0	이탈리아 북부 Chianciano teme-Toscana
Acqua Fabia	19.7	133.0	6.9	405	이탈리아 피렌체
Egeria	45.8	89.8	24.0	731.0	로마에서 구입
fonte Primavera	4.6	88.4	18.4	330	로마에서 구입
Misia	3.1	68.9	3.2	200.0	로마에서 구입
Rugiada	18.9	60.9	17.1	245	로마에서 구입
Santacroce	0.9	59.5	5.6	–	로마에서 구입
Natia	25	28	5	175	로마에서 구입
Lavie	20-27	10-16	10-15	118-150	베트남 하노이에서 구입
에비앙	4.4~15.6	54.0~87.0	20.3~26.4	–	프랑스 수입 생수

유럽 생수 라벨들

베트남 생수 라벨

04
물은 얼마나 마셔야 하는가
─물의 양적 측면

우리 몸은 일반적으로 전체 몸무게의 70%가 물로 이루어져 있다. 유아는 약 75%, 성인은 60~70%, 노인도 50~60%의 수분을 가지고 있다. 나이가 들어가면서 수분이 감소하는 것을 수치로 알 수 있듯이 실제로 노인의 피부는 아기들의 보들보들한 피부와 확연히 다르게 주름진 것을 볼 수 있다. 싱싱한 살구나 과일은 충분한 수분을 함유하고 있지만 수분이 빠진 살구는 생동감이 떨어진다. 식물이나 동물에서 모두 물은 생명 현상의 활발함을 보여주는 지표라고 볼 수 있다. 우리 몸을 고려할 때, 이러한 물을 과연 얼마나 마셔야 좋을까?

우리 몸에서 화학 반응을 많이 일으키기 위해 물이 많이 필요한 곳은 뇌 85%, 간 83%, 신장 83%, 심장 80% 등으로, 수분이 있으며 물이 충분히 있어야 세포에서 원활한 화학 반응이 일어나는 데 크게 도움이 된다. 물이 충분히 우리 몸에 공급되면 모든 세포가 골고루 나누어 사용하는 일이 가능하고 전체 세포의 화학 반응이 여유롭게 잘 일어날 수 있다. 만약 수분이 부족해지면 우리 몸에서는 우선순위(질서)에 따라 수분을 어떤 세포에는 차단하고 중요한 세포들에는 지속적으로 공급하는 메커니즘이 작동할 수밖에 없다. 완전히 공급을 차단할 수는 없지만 비율 측면에서 감소가 뚜렷이 나타나게 된다. 뱃맨겔리지 박사에 따르면 가장 최후까지 수분이 100% 공급되는 기관은 뇌이다. 뇌에서 탈수 증상이 나타난다면 굉장히 심각한 상황에 놓인 것으로 간주할 수 있다.

몸에 수분이 부족해지면 여러 가지 증상이 나타난다. 피부에서 수분이 부족해지면 수분을 공급하기 위해 히스타민이 피부에 많이 분비되어 가려운 알레르기 증상이나 아토피 증상이 나타난다고 한다. 이 가려운 알레르기 증상을 완화하려고 항히스타민제를 투여하기도 한다. 하지만 근본적이 원인은 피부에 수분 공급이 원활하지 못한 것이므로 수분 공급을 우선적으로 해주는 메커니즘을 이해해야만 한다. 탈수로 인한 여러 증상에는, 뱃맨겔리지 박사가 저술한 책에 따르면 흉통, 소화 불량 통증, 협심증통, 요통, 편두통 등 다양한 통증이 있다. 탈수에 따른 여러 질병의 근본을 최초로 깨달은 뱃맨겔리지 박사의 혜안이 경이로울 뿐이다.

우리 몸에 필요한 물의 양은 과연 얼마 정도일까? 각종 자료를 보면 아주 정확한 양은 제시되어 있지 않지만 대체로 일치하는 양은 다음과 같다. 우리 폐에서 소실되는 수분의 양은 1리터, 땀과 대변으로 빠져나가는 수분의 양은 500밀리리터, 그리고 소변을 통해서 수분의 약 1.5리터가 걸러지기 때문에 전체 소실되는 수분의 양은 약 3리터에 육박한다.

반면에 우리 몸 안으로 섭취되는 음식물과 수분 그리고 영양소들의 대사로 얻어지는 수분의 총량은 약 1리터 정도가 된다고 한다. 이렇게 되면 우리 몸에서 빠져나가는 물의 양은 약 2리터에 육박하므로 무슨 일이 있어도 가능하면 물을 보충해주는 것이 바람직하다. 문헌을 보면 몸무게 1킬로그램당 33밀리리터 정도를 마시면 좋다고 한다. 몸무게가 60킬로그램이면 거의 2리터에 해당되는 양이다.

이렇게 물 부족 현상이 몸에서 매일 일어나고 있는데 그러한 사실을 모른 채 많은 사람들이 생활하고 있다. 사실 물을 안 마셔도 생명이 유지되는 것은 우리 몸에 탈수 상태에서 긴급하게 작동시키는 수분 고갈 시스템이 있기 때문이다. 탈수 상황이 오래 지속되면 당장 죽지는 않지만 점점 일부 세포 주위가 오염되고 변질되면서 질병의 형태로 나타나고 아프기 시작한다. 그런데도 근본적인 잘못은 놔두고 아픈 증상만 자꾸 치료하면 몸은 정상으로 돌아가지 않고 일시적으로 좋아지는 현상이 반복되는 결과만을 낳을 뿐이다. 많은 현대인들은 물 부족, 즉 탈수 상태에 있으면서도 인지를 못 하고 생활하고 있고, 그로 인해 많은 부작용이 나타나는데도 그 원인을 제대로 모르고 있는 경우가 많다. 이러한 내용이 사실에 맞는 것인지 의문이 들면 '밑져 봐야 본전'이라는 마음으로 직접 건강 실험에 돌입하여 확인하는 방법도 권장할 만하다. 나의 경우도 직접 건강 실험을 몇 개월 하였더니 결과가 나타났고 그로 인해 탈수 현상이 뭔지를 실감하였다. 좀 바보 같지만 내 말을 믿고 물 건강 실험을 하여 모두 건강을 찾았으면 좋겠다.

건강이 비교적 좋은 사람은 하루에 약 2리터 정도의 물을 마시는 것이 좋다. 하지만 몸이 굉장히 좋지 않은 사람(암이나 중병을 앓는 사람)은 좀 더 많은 물을 마시는데(하루 4리터 이상), 이때 반드시 필요한 것은 적절한 양의 소금을 같이 섭취해야 한다는 것이다. 왜냐하면 많은 물을 마시면 노폐물과 독성 물질을 제거하는 효과가 있어서 세포 주위가 깨끗해지는 결과를 얻을 수 있으나 다른 한편으로 소변으로 소금 성분 등도 같이 빠져 나감으로써 혈액 중에 염화나트륨(소금) 같은 미네랄 등의 양이 절대적으로 부족해질 수 있기 때문이다. 이렇게 되면 우리 몸에 필요한 전해질 양이 부족해져 심각한 문제를 야기할 수 있으므로 매우 조심해야 한다. 가능하면 천연 소금(염화나트륨 이외에 다양한 미네랄 함유)을 섭취하는 것이 더욱 좋다.

어떻게 물을 마시는 것이 좋으냐는 데 대한 답은 각양각색이다. 중요한 사실은 하루에 약 2리터의 물을 한 번이나 몇 번에 걸쳐 많이 마시는 방법은 좋지 않다는 것이다. 조금씩조금씩 물을 마시는 습관이 중요하고 그렇게 물을 마셔야 우리 몸에서 효율적으로 이용할 수 있다. 이렇게 여러 차례 나누어 마시는 것을 지키면서 가능하면 식후 바로 또는 식전 바로를 피하고 식사하기 전 적어도 30분 전과 식사한 후 2시간 후에 마시는 것을 원칙으로 하며, 물은 250밀리리터를 1시간에 걸쳐 조금씩 나누어 마시면 매우 좋을 것이다. 나는 12시에 점심 식사를 하고 나면 2시부터 3시 사이에 물 250밀리리터를 머그컵 한 잔에 여러 차례 나누어 마신다. 그 후에 3~4시에 한 잔, 4~5시에 한 잔을 마시는 것은 그리 어렵지 않다.

우리 모두 매일 꾸준히 물 마시는 습관을 길러 탈수 증상에서 벗어나 건강한 삶을 살아나가기를 바란다. 이것은 조금만 노력을 기울이면 누구나 행할 수 있는 것이다. 우리 주변에 흔한 것이 물이고 그것을 통해서 건강을 회복할 수 있다면 충분히 도전해볼 가치가 있다. '흔한 것이 귀한 것이다'라는 고진하 시인(목사)의 말이 새삼 떠오른다.

우리 주변에서 공짜로 얻는 물, 공기, 빛은 흔하지만 우리 생명에 매우 소중하고 귀하며, 우리 몸에서 만들어지는 온도(체온, 열에너지), 신경, 호르몬 등은 공짜로 얻어지지만 정말 귀한 것이다. 또한 음식물 중에도 값이 싸고 흔한 것이 값이 비싼 것보다 우리 몸에 귀하게 이용되는 것이 많이 있다. 우리 몸에는 값이 비싼 것보다 공짜나 싼 것, 즉 흔한 것이 더 소중하게 활용될 수 있다. '흔한 것이 귀한 것이다'라는 말의 뜻을 헤아리면서 생활해 나가는 지혜가 요구된다.

05
우리 몸에서 물의 순환
―혈액, 림프액

　우리 몸에서 물의 순환을 이루는 양대 산맥이 있다면 바로 혈액과 림 프액이라고 말할 수 있다. 우리 몸 전체 물의 분포를 보면 세포에 약 3 분의 2가 존재하고 나머지 약 3분의 1은 세포 밖 체액과 혈액, 림프액에 서 차지한다. 몸무게 60킬로그램인 사람의 혈액량이 약 5리터 정도 된다 고 하니까 혈액은 우리 몸 전체 물 중 약 10% 미만(약 8%)으로 아주 중 요한 운반 역할을 한다. 세포는 움직이지 못하므로 스스로 영양분을 찾 거나 폐기물을 버릴 수 없지만 혈액이라는 매개체를 활용하여 건강한 상 태를 유지한다고 볼 수 있다.

　혈액의 60% 정도를 차지하는 혈장의 90%가 물이다. 림프액은 모세혈 관에서 나온 혈장이 세포 사이에 머물다가 림프관으로 흘러 들어간 것으로 혈장과 같이 90%가 물이다. 혈관은 혈액을 통하여 영양소와 산소를 공급하는 중요한 역할을 하면서 또한 노폐물과 독성 물질도 운반한다. 림프관은 장에서 흡수한 지방을 간으로 운반하는 역할을 한다. 또한 세포에서 나오는 노폐물과 독성 물질을 정화하고 여과하고 농축하여 혈액으로 보내는 역할은 물론 각종 바이러스나 세균 등을 제거하는 면역 기능도 수행하는 우리 몸의 파수꾼 역할을 한다.

우리 몸의 혈관의 길이는 약 10만 킬로미터(지구 2바퀴 반 길이)나 된다고 한다. 동맥, 정맥, 모세 혈관 등으로 이루어진 혈관에는 혈액이 흐르고 있고, 혈액은 혈장과 적혈구, 백혈구, 혈소판 등으로 이루어져 있다. 그런데 이런 혈관이 점차 나이가 들어가면서 눌리고 막혀 세포들에 혈액을 공급하지 못하는 상황이 발생한다. 이에 따라 각종 건강 문제가 나타나고 몸이 아프기 시작한다. 갓난아이 때나 어린이 시기에는 혈관 문제가 잘 나타나지 않으나 나이가 많아질수록 혈관에 문제가 발생하여 고생을 하는 빈도가 늘어난다.

혈액의 흐름이 좋지 못하면 아무리 좋은 것을 먹고 좋은 물을 마신다고 해도 세포들에까지 원활하게 영양소와 산소가 공급되지 못하기 때문에 공염불에 그칠 수 있다. 보통 어릴수록 혈관의 흐름이 좋은데 나이가 들수록 혈관의 흐름이 나빠지는 이유는 무엇일까? 이런 물음에 답을 찾은 사람으로 일본의 외과 의사 이시카와 요이치 의학박사가 있다. 그는 우연한 기회에 혈관이 막혀 있으면 얼마나 우리 몸에 나쁜 영향을 미치는지 알게 되었다. 어느 날 응급환자 한 명이 심한 탈수 증상으로 응급실에 입원하여 바로 링거액을 주사하기 시작했다. 그러나 링거액 주사액이 전혀 들어가지 않았다. 종아리가 차갑고 해서 우연히 종아리를 주물러 주었더니 종아리가 따뜻해지면서 놀랍게도 팔에 꽂은 링거액(정맥 주사)이 잘 들어가는 현상을 발견했다. 그는 왜 이런 일이 일어났는지 생각해보았다. 결국 종아리 근육이 혈액을 펌프질해주는 역할을 한다는 사실을 처음으로 깨달았다. 그 이후 그는 메스를 내려놓고 종아리 마사지 요법으로 한길을 걸으며 혈류를 개선하여 많은 치료 실적을 남겼다.

종아리 근육 풀기

나는 2019년 2월 말쯤 『종아리를 주물러라』라는 책을 읽으면서 상당히 감동하였다. 그와 함께 여태까지 내가 알지 못했던 새로운 세계를 보는 듯한 생각이 들어 크게 반성하면서 건강 실험을 과감하게 행하기로 결심하였다. 그해 3월부터 5월까지 약 2개월간 지속적으로 종아리에 뭉친 근육을 풀어나가는데, 단단히 뭉친 안쪽 근육을 상당히 강하게 누르고 있으면 이마에 식은땀이 흘렀다. 그렇게 약 2시간 동안 풀어놓고 다음 날 보면 다시 뭉쳐 있어서 다시 반복해서 풀기를 지속적으로 하였더니 근육이 점차 좀 더 유연해지더니 나중에는 근육을 푸는 데 시간이 별로 걸리지 않고 통증도 크게 느껴지지 않을 정도가 되었다. 6월경에는 종아리 근육이 말랑말랑해지고 혈관들이 눈으로 보일 정도로 형성되었다. 특히 놀라운 것은 발바닥에도 혈관이 보였다는 점이다. 종아리 근육을 풀어주고 나서 손에도 힘이 부쩍 더 생기고 손바닥이 따뜻해진 것을 느꼈다. 이것은 아마 혈액 순환이 좋아지니까 부수적으로 얻어진 결과라고 생각된다.

우리가 갓난아기일 때는 아픈 데 없이 매우 생명력이 있어 보이다가 점점 나이가 들어가면서 몸이 약해지는 것은 무엇 때문일까? 여러 이론이 있을 수 있고 다양한 의견이 있을 것이다. 이러한 물음에 대한 해답을 찾으려고 노력하는 모습이 우리의 인생이 아닐까 생각해보기도 한다. 그렇다고 나의 건강을 아무런 대책 없이 방치할 수는 없을 것이다. 우리는 너무나 소중한 존재이므로 각별히 신경을 써야 한다. 나는 사실 건강에 관한 한 젊어서는 그렇게 신경 쓰지 않고 살아왔다고 고백하지 않을 수 없다. 그냥 나의 건강은 타고날 때 주어진 것이고 그에 따라 운명적으로 받아들이고 살아야 하는 것으로 알았다. 그래서 때때로 왜 나는 이렇게 허약하게 태어나서 여러 가지 문제를 안고 살아야 하는 운명이란 말인가 하고 자책도 해보았다. 늦은 나이지만 학교에서 융합 교과 수업을 준비해야 하는 과정에서 건강 관련 책들을 읽게 되었고 나 또한 건강이 소중하다고 많이 생각하는 나이에 이르기도 하여 직접 책에서 얻은 지식을 건강 실험이라는 형태로 실행해보았다. 그 덕분에 건강이 매우 좋아져서 이러한 결과를 정리하여 학생들에게도 알려주고 싶었다. 다른 많은 사람들도 이것을 참고하여 활용해주면 나로서는 무한한 영광이 아닐 수 없겠다.

나는 종아리를 풀고 나서 혈액 순환이 좋아지니까 발바닥 뒤꿈치의 각질도 사라지고 손바닥이 따뜻해지는 느낌을 경험하게 되었다. 이에 좀 더 의욕적으로 다른 건강 실험을 해보려고 시도하였다. 평소 눈이 좀 피로하고 안경을 쓰고 있기 때문에 눈쪽 혈액 순환은 문제가 없는지 생각해보았다. 예전에 학교 다닐 때 눈에 모양근이라는 것이 있다는 사실을 배운 기억이 떠올라 눈 안쪽 부분을 손가락으로 만져보니 뭉쳐진 근육이 있었다. 그래서 화장지를 대고 손가락으로 뭉친 부분을 눌러가며 근육을 풀어주었더니 눈이 한결 맑아지고 기분이 좋아지는 느낌이 들었다. 풀고 나면 다시 뭉쳐지고 해서 다시 풀기를 약 1개월에 걸쳐 실시하였더니 역시 근육이 뭉치는 것이 줄어들고 좀 더 유연해진 것을 알았다. 2019년 6월에 눈 근육을 풀면서 더불어 팔 근육도 풀어 보는 건강 실험을 단행했다. 근육을 풀어주자 팔에 여러 혈관이 나타나고 손바닥에도 혈관들이 더욱 선명하게 보이기 시작했다. 물론 손에 힘이 나는 것은 부수적 효과였다. 그다음에 얼굴에 있는 근육들을 풀어 주는 건강 실험도 실시했다.

우리 몸에서 뭉쳐 있는 근육을 찾아 풀어 주면 근육에 눌렸던 혈관과 신경 들이 원활하게 작동하면서 물의 순환이 잘 이루어지게 된다고 생각한다. 물을 충분히 마시면 먼저 각 세포들에 수분과 영양소, 산소 등이 충분히 공급되어 세포들의 화학 반응이 잘 이루어지는 효과를 얻을 수 있고, 여기에 물 순환(혈액과 림프액)이 잘 이루어지면 세포들에 그야말로 희소식이 아닐 수 없을 것이다. 각 세포들이 최적의 조건을 갖추고 각자 움직이면 그것이 바로 우리가 건강하다는 증거라고 말할 수 있다.

나는 2019년에 어느 해보다 건강이 부쩍 좋아진 것을 느끼면서 감사한 나날을 보내고 있다. 전에 나는 이렇게 몸이 안 좋은 것을 왜 단지 운명 탓으로만 돌렸을까? 그 시절의 나 자신이 약간 부끄러워졌다. 내가 최선의 노력을 하지 않고 운명 탓만 하는 것은 바람직하지 않다는 것을 안다. 건강 실험을 하여 좋아진 나는 자신 있게 많은 사람들에게 자신의 건강을 위해 건강 실험에 도전해주기를 바란다는 말을 하고 싶다.

앞으로 우리 몸의 근육들이 왜 우리 혈관을 누르고 신경을 누르는지 좀 더 공부하고 싶다. 그냥 막연하게 생각하면, 우리가 긴장하게 되면 근육이 수축되고 그럼으로써 혈액 순환이 잘 이루어지지 않게 되어 주위가 좀 더 산성화되는 과정(이산화탄소 제거가 용이하지 않음)을 거치고, 그에 따라 근육이 더욱 뭉쳐지게 되는 결과에 이르지 않을까 생각한다. 어쨌든 이런 악순환의 고리를 끊는 방법을 찾아내어 실행하지 않으면 그 상황을 벗어나기 어려울 것이다. 근육을 풀어주는 일이야말로 물 순환을 최적의 상태로 이끌 수 있는 지름길이 아닐까 생각한다. 근육이 풀어지면 혈액과 림프액 순환이 원활하게 일어나 세포 주위에 있던 산성 물질과 노폐물이 제거되기 때문에 세포들이 깨끗한 환경에서 화학 반응을 일으키게 될 것이다. 우리 몸에서 물(혈액)의 순환을 원활하게 해주는 이것이 바로 건강해지는 지름길이다.

제 2 장

공기

AIR

01
공기의 성질

우리 주위의 공기는 질소 78%, 산소 20%, 아르곤 1%, 이산화탄소 0.03% 등으로 구성되어 있다. 식물들이 자라는 데는 이산화탄소와 질소가 필요하고, 동물들은 세포에서 에너지를 생성하기 위해 산소가 필요하다. 우리 몸에서 산소를 실어 나르는 단백질은 적혈구로, 그 안에 4개의 헤모글로빈이 있어서 철 이온에 산소가 붙어 세포까지 운반하고, 호흡 후에 생성된 노폐물 이산화탄소(24%)와 탄산수소 이온(70%)을 폐까지 옮겨와 수증기와 함께 이산화탄소 형태로 날려 보낸다. 우리 폐에서 하루에 약 1리터의 물이 수증기 형태로 날아간다. 또한 세포 주위에 있는 탄산(6%)은 물에 녹아 신장에서 배출되기도 한다.

산소는 물에 약간 녹기는 하나 매우 적은 양으로 20℃에서 약

90ppm 정도 녹는다고 한다. 20℃에 비해 생물체의 온도(사람 36.5℃, 소나 돼지 38~41℃, 닭 42℃ 등)가 올라가면 용존 산소량은 더욱 적어질 것이다. 작은 물고기들은 아가미를 통해 산소를 취함으로써 살아가지만 그보다 큰 물고기나 돌고래 등은 공기 중의 산소를 호흡하여 살아간다. 바다에도 온도 차가 있어 온도가 차가운 북극 지역일수록 산소 용존량이 증가하므로 비교적 큰 물고기들이 자라고, 적도 지역의 따뜻한 바다에는 열대성 작은 물고기들이 자라는데, 이는 바로 용존 산소량이 적기 때문이다. 그래도 고래 같은 큰 물고기는 많은 양의 산소가 필요한데 물에 녹아 있는 산소의 양으로는 살 수 없으므로 공기 중의 산소를 활용한다.

산소와 이산화탄소는 다 같이 무극성 분자로, 이산화탄소가 산소에 비해 훨씬 많이 물에 녹는다. 그 이유는 이산화탄소와 물이 반응하여 탄산(이산화탄소의 6% 정도)으로 형성되기 때문이다. 시중에서 탄산 음료수는 볼 수 있어도 산소를 녹인 물을 파는 것을 볼 수 없는 이유가 여기에 있을 수 있다. 많은 양의 산소가 필요할 때는 호흡을 통해 적혈구라는 단백질과 결합하여 운반하는 것이 가장 효율적인 방법이다. 우리 몸에서도 폐에서 산소가 적혈구와 결합되어 각 세포까지 혈관을 따라 공급된다.

산소를 액화하여 액체가 되면 약한 푸른색을 띠며 강한 자기장에 붙잡혀 있는 상자기 현상을 보인다. 이를 설명하기 위하여 분자 오비탈을 동원하여 보면, 산소 분자는 두 개의 파이-반결합 오비탈에 두 개의 홀전자를 가지고 있어 그 자체로 라디칼(발암 물질)이 된다. 이렇게 산소는 강한 반응성을 가지고 있어 철뿐만 아니라 많은 물질을 산화시킨다. 산소는 그 자체로 독성 물질이라고 할 수 있다. 지구상에 산소가 점차 많아지면서 지구에서 최초부터 살아왔던 혐기성 생물(산소가 없는 상태에서 생존)들은 점차 사라지고 산소를 좋아하는 호기성 생물들이 등장하게 되었다. 산소의 독성으로 인해 혐기성 생물 같은 경우는 공기(산소)에 노출되면 곧바로 죽게 된다. 그런데 호기성 생물들은 독성 물질의 산소를 이겨낼 수 있는 산소 독성 제거 효소나 분자들이 있어서 생존할 수 있다. 우리 몸에도 여러 가지 활성 산소 제거 효소와 물질이 있어 안전하게 살아갈 수 있다. 식물들도 광합성 과정에서 산소가 발생하기 때문에 항산화 물질이 반드시 필요하여 모든 식물은 생존하기 위하여 여러 종류의 항산화 물질을 만들어 낸다. 우리가 조사해 보면 각 식품들에 아주 다양한 종류의 항산화 물질이 있는 것을 알 수 있다. 이처럼 식물들이 생존하기 위해 생성한 항산화 물질을 사람들이 간접적으로 몸에 사용하여 건강을 도모하기도 한다.

공기 중의 기체 분자들 중 질소는 거의 물에 녹지 않으므로 식물들이 공기 중의 질소를 직접 이용할 수 없어서, 식물들은 물에 녹을 수 있는 형태의 이온, 암모늄 이온(NH_4^+), 질산 이온(NO_3^-) 형태로 변형된 것만을 성장에 이용할 수 있다. 번개 칠 때 생기는 산화질소로부터 비가 내릴 때 생성되는 질산이나 클로버나 콩과 식물들의 뿌리혹박테리아는 공기 중의 질소를 고정하여 식물에 공급하고 식물로부터 영양을 공급받는 방식으로 공생 관계를 유지한다.

현대에 들어와서는 사람들이 암모니아를 합성한 후 암모니아와 인산, 황산, 질산과 반응시켜 인산 비료, 질산 비료, 복합 비료 등의 인공 비료를 만들어 식물들이 성장하는 데 도움을 주었다. 그 결과 식량의 생산이 많이 증가하였다. 이러한 덕택에 인류는 풍요로운 먹거리를 얻게 되었고 그에 따라 전 지구에 걸쳐 1900년 이후로 엄청난 속도로 인구가 증가하였다. 사실 인공 합성 비료가 아니었으면 현재 우리 지구에서 생존할 수 있는 인간은 훨씬 적은 수로 감소될 수밖에 없다. 화학 비료 덕분에 식량의 막대한 증산이 가능했고, 그 덕분에 많은 사람이 먹고 살 수 있었다. 우리는 이러한 사실에 무한한 감사를 느껴야 할 텐데 오히려 화학 비료를 공격의 빌미로 삼는 모습이 나타나니 아이러니한 현실이다.(일부는 화학 비료가 먹거리에 부정적인 영향을 미쳤다고 반박하기도 한다.)

공기 중의 이산화탄소를 살펴보자. 공기 중에서 이산화탄소는 0.03%로 분포되어 매우 미미한 양으로 존재한다. 산소가 약 20%로 많은 반면에 이산화탄소는 양이 적은데도 불구하고 식물들이 잘 성장하는 이유는 이산화탄소(분자량 44)가 다른 공기 분자들(산소 분자량 32, 질소 분자량 28 등)보다 무거워서 중력에 의해 아래쪽으로 끌려와 공기들의 분포에서 아래에 위치하기 때문이다. 식물의 입장에서는 자신의 먹이인 이산화탄소가 매우 적은 양으로 공기 중에 분포되어 있어서 매우 불리할 수밖에 없는데, 그나마 다행으로 이산화탄소가 공기층의 아랫부분에 대부분 존재하기 때문에 생존하는 데 많은 도움이 된다고 할 수 있다. 저지대에서는 큰 나무들이 성장할 수 있지만 높은 산으로 올라갈수록 이산화탄소의 양이 급격히 줄기 때문에 작은 나무나 풀들밖에 자랄 수 없는 상황이 나타난다.

이산화탄소가 물과 반응하면 탄산이 생성되기 때문에 물에 상당히 많은 양이 용해되어 들어갈 수 있다는 특징이 있다. 식물들은 공기 중의 이산화탄소를 바로 성장하는 데 활용할 수 있다. 식물들과 달리 동물들은 산소가 공기 중에 많이 분포하고 있어도 물에 잘 용해되지 않기 때문에 산소를 운반해줄 수 있는 적혈구의 도움을 받아야만 비로소 살아갈 수 있다.

이상과 같이 공기 중의 분자들 중 산소, 이산화탄소, 질소는 생명체들이 살아가는 데 아주 중요하게 이용된다. 우리가 마시는 공기가 공짜이므로 우습게 생각될지 모르지만 우리는 공기가 없는 환경에서는 겨우 3분도 채 견디지 못하고 죽을 수밖에 없다. 우리 인간들은 특히 공기 중에서 산소를 절대적으로 중요하게 활용하고 있다. 하지만 산소는 우리가 살아가는 데 반드시 필요하지만 다른 한편으로 산소를 이용하면 우리 몸에서 발생하는 활성 산소라는 유해 산소 때문에 많은 어려움을 겪는다. 아주 미량의 산소 분자가 물에 녹아 있는 정도의 독성은 이미 우리 몸속에 있는 효소들에 의해서 극복할 수 있다. 그렇지만 우리 몸에서 발생하는 활성 산소는 우리가 어떻게 생활하느냐에 따라 그 양이 달라지므로 각 개인이 활성 산소에 관심을 가지고 생활하는 것이 건강하게 살아가는 방법이 될 것이다.

02
활성 산소

　1991년도에 미국의 존스홉킨스 의과대학에서 '인간의 36,000여 가지 모든 질병은 활성 산소로부터 온다'고 발표한 적이 있다. 활성 산소에 의해 온갖 질병이 발생한다고 한 것이다. 활성 산소는 스트레스, 술, 담배, 과식, 방사능(X선, 감마선), 자외선 등 다양한 원인으로 발생한다. 이 중 우리 몸에 가장 크게 영향을 미치는 스트레스에 의해 활성 산소가 생기고 이로 인해 염증이 발생하여 온갖 질병으로 진행된다. 구체적으로 활성 산소가 발생하는 과정을 살펴보고 활성 산소의 발생을 줄일 수 있는 방법을 살펴보자.

　위에서 산소 기체가 물에 녹는 양이 워낙 적고 자체 독성이 있으나 호기성 생물들은 이미 독성을 극복할 수 있는 능력을 보유하고 있다고 했다. 우리 몸은 산소가 물에 녹아 운반되는 양은 거의 무시할 정도이기 때문에 산소가 적혈구와 결합되어 각 세포들까지 운반되는 시스템을 갖추고 있다. 이렇게 운반된 산소는 미토콘드리아라는 기관에서 포도당이나 지방산 등의 영양 물질을 산화시켜 ATP와 열에너지를 얻는 데 사용된다. 호기성 생물들은 미토콘드리아(자체 핵을 가지고 있음)라는 기관들과 서로 공생 관계를 유지하고 있다. 미토콘드리아는 에너지 공장이라고 하여 우리 몸에서 에너지 생산을 담당하고, 우리 몸은 영양 물질과 산소를 공급하고 노폐물과 독성 물질을 제거하는 역할을 하여 서로 돕고 사는 모습을 보인다.

산소는 미토콘드리아라는 기관을 이해하지 않으면 이해할 수 없다. 미토콘드리아라는 세균은 원래는 독자적으로 살고 있었으나 환경이 열악해지면서 다른 세포들과 공생 관계를 형성하면서 세포 속으로 들어와 에너지 생산을 담당하는 역할을 하고 있다. 미토콘드리아는 자체 핵이 있어서 환경에 따라 스스로 분열을 통하여 증가하기도 하고 줄어들기도 하는 조절 기능이 있다. 만약 에너지를 사용하지 않는 생활을 하면 미토콘드리아 수가 줄어들고 에너지 사용량이 증가하면 미토콘드리아 수가 증가하는 변화를 보일 수 있다. 우리가 좀 더 미토콘드리아 수를 증가시키는 방향으로 생활한다면 건강한 삶을 살 수 있을 것이다.

우리 몸에서 산소를 많이 사용한다는 것은 다시 말하면 그 기관에 미토콘드리아 수가 많다는 것을 의미한다. 우리 몸에서 가장 에너지를 많이 사용하는 곳을 생각해보자. 생각을 많이 하는 뇌신경이 에너지를 가장 많이 사용하기 때문에 뇌신경 세포에는 약 2만~5만 개의 미토콘드리아가 들어 있다고 한다. 그다음에 간세포도 수많은 화학 반응을 일으키

면서 에너지를 많이 사용하기 때문에 간세포 안에도 2만 개 이상의 미토
콘드리아가 들어 있다고 한다. 그리고 심장 세포들도 쉬지 않고 운동을
해야 하기 때문에 심장 세포 1개당 2만 개 이상의 미토콘드리아가 들어
있다고 한다. 그 외에 근육 중에서 적색근(지근: 느리나 지속성 있음)에
많은 미토콘드리아가 들어 있고 백색 근육(속근: 빠르나 쉽게 지침)에는
적은 미토콘드리아가 들어 있다고 한다. 그래서 건강해지려면 백색 근육
을 늘리는 무산소 운동보다 적색근을 늘리는 유산소 운동을 하는 것이
이롭다고 하는 것이다. 꾸준히 몸을 움직이는 사람들이 더욱 건강하게
장수하는 모습은 장수 프로그램이나 장수 지역의 사람들을 보면 알 수
있다. 먹는 것보다 몸을 더 많이 움직이는 운동이 건강과 장수에 크게 영
향을 미친다는 사실은 미토콘드리아의 영향으로 설명이 가능하다.

산소의 최소 사용

　나는 화학을 배우면서 산화와 환원이라는 화학 반응을 배웠고 산소가 여러 가지 산화 반응의 주원인이라는 것을 알았다. 그래서 나름대로 논리를 만들어 산화의 주범이 산소라고 보고 우리 몸을 산화(노화)시키는 주범 역시 산소라는 사실을 인식하고, 가능하면 산소를 적게 사용하는 것이 산화(노화)를 늦출 수 있고 그로 인해 건강을 얻을 수 있겠다고 생각해보았다. 그 뒤 오랜 세월 동안 이 원칙을 지키면서 직접 생활해왔다. 아주 아이러니한 일이긴 하지만, 2년에 한 번씩 받는 건강 검진 때 맨 마지막에 의사 선생님과 상담하는 시간이 되면 의사 선생님이 "요즘 무슨 운동을 하고 있습니까?"라는 질문을 한다. 이때 나는 항상 "운동을 하긴 하는데 숨쉬기 운동을 합니다." 라고 대답하고 그것을 당연하게 여겼다. 최소한의 산소를 사용하기 위해서는 가능한 한 움직이지 않는 것, 즉 숨쉬기 운동만 하는 것이 최선이라는 사실을 실천한 것이라고 여겼기 때문에 그랬다.

2007년 45세 때에 역류성 식도염 때문에 성대 근처에 양성 혹이 자라 레이저로 전신 마취 수술을 받는 일이 생겼다. 그때 받은 충격이 상당히 컸고, 이러다가 죽을 수도 있겠다고 하는 위험한 상황을 경험하였다. 만약 이 혹이 암이라면 걷잡을 수 없는 일이 나에게 닥치는 것이고 그로 인해 죽음에도 이를 수 있다는 생각이 두려움으로 밀려왔다. 이 경험 이후로 나는 여태까지의 생활을 되돌아보고 반성하는 계기를 맞이했다. 세상에는 자신이 옳다고 생각했던 것이 사실이 아닐 수도 있다는 것을 뼈저리게 느꼈다. 무엇이 나에게 문제이었나? 묻고 또 묻는 시간을 보냈다.

역류성 식도염에 대한 문제점을 원주 기독병원 이비인후과 의사 선생님이 알려주었다. 과식하고 물을 적게 마시고 베개를 제대로 베지 않고 생활하면 역류성 식도염에 걸릴 수 있다고 하였다. 내 생활을 돌아보면 잠자리에서 신경 쓰지 않고 베개를 제대로 베지 않은 경우도 있었고, 물은 사실 거의 마시지 않아 염소라는 별명을 들을 정도였으니 사실은 나에게 문제가 있었다. 그리고 나는 체질이 마른 편이어서 살이 찌고 싶은 욕심에 평소에 다른 사람보다 많이 먹고자 노력을 많이 하여 과식에 해당하는 생활을 하고 있었다. 그래서 소화가 잘 안 돼 자주 소화제를 먹었다. 마른 사람의 소원은 살이 쪄보는 것이라는 점을 나는 잘 이해할 수 있다. 내가 그랬으니까 말이다. 의사 선생님이 지적한 생활 습관을 고쳐서 수술 이후 생활하였더니 그 이후로 문제가 없었다. 5년 후에 이비인후과에 들러 내시경 검사를 받아보았더니 아무 문제없이 후두가 깨끗하다고 하였다. 몸에 어떤 문제가 있을 경우 반드시 그에 상응하는 문제가 우리 생활에 있음을 알아차리고 그것을 개선하려는 노력이 필요하다.

좀 더 나아가 전반적으로 내 생활에 문제가 없는지 점검하고 또 점검하여 보았다. 그중 하나로 숨쉬기 운동만 하고 있는 것이 문제라고 인식했다. 산소를 적게 사용한다는 측면은 일리가 있지만 그 반대 측면을 고려하지 못한 것이다. 운동을 하지 않으면 우리 몸 근육이 발달하지 못하고 그에 따라 각종 장기의 기능이 후퇴하여 몸이 전반적으로 좋아지지 않을 수 있다. 산소를 적게 사용하는 것만을 고려하다가 우리 몸의 각종 장기가 퇴화하고 세포들의 기능이 퇴화한다면 에너지가 적게 생산되고, 그에 따라 기력이 약해지고 면역력도 약해지면서 온갖 세균과 바이러스 등에 의해 몸이 약해져서 병마에 시달리는 악순환이 초래될 수 있다. 그래서 운동 중에서 유산소 운동과 산소를 적게 사용하는 것의 최적 조건을 찾는 것이 해답이라는 가설을 세워보았다. 산소를 사용하면서 세포들을 활성화하는 유산소 운동을 하기 시작했다. 걷기 운동과 여러 가지 스트레칭 등으로 몸의 건강 실험을 실시하면서 '나의 건강 실험 이야기'를 기록하여 나갔다. 조건을 바꾸어 가면서 그에 따른 몸의 변화를 건강 실험이라는 각도에서 관찰하고 또 관찰하였다.

확실히 숨쉬기 운동만을 하였을 때는 몸이 허약하고 감기도 잘 걸리고 소화도 잘 안 되는 증상들이 많이 나타났는데, 운동을 하면서 몸이 많이 좋아졌고 감기도 안 걸리는 등 여러 가지 좋은 건강 징후가 나타나는 것을 체험하였다. 건강 실험을 통해서 숨쉬기 운동보다는 유산소 운동을 병행했을 때 몸의 건강이 좀 더 확보된다는 것을 입증할 수 있었다.

우리가 보통 사용하는 산소의 약 2%에 해당하는 양이 유해 산소, 즉 활성 산소로 발생한다. 이 양은 상당히 많은 것이지만 우리 몸에서 극복해 낼 수 있는 양이다. 특히 에너지를 생산하는 미토콘드리아라는 기관에서, 효소들이 포도당이나 지방산으로부터 수소를 NADH나 NADPH 형태로 1차 뽑아낸 후 수소 이온(H^+)과 전자(미토콘드리아 내막에 존재)로 변화시킨 후 내막에서 산소가 전자를 받는 과정에서 활성 산소가 생긴다. 이 중 일부가 세포에서 돌아다니면서 세포벽이나 핵 유전자로부터 전자를 빼앗아 변이를 일으켜 정상 활동을 방해함으로써 각종 질병을 유발하는 원인이 발생한다. 먼저 산소가 전자를 받으면 슈퍼옥사이드(O_2^-) 활성 산소가 되고, 그 이후 계속 전자와 수소 이온을 받으면 과산화수소 활성 산소가 되며, 더 나아가면 하이드록실 라디칼 활성 산소가 생성되는 과정을 거친다. 이를 그림으로 표현하면 다음과 같다.

$$O_2 \xrightarrow{\ e^-\ } O_2^- \xrightarrow{\ H^+\ } HO:O\cdot \xrightarrow{\ e^-\ } HO:O:^- \xrightarrow{\ H^+\ } HO:OH(2HO\cdot) \xrightarrow{\ e^-\ } HO:^- \xrightarrow{\ H^+\ } H_2O$$

슈퍼옥사이드   과산화수소(하이드록실 라디칼)

전자를 내막에서 받은 산소는 내막을 통과하면서 ATP(화학 에너지, 생체 에너지)를 생성하고 기질에 건너오게 된 H^+를 받아 결국 물이 되는 과정을 거친다. 이와 같이 미토콘드리아에서 산소를 이용하여 ATP 생체 에너지를 생성하면서 생기게 되는 활성 산소에는 슈퍼옥사이드, 과산화수소, 하이드록실 라디칼이 있다. 그리고 추가로 피부에서 자외선을 받으면 산소들이 삼중항에서 일중항으로 되는 활성 산소가 생성된다. 엑스선이나 감마선 같은 방사선을 쬐게 되면 물(H_2O)이 분해되면서 다량의 하이드록실 라디칼이 생긴다고 한다. 환경에서 들어오는 산화질소 등도 활성 산소로 분류된다.

참고하자면, 식물에는 엽록소에서 수소를 이용하여 에너지를 생산하는 과정이 있다. 먼저 빛을 이용하여 물에서 산소를 제거하고 NADPH라는 효소를 이용해 수소를 취하고 나서 두 개의 수소 이온(H^+)과 ATP를 생성하고, 전자 두 개를 틸라코이드에 전달하는 명반응을 거친다. 이 명반응이 끝나고 난 후, 이산화탄소에 전자를 전달하고 수소 이온들이 붙으면서 포도당을 합성하는 암반응이 일어난다. 엽록소에서 수소 이온의 에너지가 포도당으로 저장되고, 미토콘드리아에서 수소 이온의 에너지가 ATP 형태로 저장되는 과정을 거친다. 동물이나 식물 모두 수소 이온(물에 녹는 성질)을 에너지 전달 수단으로 활용하는 특징이 있다.

우리 몸에서 활성 산소는 매우 위험한 물질이다. 또한 세균이나 바이러스 등에도 마찬가지로 아주 위험한 물질이기 때문에 우리 몸에서 백혈구들이 면역 활동을 할 때 활성 산소(과산화수소)를 대량으로 방출하면서 살상하는 무기로 요긴하게 사용한다. 상처 난 부위에 고름이 생기는 모습을 볼 수 있는데, 이때 고름은 바로 백혈구들이 죽어서 생긴 것이다. 일반적으로 누렁코나 가래, 고름이 형성되면 상처 난 부위가 낫는 경우를 많이 볼 수 있다. 하지만 세균이 너무 많아 우리 몸에서 자체적으로 방어 능력을 형성하지 못하면 세균들이 더 번식하여 더 많은 백혈구들이 필요하나 한계에 다다르면 죽음에 이르는 경우도 과거에는 있었다. 조선 시대 왕들 중에는 욕창으로 사망하는 일이 있었다고 한다. 이렇게 백혈구의 면역력만으로 세균을 방어하기가 어려운 경우 현대에 들어와서는 항생제를 이용하여 말끔히 세균을 제거할 수 있게 되어 건강에 많은 도움을 받고 있다.

백혈구들이 활용하는 활성 산소도 사실 우리 몸에 이롭지 않지만 세균이나 바이러스를 퇴치할 때 요긴하게 이용한다는 점에서 좋은 측면이 있다. 전반적으로 우리 몸에서 발생하는 활성 산소는 모두 우리 몸 세포들에 악영향을 미치는 존재이다. 이러한 활성 산소를 제거하는 시스템이 우리 몸에 없다면 우리는 생존할 수 없다. 다행히 아주 훌륭한 활성 산소 제거 시스템을 갖추고 있어서 우리는 별 문제 없이 하루하루를 살아갈 수 있다. 다음에 이러한 활성 산소 제거 시스템을 별도로 살펴보기로 하자.

우리 몸에 활성 산소 제거 시스템이 있다고 하더라도 그것은 어느 한계까지 작동하는 것이지 무한정 활성 산소를 제거해 줄 수는 없다. 그래서 우리는 건강을 위해서 활성 산소를 잘 이해하고 활성 산소가 지나치게 많이 발생하지 않는 삶을 살도록 각자 노력해야만 한다. 어떤 사람들은 활성 산소를 전혀 고려하지 않는 삶을 살면서 건강을 해치는 경우가 있는데도 그러한 사실을 모르고 있다. 나 자신의 건강을 위해서 건강 공부를 하여 건강을 지키는 노력이 필요한 대목이다. 누가 자신의 건강을 챙겨줄 수 있겠는가? 부모도 자식도 친구도 어느 누구도 자신의 건강을 챙겨주지 못한다. 자신의 건강은 자신이 책임질 줄 아는 자세가 요구된다.

이 대목에서 산소의 과다 사용에 따른 활성 산소의 해를 살펴보자.

산소의 과다 사용에서 나타나는 문제점

산소를 적게 사용하면 문제가 있었는데 그렇다면 산소를 과다 사용하면 문제가 없을까? 모든 것에는 중용의 원칙이 적용된다. 행복에도 건강에도 물질에도 세상만사 중용의 지혜를 깨닫는 것이 중요하다. 아리스토텔레스도 행복은 중용을 지킴으로써 얻어진다고 이야기하였다. 예를 들면 용기를 지키는 것은 만용과 비겁의 중용을 따르는 것이라는 말이 있다. 절약은 사치와 구두쇠의 중용을 지키는 것이므로 좋은 것이다. 항상 행동에도 중용의 도를 지키고 있는지 살피려는 노력이 필요하듯이 우리 몸의 건강을 살피는 데도 중용의 도를 따르는 지혜가 요구된다. 앞에서 예로 든 나의 경험에서 보았듯이 산소를 너무 적게 사용하는 생활은 바람직하지 않다. 이와 반대로 산소를 너무 많이 사용하는 것도 바람직하지 않다. 적당한 산소량을 사용하는 생활 습관이 있어야 건강을 확보할 수 있다는 사실을 알고 자신에게 적당한 산소량을 생각하면서 운동도 하고 생활도 해야 할 것이다.

몸을 너무 움직이지 않는 생활을 하면 산소를 적게 쓰기는 하지만 근육 퇴화와 더불어 혈액 순환의 악화에 따른 면역력 저하 등이 수반되어 몸의 기력이 떨어지고 몸이 허약해지는 결과를 낳을 수 있다. 건강에 좋은 운동(움직임)에 대한 연구를 다양한 방법으로 실시하여 그 운동 결과를 비교하여 발표한 서적들이 있다. 쥐를 이용하여 실험한 대표적인 예를 들면, 많이 먹고 움직이지 않는 경우가 가장 나빴고, 그다음이 많이 먹고 많이 움직이는 경우였다. 가장 좋은 경우는 적당히 먹고 적당히 운동하는 쥐로서, 그 쥐가 건강하게 오래 살았다. 이러한 이론을 우리 인간에게 적용하여 실험하기는 어렵지만 운동 측면에서는 결과의 측정이 용이하여 실험을 단행한 예가 있다. 아오야기 유키토시가 쓴 『차라리 운동하지 마라』는 책에서는 중강도 운동의 중요성을 강조하고 있다.

전에 우연히 텔레비전을 보고 있는데, 50대 초반의 아저씨가 공격수로 나서 축구를 하면서 아주 잘하고 열심히 하여 매우 인상적이었다. 그런데 축구가 끝나고 자신의 차에 들어가 신장 투석을 자체적으로 하면서, 그래도 축구가 좋아서 앞으로도 계속할 예정이라고 이야기하였다. 나는 개인적으로 그 아저씨가 축구를 그만두고 다른 적절한 운동을 찾아 했으면 좋겠다고 생각했지만 전달할 방법이 없었다. 우리는 자신이 무슨 잘못을 하는지 모르는 가운데 자신의 몸을 학대하는 일이 벌어지는데도 그것을 전혀 알아차리지 못하는 경우가 있다. 개인적으로 참으로 안타깝게 생각한다. 제발 이러한 우를 범하지 않기 위해서는 활성 산소를 이해하는 삶을 살았으면 좋겠다. 우리 인생은 누구나 한번 살다 가는 것은 마찬가지다. 하지만 자신의 몸을 어떻게 관리하며 건강하게 살아가느냐는 것은 자신의 선택과 노력에 달려있다고 본다. 워런 버핏이 한 이야기 중에 우리 몸을 자동차에 비유한 것이 있다. 우리는 누구나 자동차라는 하나의 몸을 가지고 있다. 하지만 이 자동차를 어떻게 관리하고 깨끗이 사용하느냐에 따라 고장 나지 않고 오래 사용할 수 있기도 하고 빨리 망가뜨리기도 한다. 그렇기 때문에 누구나 자신의 중고 자동차를 소중히 여기는 마음으로 잘 관리하는 것이 가장 중요하다는 것이다.

운동을 지나치게 심하게 하면 활성 산소가 너무 많이 발생하여 세포들이 손상되므로 오히려 건강을 해칠 수 있다고 말하는 책이 있다. 『스포츠는 몸에 나쁘다』라는 책은 지나친 운동은 너무나 많은 활성 산소의 발생을 초래하여 오히려 건강에 해롭다는 내용을 담고 있다. 운동을 지나치게 강도 있게 하다 보면 너무 많은 산소를 사용하게 되고, 이 산소 중에서 약 2%의 활성 산소가 생성된다고 하면 평상시 우리 몸에서 처리할 수 있는 활성 산소의 양을 뛰어넘게 되어, 나머지 제거되지 못한 활성 산소가 세포들의 손상을 일으켜 결국 몸의 기능을 저하시키고 건강을 해치는 결과를 낮게 된다.

　10대나 20대 때는 스포츠를 해도 몸에서 활성 산소를 제거하는 시스템이 충분히 가동되기 때문에 별 문제를 일으키지 않지만(그래도 심하게 운동한 후에는 3일 정도 휴식을 취하는 것이 좋음) 30대, 40대를 지나면서 점차 활성 산소 제거 시스템의 작동 능력이 떨어지기 때문에 제거되지 못한 활성 산소의 독성이 건강에 악영향을 끼칠 수 있다. 그러므로 나이가 들어가면 과격한 운동을 자제하고 적절한 유산소 운동을 찾아서 하는 자세가 필요하다. 나이 들어 가장 잘 추천하는 운동으로는 걷기 운동을 비롯하여 스트레칭 운동을 들 수 있겠다. 다시 말해 중강도 정도의 운동을 꾸준히 하는 것이 좋고, 운동 종류는 각자 자신이 좋아하는 것을 선택하여 실천하면 된다. 어떤 운동은 좋고 어떤 운동은 나쁜 것이 아니라 각자 좋아하는 운동을 적절히 선택하여 즐기면 좋다.

활성 산소의 제거

활성 산소는 우리 세포에 치명적인 위험 물질이다. 만약 이 활성 산소를 제거하는 물질이 우리 몸에 없었다면 우리는 생존할 수 없는 상황에 몰리게 되었을 것이다. 하지만 우리 몸에는 해로운 활성 산소를 제거하는 효소나 다른 물질들이 존재하여 항상 안전하게 생활할 수 있는 환경을 만들어주고 있다. 어떤 효소와 물질들이 활성 산소를 제거해주는지 살펴보도록 하자.

우선 슈퍼옥사이드를 제거해주는 효소로 SOD(Superoxidase, 슈퍼옥사이데이스)가 있고, 과산화수소 활성 산소를 제거하는 것으로는 카탈라아제, 페록시다아제 등이 있다. 그 외에도 글루타티온 등이 체내에서 분비되고, 체외에서 섭취하는 비타민 C, E, 베타카로틴 등의 항산화 물질들도 활성 산소를 제거하는 역할을 한다.

우리 몸속에 활성 산소를 제거하는 효소들이 있듯이 식물들도 모두 나름대로 활성 산소에 대처하기 위해 항산화 물질을 만들어 세포들을 보호한다. 이에 따라 모든 식물은 각자 자신을 보호할 수 있는 항산화 물질을 가지고 있게 된다. 대표적인 항산화 물질로는 비타민 C를 비롯하여 카로티노이드, 폴리페놀, 안토시아닌, 라이코펜 등이 있다.

10대나 20대 때에는 노화 방지제(산화 방지제)에 별 관심을 보이지 않지만 나이가 들어가면 갈수록 사람들은 노화를 좀 더 방지하고 활성 산소로부터 세포를 보호하기 위해 항산화제를 복용하는 경우가 늘어간다. 특히 40대 이후에는 우리 몸에서 생성되는 활성 산소를 제거하는 효소들의 분비가 50% 이상 줄어들기 때문에 항산화제에 관심을 많이 두게 된다. 40대 이후부터는 젊어서 해오던 운동 방식을 전면적으로 재검토하여 활성 산소의 발생을 근본적으로 줄일 수 있는 운동으로 전환할 필요가 있다. 이를 무시하고 젊었을 때의 패기로 과격한 운동을 계속하면 활성 산소의 무자비한 공격을 피하기 어려워지게 되고 결국 몸이 일찍 망가지는 원인이 될 수도 있다.

우리 몸속에서 활성 산소를 제거하는 능력이 떨어지는 40대 이후에는 식품에 들어 있는 각종 항산화제를 이용하는 것도 하나의 대안이 될 수 있다. 색깔이 있는 과일 열매부터 뿌리채소까지 다양한 항산화 물질을 가지고 있으며, 이 항산화 물질들은 각기 다른 장기에 효과를 보이는 특징도 있으므로 특정 부위에 질병이 있는 경우 선택적으로 섭취하면 많은 도움이 될 것이다. 대표적인 항산화 물질과 그 특성을 정리하여 표로 나타내면 다음과 같다. 참고로 활용하면 건강에 도움이 될 것이다. 무엇보다도 모든 음식물에는 우리가 생각하기에 벅찰 정도로 다양한 항산화 물질이 들어 있어서 일일이 기억하면서 먹는다고 생각하면 머리가 아플 지경이다. 그러니 먹는 음식마다 좋은 성분이 가득 들어 있다는 사실에 감사하고 즐겁게 식사하는 습관을 들이는 것이 더 중요하다고 생각한다. 한때 나도 시금치에 루테인, 수박에 라이코펜, 포도에 폴리페놀, 마늘에 알리신 등 여러 식품에 들어 있는 것의 이름을 생각하며 먹으려고 노력한 적이 있는데, 나중에 그 수가 헤아릴 수 없을 정도로 많다는 사실을 알고는 모든 음식에 감사하며 먹는 것이 낫겠다는 쪽으로 생각을 바꾸었다.

평소 건강할 때는 관계없지만 특정 질병이 있는 경우에는 좀 더 그와 관련된 식품을 챙겨 먹는 것이 건강 회복에 상당한 도움이 될 것이다. 이

표 4. 식품에 들어 있는 항산화 물질들

식품	항산화제	식품	항산화제
카레	쿠르쿠민	마늘	알리신, 셀레늄
브로콜리	설포라판, 베타카로틴	미역	푸코크산틴
시금치	루테인, 베타카로틴	깻잎	플라보노이드
복분자	안토시아닌	녹차	카테킨
옥수수	루테인	인삼	진세노사이드(사포닌)
딸기류	폴리페놀	당근	베타카로틴
주황색 고구마	베타카로틴	미나리, 귤	베타클립토키산틴
자색 고구마	안토시아닌	포도	레스베라트롤
양파	쿼르세틴	배	플라보노이드, 폴리페놀
생강	비타민 C, 진저롤	토마토, 수박	라이코펜
콩	이소플라본	노니	이리도이드, 제로닌

에 암에 좋다는 몇 가지 특별 식품을 표로 정리하여 나타냈으니 참고하여 섭취하면 좋겠다.

표 5. 10대 암에 효과가 있는 식품들

암 종류	식품	암 종류	식품
위암	마늘	식도암	당근
폐암	시금치, 다슬기	자궁암	미역
대장암	생강	전립선암	토마토
유방암	검은콩	피부암	늙은 호박
간암	양송이버섯	혈액암	녹차

우리 몸에서 활성 산소를 잘 제거하는 5대 항산화제를 아래와 같이 소개한다. 활성 산소를 효율적으로 제거하기 위해서는 아래의 식품들을 섭취하는 것도 좋은 방법이 될 수 있다.

1. 비타민 C: 케일, 귤, 쿼리

2. 비타민 E: 잣, 아몬드, 올리브오일

3. 코엔자임Q10: 사과, 계란, 토마토

4. 알파리포산: 동안비타민, 비타민 B의 작용을 돕는다. 미토콘드리아 조효소- 시금치, 브로콜리-당뇨 환자에게 도움(당을 에너지화하는 데 도움을 준다)

5. 글루타티온(회춘 비타민, 간 해독): 양파, 대파

04

산화(노화) 속도를 늦출 수 있는 방법

　고등학교 화학 교과서에 산화, 환원 반응이라는 부분이 있다. 산화는 열만 내고 빛을 내지 않는 반응이고, 연소는 열과 빛을 동시에 내는 반응이다. 산화 반응은 우리가 일상생활에서 아주 자주 접하는 반응이어서 반드시 이해하고 활용할 줄 알아야 한다. 특히 우리 주변에서는 철을 아주 많이 사용하는데 이 철의 산화를 막을 수 있는 방법이 매우 중요하다. 어떤 현상을 이해하려면 최악을 알아야 최선의 방법을 찾을 수 있다. 철이 가장 잘 녹스는 조건은 물, 공기와 전해질이 있을 때이다. 이를 알면 반대로 산화를 최선으로 막을 수 있는 방법을 찾을 수 있다. 먼저 전해질이 없어야 하고 그다음 물과 공기가 철과 접촉하지 않도록 하는 방법을 생각할 수 있다. 이러한 방법을 이용하는 것이 철에 페인트칠이나 기름칠을 하거나, 철 표면을 도금하여 철과 반응물(산소나 물)을 서로 차단하는 것이다. 기타 방법으로는 스테인리스 합금을 만들어 아예 철의 성질을 변형하여 더 이상 녹슬지 않는 신소재를 만드는 것이다. 마지막으로 주유소의 기름 탱크는 철로 만드는데 철이 녹슬면 구멍이 뚫리게 되고 기름이 새면 엄청난 경제적 손실이 발생할뿐더러 환경 오염도 일어나 크나큰 문제가 아닐 수 없다. 이 경우 철이 전자를 잃어버리는 산화가 일어날 때 마그네슘 덩어리를 달아 기름 탱크(철)에 연결하면 마그네슘이 지속적으로 전자를 공급함으로써 철의 산화를 막는 음극화 보호법이 응용되기도 한다.

이처럼 철의 산화를 막는 방법을 고안하듯이 우리 몸의 산화(노화)를 막을 수 있는 방법을 생각해볼 수 있다. 다만, 우리 몸은 산소를 이용하지 않으면 생명을 유지할 수 없기 때문에 항상 산소를 사용해야만 하는 조건이 있다. 산소를 사용하면서 가능한 한 산소의 사용량을 잘 조절하는 노력이 필요한 것이다. 철의 산화는 완전히 공기나 물의 접촉을 차단함으로써 산화 반응을 근본적으로 막을 수 있는 반면에 우리 몸의 산화(노화)는 산소에 노출된 상황에서 산화의 속도를 늦추는 방법을 찾아야 한다.

우리 몸의 각 세포에는 에너지 생산을 담당하는 기관이 존재하는데 바로 미토콘드리아라는 발전소이다. 에너지를 많이 사용할수록 세포 안에 더 많은 미토콘드리아를 가지고 있어서 원활한 에너지 생산을 도모한다. 에너지를 생산하는 데 미토콘드리아 수가 많을수록 산화 반응이 순조롭게 잘 일어나 활성 산소의 발생 비율을 낮출 수 있으나, 일시에 아주 많은 양의 에너지를 생산하는 경우 미토콘드리아에 부하가 걸려 활성 산소 발생량이 증가할 수 있다(일반 공장에서 생산할 수 있는 양보다 빠르게 제품을 생산하는 경우 불량품이 많이 발생하는 경우와 유사하다). 세상에는 두 가지 요소가 경쟁하고 있다. 하나는 선택이고 다른 하나는 속도이다. 속도가 빠르면 선택에 제한을 받고 속도가 느리면 여유 있게 선택할 수 있다. 초등학교 달리기 시합에서 중간에 여러 개의 물건을 놓고 빨리 달리면서 하나를 집어(선택)서 가지고 가야 하는 경우, 너무 빨리 달리면 주어진 물건을 제대로 집기(선택)가 어려우나 천천히 달리면 손쉽게 원하는 물건을 집어서 달릴 수 있다.

이와 마찬가지로 스트레스를 많이 받거나 심한 운동을 하거나 과식을 하면 미토콘드리아의 산화 반응 속도가 너무 빨라져 선택에 어려움을 겪게 되어 활성 산소의 발생량이 많아진다. 『몸이 젊어지는 기술』이라는 책을 보면 미토콘드리아에 따라 우리 젊음이 결정된다고 기술되어 있다. 어떻게 하면 미토콘드리아 수를 증가시킬 수 있는지 고려하면서 생활하는 지혜를 발휘해야 한다. 미토콘드리아 수가 많아지면 같은 시간에 더 많은 생체 에너지(ATP)를 여유 있게 생성할 수 있을 것이다. 건강한 사람의 세포에는 미토콘드리아 수가 많고 건강하지 못한 사람은 미토콘드리아 수가 적다고 한다. 가능하면 미토콘드리아 수를 늘리려는 노력을 평소 생활 속에서 꾸준히 하여야 한다. 미토콘드리아 수를 늘리는 방법으로는 적절한 공복감과 저산소 상태를 유도하고 꾸준히 운동하는 것이 좋다. 다시 말하면 에너지를 생성할 때 약간의 위기 상황이 닥치면 세포들이 에너지 생산을 원활하게 하기 위하여 미토콘드리아 수를 좀 더 많이 증가시켜 놓는다는 원리를 적용한 것이 적절한 공복감과 저산소 상태라는 것이다. 식사할 때 약간 공복감을 느낄 정도로 하고, 중강도 정도의 운동을 하여 산소가 약간 부족한 상태로 유도되었을 때 미토콘드리아 수가 증가한다는 논리다. 우리 몸의 건강을 위해서 약간 소식하고 중강도 정도의 운동을 꾸준히 하면 미토콘드리아 수가 증가하여 젊어질 수 있을 것이다.

반대로 과식을 하고(소화 효소 생산에 많은 에너지 소모) 너무 과격한 운동을 하면(근육에서 많은 에너지 소모) 산소를 과잉으로 사용하게 되고, 그에 따라 미토콘드리아의 가동이 심화돼 활성 산소가 과도하게 발생하게 되며(공장 가동도 무리하게 하면 불량품이 다량 생김), 그에 따라 세포들이 공격을 받아 산화(노화)의 속도가 빨라지는 결과에 이르게 된다. 앞에서도 이야기하였지만 중용의 도는 여기서도 적용된다. 너무 소식을 하거나 너무 운동을 하지 않아도 에너지 생산 시스템에서 미토콘드리아 수가 감소되어 활성 산소의 양은 줄어들지만, 전반적으로 몸의 활력이 떨어지고 항산화 시스템과 면역력이 감소돼 몸이 쇠약해지는 결과에 이를 수 있다. 다시 말해 중용의 도에 따르면 적절한 식사량을 유지하고 적당한 산소량을 사용하는 생활이 건강에 좋다는 것이다.

일소일소(一笑一少)
일노일노(一怒一老) 이야기

예로부터 전해오는 한자 성어가 있다. '일소일소 일노일노'라는 의미심장한 말이다. 이 말의 뜻은 '한 번 웃으면 한 번 젊어지고, 한 번 화를 내면 한 번 늙어진다'는 것이다. 오랜 과거부터 사람들을 관찰해오면서 보니까 자주 웃는 사람은 좀 더 동안을 유지하는 반면에 자주 화를 내는 사람은 좀 더 빨리 늙는다는 사실을 알았던 것이다. 사실 현재에도 이 비유는 통용되고 있고 앞으로도 영원히 사람들에게 적용될 것이다.

나는 고등학생들의 화학 수업 시간에 산화, 환원 반응 부분이 나오면 '일소일소 일노일노'에 관하여 이야기해주고, 앞으로 20년이나 30년 후에 여러분 얼굴에 살아온 역사가 나타나는데 바로 노화에 관한 것이라고 강조한다. 하지만 대부분의 10대 학생들은 자신들과는 별로 상관없는 이야기라는 표정을 역력히 나타내며 별로 관심을 보이지 않는다. 돌이켜 보면 나 자신도 그런 세월을 살아온 것 같아 인생은 반복되는 흐름의 연속이지 않나 생각한다. 사실 나이가 들어 건강의 소중함을 깨닫고 신경 쓰며 살고 있으니 남 말 할 처지는 아니다. 하지만 10대 고등학생 때부터 일찍 이러한 산화(노화)의 흐름을 이해하고 살아간다면 건강 차원에서 많은 도움이 되리라 믿고 나름대로 수업 시간에 항상 강조한다. 학생들 중 몇 명이라도 내용을 이해하고 실천해 나간다면 그것만으로도 고마울 따름이다. 건강은 아무리 강조해도 지나치지 않고 소중한 것이므로 더 많은 학생들이 건강에 관심을 가지고 살아가길 바란다.

'일소일소 일노일노'의 현상을 화학적으로 설명해보고자 한다. 우선 웃음과 화의 현상을 살펴보자. 웃는 동안에 우리는 계속 숨을 내쉰다. 웃으면서 숨을 들이쉬는 사람은 찾아보기 힘들 것이다. 그러다가 어느 순간 숨을 멈추고 다시 숨을 천천히 들이쉬는 과정을 거친다. 이는 일종의 복식 호흡 현상과 유사하고 이러한 숨쉬기는 이완 상태를 일으켜 부교감 신경이 우위에 놓이게 하여 소화가 잘되고 우리 몸의 전반적인 움직임이 자연스럽게 일어나게 한다. 혈액 순환도 좋아지고 면역 기능도 활발해져서 웃음은 건강에 많은 도움을 준다. 무엇보다도 세포에 산소가 원활하게 공급되고 그에 따라 미토콘드리아가 정상적인 에너지 생산을 하며, 노폐물이나 독성 물질도 잘 제거되기 때문에 세포가 건강해지고 몸이 건강해지는 결과로 이어진다.

반면에 화를 내게 되면 만화에도 나오듯이 콧구멍을 통해 공기를 급하게 내쉬게 된다. 웃을 때는 깊고 천천히 숨을 쉬지만 화를 낼 때는 얕고 급하게 숨을 쉬는 차이가 있다. 이는 다시 말해 화를 낼 때는 긴장을 일으켜 교감 신경이 우위에 놓이게 되어 소화도 잘 안 되고 우리 몸의 전반적인 움직임이 자연스럽지 못하게 된다. 혈액 순환도 원활하지 못하고 면역 기능도 떨어지는 결과를 가져온다. 화가 나면 다량의 에너지가 필요해 에너지 생산이 많이 필요한데 산소 공급이 각 세포까지 원활하게 되지 않아 불완전한 움직임이 일어나고 그에 따라 다량의 활성 산소가 발생하는 결과로 이어진다. 화를 내면 산소 호흡이 많이 일어나고 일시에 많은 에너지를 생산하기 위해서 미토콘드리아가 무리하게 활동하므로 다량의 활성 산소가 발생하여 각 세포를 공격하는 일이 발생한다. 이로 인해 산화(노화)가 더 많이 진행되므로 한 번 화를 내면 한 번 더 늙어지는 노화 현상이 일어난다. 가능하면 화를 내지 않는, 즉 부정적인 사고를 하지 않고 긍정적인 사고를 하는 삶의 자세를 갖추려고 노력하는 것이 건강을 지키는 데 바람직하다.

'일소일소 일노일노'의 교훈을 깨달았으면 우리 삶의 자세를 되돌아보아야 한다. 평소 나는 얼마나 웃으면서 살려고, 긍정적으로 살려고 노력하고 있는지 살펴볼 필요가 있다. 한번 주위를 둘러보라. 많이 웃고 긍정적인 사람과 화를 많이 내고 부정적인 사람의 얼굴 모습을 살펴보면 잘 알 수 있을 것이다. 10대에는 별로 차이가 나지 않지만 20대, 30대, 40대, 자꾸 세월이 가고 나이가 들수록 그 차이는 현저히 나타나게 되어 있다. 이런 말도 있다. 자신의 40대 얼굴의 모습은 자신의 책임이라는……. 물론 10대나 20대에는 부모님의 영향이 클 수 있겠지만, 한번 새겨 들어야 할 말이기도 하다.

나는 웃음이 일종의 복식 호흡이라는 이야기를 앞에서 했다. 복식 호흡은 대단히 중요한 내용이라서 다음에 별도로 전개하도록 하겠다.

05

복식 호흡

　복식 호흡은 숨을 내쉴 때 좀 더 천천히 내쉬고 들이 마실 때도 천천히 들이 마시는 호흡법이다. 평소에 성인들은 일반적으로 흉식 호흡을 한다고 한다. 갓난아기일 때는 배로 호흡을 하는 복식 호흡을 하다가 점차 어른이 되면서 흉식 호흡으로 변한다고 한다. 아기들의 배를 살펴보라. 정말 숨을 들이쉴 때 배가 올라오고 내쉴 때 배가 내려가는지 말이다. 우리가 잠을 잘 때는 모두 복식 호흡을 한다고 하니 어른들도 수면을 취할 때 배의 움직임을 한번 살펴보자.

　복식 호흡은 우리 마음을 편안하게 한다. 숨을 천천히 들이쉼에 따라 부교감 신경이 우위에 있기 때문에 긴장이 이완되어 소화가 잘되고 면역력도 높아지고 세포들도 자연스럽게 자신의 역할을 충실히 하게 된다.

불안하거나 화가 나거나 할 때 깊게 호흡을 들이쉬면서 복식 호흡을 의도적으로 실행하면 마음이 안정되고 편안해지는 것을 느낄 수 있다. 피로도 잘 풀리고 마음도 안정되며 모든 세포들이 제 역할을 편안하게 하는 이 상태야말로 건강의 필수 조건이 될 수 있다. 우리는 의식적으로 이러한 복식 호흡을 할 수도 있다. 하지만 복식 호흡의 장점을 모르는 사람은 매일매일 흉식 호흡을 하면서 살아가고 있는 것이 현실이다.

나의 건강
실험
No.4

복식 호흡

1979년 5월경 내가 고등학교 1학년이던 시절, 야간 자습을 하고 있을 때 당시 정옥동 교감 선생님이 매일 야간 자습 시간 중간인 9시쯤에 정확히 와서 야간 자습실의 불을 끄고 똑바로 앉은 상태에서 눈을 감고 눈알을 좌우상하, 무한대자로 위아래로 굴리면서 왼쪽에서 오른쪽으로, 오른쪽에서 왼쪽으로 움직이도록 지도하였다. 그 당시 나는 그런 동작을 하면서 피로가 잘 풀리는 것을 느꼈다. 교감 선생님의 말씀에 따라 직접 실행하여 효과가 있음을 알고 그 이후로 피로할 때마다 눈을 감고 이 동작을 스스로 해왔고 지금도 실천하고 있다. 무척 고맙고 감사한 우리 교감 선생님이다. 그 당시에는 건강에 대한 지식이 전혀 없어서 그게 무엇인지도 모르는 상태에서 배우고 실천한 결과 효과가 있었다는 사실만을 믿고 그 이후 실천해 왔다. 지금 와서 생각해 보면 그것은 굉장히 깊이 있는 건강법으로, 렘수면 상태를 유도하여 피로를 풀어주는 방법이었다. 어쨌든 눈을 감고 눈알을 굴리면 자신도 모르게 복식 호흡으로 전환되는

데, 전문적으로 말하면 렘수면 상태로 의식적으로 유도하는 것이다. 나는 이 좋은 방법을 우리 고등학교 학생들에게 알려주며 실천해 보라고 권하고 있다. 나는 책상에 엎드려 피로를 풀지 않고 똑바로 앉은 상태에서 눈을 감고 눈알을 굴리면 피로가 확연히 풀리는 것을 알기에 절대로 엎어져서 피로를 풀지 않는다. 사실 엎어져서 피로를 푸는 것은 허리 건강에도 좋지 않은 습관이다.

그때 형성된 복식 호흡 방법을 눈을 뜨고 있을 때 낮에도 실천할 수 있는 능력을 갖게 되어 낮에도 걸어 다니거나 하면서 언제나 의식적으로 복식 호흡을 할 수 있다. 복식 호흡은 마음이 차분해지고 소화 기능에도 도움을 주는 등 여러 가지 장점이 많다. 나는 살아오면서 여러 은인들을 만나왔다. 정옥동 교감 선생님은 내 건강에서 잊을 수 없는 은혜를 전해준 은사이다. 누가 밤에 집에 있다가 9시에 학교에 와서 그런 지도를 해줄 수 있겠는가? 정말 감사하고 고맙고 존경스러운 스승이다.

나는 이런저런 책을 읽다가 우연히 복식 호흡에 관한 내용이 실린 책을 보게 되었다. 『붓다의 호흡과 명상』이란 책에서 부처님이 이미 아주 오래전에 복식 호흡을 실천한 내용을 보았다. 거기에는 복식 호흡을 깨우침의 단계로까지 이끄는 내용이 있었다. 그 당시 인도에서는 단전호흡 등과 같은 극한의 호흡법을 통해 깨우침을 얻고자 노력하였다고 한다. 고통스러운 호흡법 대신 석가모니는 고통을 수반하지 않는 복식 호흡법을 통하여 깨우침을 얻는 길을 제시하기도 하였다. 불교에서는 수행법의 하나로 선 수양을 하는데 이는 복식 호흡을 기반으로 한다. 요즈음 미국 등지에서 유행하고 있는 명상 요법도 일종의 복식 호흡을 기반으로 하는 마음 수양법이다.

예로부터 사람들은 복식 호흡의 장점을 알아 사용해 왔으며 지금도 명상이라는 이름으로 크게 각광받고 있는 것을 보면 복식 호흡이 우리 몸에 좋은 것임은 틀림없다. 웃음이 좋다고는 하지만 평생 웃고만 살 수는 없을 것이다. 평생 화내고만 살 수 없듯이 어떤 극단적인 일을 지속하기란 불가능하다. 이 둘 사이의 중간, 즉 중용에 해당하는 것은 실천이 가능하다. 웃음과 화냄의 중간은 아마도 평온(화평, 평화로움)일 것이다. 우리 마음을 평화롭게 유지하며 복식 호흡을 할 수 있다면 더없이 좋을 것이다.

나는 2015년에서 2017년까지 3년간 매년 월정사에 학생들을 데리고 가서 1박 2일 동안 진행되는 템플스테이 프로그램에 참여한 적이 있다. 그때 적엄 스님으로부터 선 수행할 때는 반드시 많은 사람들이 있기 때문에 침을 삼키는 소리를 내서는 안 되며, 혀끝을 입천장에 대면 침이 저절로 목으로 넘어가게 되므로 소리를 내지 않게 된다는 사실을 배웠다. 실제로 혀끝을 입천장에 대고 얼굴을 보니 약간 은은한 미소를 띤 모습이 나타나는 것을 거울을 보고 알았다. 이 동작을 통하여 나타나는 은은한 미소를 보고 절에 모신 부처님의 은은한 미소와 닮았다는 생각이 들었다. 혹시 부처님도 혀 끝을 입천장에 대고 있었던 것은 아닐까 생각해보았다. 어쨌든 혀끝을 입천장에 대고 의식이 있는 낮 동안에 생활해보면 기분이 차분해지고 평온해지는 것을 느낄 수 있다. 가능하면 혀끝을 입천장에 대고 복식 호흡을 행한다면 하루를 평화롭게 기분 좋은 상태로 생활할 수 있을 것이다.

제 3 장

빛

01

전자기파(빛)의 종류 및 특징

빛은 전자기파로서 파장이 길수록 에너지가 작고 파장이 짧을수록 에너지가 크다. 파장에 따른 전자기파를 구분해보면 다음과 같다.

라디오파 마이크로파 적외선 가시광선 자외선 X-선 감마선 우주선

우리 몸은 이 다양한 전자기파에 따라 반응을 보인다. 라디오파는 귀로 듣고 적외선은 피부 열점에서 감지하며, 가시광선은 눈으로 보고, 자외선은 피부가 타는 것을 보면 알 수 있다. 단지 X선이나 감마선 같은 방사능 물질은 우리 주변에서 흔히 볼 수 없는 것으로 우리 몸이 그것을

감지하는 능력을 갖추지 못했는지도 모른다. 하지만 X선 이상으로 에너지가 큰 전자기파는 우리 세포에 아주 치명적인 상처를 남기며 암 등의 질병을 유발할 수 있다. 따라서 가능한 한 방사능 물질은 피하는 것이 상책이다. 나머지 우주선은 초신성 폭발로 발생하는 아주 강력한 에너지를 가진 전자기파로 엄청난 파괴를 일으킬 수 있는데, 우리 지구의 전자기 자력선대에서 대부분 차단되어 지구로 들어오는 우주선은 극히 적은 양이라고 한다. 다행히 지구에서는 여러 개의 수비대가 우리 생명체들을 보호해주고 있는 셈이다. 우선 지구 자력선대가 우주선을 차단해주며, 자외선은 성층권에서 오존층이 막아주는 역할을 함으로써 지상에 도달하는 전자기파는 우리 생명체들이 견딜 수 있는 수준에 머무른다.

우리는 일반적으로 빛 하면 눈으로 보이는 가시광선만을 생각하는 경향이 있다. 낮에 해가 떴을 때나 빛이 있을 때만 우리가 사물을 볼 수 있기 때문이다. 눈으로 보는 것은 실물이 아니라 실물에서 반사되어 나오는 가시광선인데 우리는 모두 실물을 보고 있는 것처럼 생각하고 말한다. 카메라도 보통 실물에서 반사되어 나오는 가시광선을 찍고 있는 것이다. 일종의 빛, 그중 가시광선의 예술이라고나 할까? 어두운 곳이나 깜깜한 곳에서는 옆에 있어도 어떤 실물이나 사람을 볼 수 없다. 우리는 가시광선 빛을 보지만 뱀은 적외선만을 보는 특징이 있다. 가시광선이 없는 밤에 우리는 사람이나 동물을 볼 수 없는 단점이 있어서, 사람들은 적외선 망원경을 만들어 밤에도 살아있는 동물들의 적외선(열)을 볼 수 있도록 하였다. 살아 있는 생명체들은 끊임없이 적외선(열)을 방출하기 때문에 적외선 카메라나 망원경으로 보면 실체를 확인할 수 있다. 자외선 말고도 천체를 관측할 때는 X선이나 감마선 천체 망원경을 이용해

밤하늘의 별들을 관찰하기도 한다.

　일상생활 측면에서 각종 전자기파(빛)의 사용을 살펴보자. 우선 라디오파부터 살펴보자. 라디오파는 각종 방송에서 소리를 전송하는 전자기파로, 빛의 속도(초당 30만 킬로미터)로 소리를 전송하여 우리가 빠른 속도로 방송을 듣게 된다. 라디오파 중에서 초음파 영역을 이용하여 초음파 기기를 만들어 태아 상태 확인이나 간 건강 검진 등에 요긴하게 이용되고 있다. 마이크로파는 전자레인지에서 음식을 덥히고 익히는 용도로 사용하는데, 마이크로파가 물 분자의 진동을 일으켜 온도를 상승시키는 원리를 이용하는 것이다. 따라서 물이 없을 때는 음식물을 덥히거나 익힐 수 없는 단점도 있다. 적외선은 화학에서 IR(infrared)라는 기기로 작용기들을 확인하는 데 이용되고 있다. 가시광선은 색깔을 나타내기에 우리 눈으로 확인이 가능한 영역이다. 자외선을 이용한 기기로 UV(ultraviolet)가 있는데 이는 특정 파장의 빛을 흡수하는 것을 확인할 수 있다. X선은 결핵을 검진하거나 뼈 사진을 찍을 때 사용한다. 그 외 감마선이나 우주선 등은 방사능 물질로 에너지가 지나치게 커서 특별히 이용하는 데는 없고 우리 인체에도 많은 해를 주기 때문에 매우 주의해야 한다. 이상으로 각종 전자기파가 우리 일상생활에 이용되는 예들을 살펴보았다.

02
전자기파(빛)의 이용

전자기파는 우리 몸에 다양하게 영향을 줄 수 있기 때문에 잘 이해하고 활용하는 지혜가 필요하다. 먼저 라디오파를 살펴보자. 라디오파는 빛의 속도로 전달되어 라디오에서 소리로 바뀌어 우리가 귀로 듣게 된다. 우리가 귀로 들을 수 있는 범위를 소위 가청 범위라고 부른다. 어떤 소리를 듣느냐에 따라 우리 몸은 반응을 달리 보이는데 기분이 바로 그 바로미터라고 할 수 있다. 들어서 기분 좋은 소리는 우리 생존에 도움이 되는 소리로 인식하고, 기분이 좋지 않은 소리는 무언가 경계하고 위험을 줄 수 있기 때문에 주의를 기울이도록 한다. 아주 오랜 세월 동안 우리 유전자(DNA)에 저장되어 있는 많은 정보를 바탕으로 우리가 인식하지 않는 가운데에도 즉각적인 반응을 보이는 것은 생존에 바탕을 둔 유전자의 반응으로 보면 틀림없다. 따라서 많은 경우 자신이 느끼는 바에 귀를 기울이다 보면 자신과의 대화가 가능하다. 생존에 도움이 되면 좋은 느낌이 들고, 위험이 되면 바로 섬쩟한 느낌이 들 정도로 경계하도록 우리 몸이 발전되어 왔는지도 모른다. 새소리, 시냇물 소리, 빗소리, 바람 소리 등을 들으면 편안한 느낌이 드는 반면, 개소리나 귀에 익숙하지 않은 이상한 소리에는 바로 경계하게 되는 현상이 우리 몸이 보이는 반응이다. 우리 건강을 위해서는 생존에 도움이 되는 편안한 소리(음악, 자연의 소리 등)를 중심으로 우리의 귀를 즐겁고 행복하게 해주는 것이 뇌(정신)의 건강을 위해서 반드시 필요하다.

다음으로 전자기파 중 적외선의 영역을 살펴보자. 적외선은 열에너지에 해당하는 영역이다. 1800년 초 윌리엄 허셜은 뉴턴이 발견한 가시광선의 빨강색 바깥쪽, 빨강색, 푸른색, 푸른색 바깥쪽에 각각 온도계를 놓고 시간이 지남에 따라 변하는 온도를 측정해보았다. 놀랍게도 빨강색 바깥쪽 온도계의 온도가 유독 올라가 있는 것을 발견하고 우리 눈에 보이지 않는 전자기파가 있다고 생각하고 이를 적외선이라 명명하였다. 이후 사람들은 적외선 카메라를 만들어 야간에 볼 수 없었던 생명체의 움직임을 관찰할 수 있게 되었고, 또한 적외선 망원경을 만들어 천체(별)를 관찰하는 데 이용하게 되었다. 태양에서 오는 빛 중 적외선은 우리 지구를 따뜻하게 하는 전자기파로, 지구에 도달하였다가 다시 복사되어 지구 밖으로 빠져나간다. 지구에 이산화탄소나 수증기가 많이 있으면 이 분자들은 적외선을 흡수하는 특성이 있어서 지구를 좀 더 따뜻하게 하는 효과를 일으킨다. 이러한 현상으로 이산화탄소가 많아지면 많아질수록 지구는 점점 따뜻해지는 온난화 현상이 일어나고, 겨울에 눈이 오는 날에는 지상에 구름이 있어서 적외선이 빠져나가는 것을 막아 좀 더 포근한 날씨를 보여준다. 우리 모두(생명체)는 지구에서 누구나 동일하게 두 개의 이불, 즉 이산화탄소와 수증기(구름)라는 이불을 가지고 생활하고 있는 셈이다. 열을 주는 적외선을 잘 활용하면 우리 건강에 아주 많은 도움이 된다는 사실을 다음 온도 편에서 자세히 살펴보기로 하자. 우리 건강에 좋다고 상업적으로 이용되는 원적외선도 결국 열에 관한 것이다. 원적외선을 내는 황토, 맥반석 등이 좋다고 하여 이를 활용한 건강제품들도 판매되고 있다.

가시광선은 우리 눈으로 볼 수 있는 영역으로 프리즘을 통해 분리된 스펙트럼을 보면 빨강, 주황, 노랑, 초록, 파랑, 남색, 보라 등 7가지 무지개 색을 나타낸다. 사람마다 좋아하는 색이 다르고 느낌이 다를 수 있으나 일반적으로 초록색을 보면 마음이 편안해지고 평온함을 느끼는 것은 동일하다. 왜냐하면 오랜 세월 우리 유전자에 각인된, 녹색에서 얻은 과일, 채소, 곡식 등에 관한 유익한 정보를 가진 색이기 때문이 아닐까 생각한다.

우리가 의식하지 않는 무의식 세계에서, 즉 유전자가 인식하는 차원의 느낌은 우리가 거부할 수 없는 감정의 세계일 수 있다. 녹색의 엽록소는 이산화탄소와 물 등을 토대로 태양에서 오는 빛 에너지를 사용하여 광합성 반응을 일으킴으로써 화학 에너지 형태로 포도당, 지방 그리고 단백질 등 수많은 화학 물질을 생성하여 동물들이 먹고 살 수 있는 에너지원을 제공해준다. 이처럼 가시광선 빛은 식물을 통해 각종 에너지원을 생산하여 우리 지구에 있는 수많은 생명체를 먹여 살리고 있다. 미래에 인간이 인공 엽록소와 같은 것을 만들어 더 효율적인 광합성을 하게 할 수 있다면 식량 문제 및 여러 에너지 문제를 해결할 수 있는 길이 열릴지도 모른다.

우리 몸에서 가시광선이 하는 역할을 살펴보자. 아침에 일어나 햇빛이 눈으로 들어와 시상 하부에 도달하면 모든 신체 활동이 여기에 맞추어 진행된다. 뇌의 시상 하부는 눈과 같은 위치의 뇌에 존재하며 체온 조절, 자율 신경 조절, 혈액의 항상성 유지 등을 담당하여 생명과 밀접한 일을 수행하는 기관이다. 해외여행을 할 때 시차가 발생하여 무척 고생하기도 하는 이유는 바로 시상 하부의 생체 시계 때문이다. 생체 시계는 일정하게 움직이므로 갑자기 빛이 들어온다고 해서 바로 수정되지 않으며 일정한 기간이 지나야 비로소 적응한다. 뇌에서는 솔기핵이라는 곳에서 세로토닌이 합성되어 신체에서 평온함을 유지하는 오케스트라 지휘자 같은 역할을 하는 호르몬을 만든다. 또한 가시광선의 빛이 눈에 들어오지 않으면 시상 하부는 밤으로 인식하여 뇌의 송과체에서 세로토닌으로부터 멜라토닌 호르몬을 만들어 분비하여 수면을 유도한다.

시상 하부에 가시광선이 들어오면 활동을 위한 준비를 하면서 세로토닌 호르몬을 분비하여 교감 신경을 활성화하고, 상처나 세균 감염 등에 대비하기 위하여 백혈구의 과립구 수를 증가시켜 대비하며 체온을 높이기도 한다. 낮 동안에는 활발한 활동을 하다가 밤이 되면 멜라토닌 호르몬을 분비하면서 부교감 신경을 활성화하고 낮 동안에 생겼던 고장난 세포나 세균이나 바이러스 등을 제거하기 위한 면역 백혈구(대식세포, B-세포, T-세포, NK 세포)들이 더 많아지기도 하고, 쾌적한 수면을 위해 체온을 낮춘다.

이와 같이 우리 몸은 낮과 밤의 리듬을 타면서 신체 활동을 원활히 수행하므로 매일 적절한 수면을 잘 취해주는 것이 건강에 필수적이다. 자연에 사계절이 있고 낮과 밤이 있는 조화로운 질서가 있듯이 우리 몸도 같은 원리로 조화로운 질서를 유지해 주어야만 건강한 생활을 할 수 있다는 사실을 명심해야 한다. 좀 더 깊게 우리 몸의 화학 반응을 살펴보면 아주 정교하고 신비롭고 놀라운 질서가 있음을 알 수 있다. 관심 있는 사람들은 깊이 있게 공부해 보면 매우 흥미로운 점을 찾을 수 있을 것이다.

피로할 때는 수면을 통해 피로함을 풀어주려고 노력해야 한다. 수면은 그냥 낭비되는 시간이 아니라 수면을 취하는 동안에 우리가 의식하지는 못해도 낮 동안에 형성된 각종 독성 물질이나 피로 물질, 세균 및 바이러스 등을 제거하고 고장 난 세포들을 수리하는 등 다양한 일들이 진행되고 있다. 그래서 수면을 잘 취하고 나면 몸이 개운하고 상쾌한 느낌이 들게 된다. 누구든 건강을 생각한다면 자신의 적정 수면 시간을 반드시 찾아서 평소에 실천하는 노력을 기울여야만 한다.

마지막으로 자외선이 우리 건강에 영향을 주는 측면을 살펴보자. 자외선은 피부에 안 좋은 영향을 미치고 암을 유발하는 것으로 인식되어 아예 햇빛을 차단하고 피하려고 하는 경향이 많다. 오랜 시간 자외선을 쬐는 경우, 즉 우리 몸에서 감당할 수 없는 시간 동안 강하게 오래 쬐면 분명히 피해를 주는 것이 사실이다.

물이든 공기든 음식물이든 간에 무엇이든 너무 적거나 너무 과하면 몸에 항상 해로운 법이다. 이때 일관되게 적용되는 원칙으로 중용의 도를 지키는 지혜가 필요하다. 자외선에도 예외 없이 중용의 도를 적용하여 실천해야 한다. 자외선을 너무 많이 쬐면 감당할 수 없는 활성 산소가 생길 수 있고 피부가 검게 타기도 하며 심하면 피부암이 발생하기도 하므로 조심해야 한다. 자외선을 피한다는 명분 아래 무조건 햇빛을 피하는 경향에까지 이르면 문제가 심각해진다. 실제로 햇볕 속에 있는 자외선이 우리 몸에 아주 중요한 광합성을 일으킨다는 사실이 밝혀진 지는 오래되었다. 2차 산업 혁명 시대에 도시에 와서 생활하던 근로자들 중 실내에서만 일을 하던 사람들 중 일부가 꼽추가 되는 현상이 발생했다.

이 원인을 추적하여 알게 된 사실은, 낮에 실내에서만 작업하다가 햇빛을 전혀 보지 못하면 비타민 D의 합성이 이뤄지지 않아 골다공증과 더불어 허리가 굽어지는 척추 장애인으로까지 발전한다는 것이다. 우리가 위험하게만 여겼던 자외선이 피부에 있는 콜레스테롤로부터 비타민 D를 합성한다는 것이 밝혀졌다. 실내에서만 일하던 사람들에게 하루에 일정한 시간 동안 햇볕을 쬐게 했더니 더 이상 척추 장애인이 나오지 않았다고 한다. 하루 30분 정도 자외선을 쬐는 것은 우리 몸에 필요한 비타민 D를 합성하는 데 필요하다고 하니, 하루에 30분 정도 이내에서 햇볕을 쬐는 사람들은 피부에 자외선 차단제를 바르지 않고 생활하는 것이 건강에 좋다. 우리 몸에서 비타민 D가 하는 역할과 기능에 대해서는 별도로 알아보도록 하자.

가시광선은 우리 눈으로 볼 수 있는 영역으로 프리
즘을 통해 분리된 스펙트럼을 보면 빨강, 주황, 노
랑, 초록, 파랑, 남색, 보라 등 7가지 무지개 색을
나타낸다. 사람마다 좋아하는 색이 다르고 느낌
이 다를 수 있으나 일반적으로 초록색을 보면 마
음이 편안해지고 평온함을 느끼는 것은 동일하다.
왜냐하면 오랜 세월 우리 유전자에 각인된, 녹색에
서 얻은 과일, 채소, 곡식 등에 관한 유익한 정보를
가진 색이기 때문이 아닐까 생각한다.

03
세로토닌과 멜라토닌

세로토닌과 멜라토닌은 빛과 밀접한 관계가 있는 호르몬이다. 세로토닌은 행복 호르몬이라고도 불리며, 우리 몸의 자율 신경과 호르몬의 항상성에까지 영향을 미쳐 우리 몸에서 건강의 지휘자 역할을 담당하는 중요한 호르몬이다. 정신과 의사 이시형 박사는 세로토닌의 삶을 살아야 한다고 강조한다. 뇌 속의 세로토닌은 아침에 일어나 눈으로 햇빛이 들어오면 뇌간 그물 형성체의 솔기핵에서 분비되기 시작하여 신경 전달 물질들의 조화를 이끌고 마음의 평온함과 행복감을 조절하기 시작한다.

하루에 30분 정도 햇빛을 쬐어 세로토닌의 분비가 원활하게 일어나게 하면 정신 건강에 많은 도움이 된다. 만약 햇빛을 오랫동안 못 보게 되면 세로토닌의 분비가 적어져 정신적으로 우울하게 된다는 발표도 있다.

실제로 우울증 치료약 중에는, 세로토닌 흡수율(제거율)을 낮추어 뇌 속에 세로토닌 양을 일정하게 유지해 우울감을 감소시켜주는 약도 사용되고 있다.

현대에 들어와 뇌 과학이 눈부시게 발전하여 뇌의 작용 과정을 더욱 상세하게 파악하고 이해하게 되었다. 뇌 속의 각종 물질이 우리의 감정과 생각에 영향을 미치고 있다는 사실도 알아냈다. 현대의학의 정신과에서는 이러한 물질들을 조절함으로써 우리 마음의 감정을 조절할 수 있다고 믿고 환자들을 치료하고 있다.

어떤 환자가 마음이 불안정하게 되면 그에 따라 뇌에서 분비되는 신경 전달 물질에도 영향을 미치게 되고 이어서 불안한 감정이 뒤따르게 된다. 결국 뇌 속의 화학 물질, 즉 신경 전달 물질에 따라 마음이 달라질 수도 있고, 마음에 따라 뇌 속의 화학 물질(신경 전달 물질)이 변할 수도 있는 양방향성을 띤다고 볼 수 있다. 급한 경우에는 약물을 써서 환자의 마음을 안정화하려는 노력이 우선 필요할 것이고, 그렇지 않으면 평소에 뇌 속에서 좋은 신경 전달 물질이 분비되도록 생활하는 태도가 요구된다. 종교에 의탁해서 마음을 평화롭게 유지하도록 마음 수양을 하든 명상을 하든 마음이 행복해지도록 각자 노력해야 할 것이다. 우리 모두 평소에 세로토닌이 더 많이 생길 수 있는 마음가짐으로 생활해나가면 행복하고 건강한 삶을 영위할 수 있을 것이다.

세로토닌은 노르아드레날린, 도파민, 아세틸콜린과 함께 중요 신경 전달 물질로 알려져 있다. 노르아드레날린은 화가 났을 때, 도파민은 흥분하고 만족을 느낄 때 그리고 세로토닌은 신경 전달 물질들을 종합적으로 조절하는 오케스트라의 지휘자와 같은 역할을 한다고 한다.

세로토닌이 부족하면 다양한 신경 전달 물질을 조화롭게 조절하지 못하는 상황을 초래하여 조증이나 우울증을 초래하기도 한다. 이러한 감정 조절을 성공적으로 잘하면 우리는 행복감을 느낄 수 있다. 세로토닌 우위의 삶을 살아야 한다고 강조하는 이시형 박사의 뜻을 이해할 수 있는 대목이다. 세로토닌은 뇌에서 분비되는 양이 매우 적고 90퍼센트 이상은 장에서 만들어진다고 한다. 세로토닌의 원료가 필수 아미노산 트립토판에서 만들어지므로 트립토판이 잘 생성되고 세로토닌이 잘 만들어지는 좋은 장을 유지할 때 뇌에서 세로토닌도 원활하게 생성될 수 있을 것이다.

　이런 점에 착안하여 실제로 장을 개선하고 우울증과 불면증을 극복한 사람이 자신이 직접 체험한 내용을 토대로 쓴 『장이 건강하면 우울증, 불면증, 당뇨병, 고혈압, 아토피가 치료된다』라는 책이 있다. 사실 장이 편안하면 마음이 편안해지는 기분을 자주 느낀다. 반대로 장이 불편하면 기분이 좋지 않은 경우도 여러 번 경험했을 것이다. 장은 뇌와 아주 긴밀하게 연결되어 있는 기관이다. 다시 말해 장을 튼튼히 하면 뇌 건강에도 좋고 우리 건강에도 아주 많은 도움이 된다.

　트립토판으로부터 세로토닌이 합성되고 세로토닌으로부터 멜라토닌이 우리 신체 내에서 화학적으로 합성된다(제6장 신경 편에서 그림으로 설명함). 뇌의 경우 빛이 없는 깜깜한 밤에는 세로토닌이 멜라토닌으로 변하여 수면을 유도한다. 만약 세로토닌이 부족하면 연쇄적으로 멜라토닌이 합성되지 못하고 밤에 잠을 이루지 못하는 불면증을 초래한다. 우리 몸은 이렇게 빛이 있는 상황과 없는 상황에 따라 적절히 반응하여 조화로운 질서를 형성한다.

멜라토닌이 부족하여 수면을 제대로 취하지 못하는 상황이 오랫동안 지속되면 우리 뇌는 심각한 불능 상태에 빠지게 되어 있다. 어떤 경우에 뇌의 손상이 한계치를 넘어버리면 다시는 되돌아갈 수 없는 지경에 이르기도 한다. 우리는 자신과 주변의 지인들을 주의 깊게 관찰하고 그러한 불행이 일어나지 않도록 서로 노력하여 건강한 정신으로 세상을 살아갈 수 있도록 노력을 기울여야 한다. 뇌신경은 한번 죽으면 재생되지 않는다는 자연의 이치를 받아들이고 신성한 뇌를 살릴 수 있도록 바른 삶을 살고 서로 도움을 줄 수 있는 생활을 하기 바란다.

멜라토닌은 송과체에서 분비되고 수면을 도와주는 역할을 한다. 멜라토닌이 분비되는 밤사이에 바로 낮 동안에 활동하면서 형성된 뇌 속 독성 물질들이 잠자는 동안 적절히 제거되어야 다음 날 아침 상쾌한 기분으로 다시 하루를 시작할 수 있다. 밤에 수면을 제대로 취하지 못하는 날이 지속되면 뇌 속의 독성 물질(베타 아밀로이드 등)이 계속 축적되게 되고, 이에 따라 뇌세포들이 심각한 타격을 입고 일부 뇌신경이 죽는 사태가 발생하면 회복 불능의 정신 질환을 일으킬 수도 있다. 만약 3일 정도 수면을 취하지 못하는 상황이 발생하면 그냥 방치하지 말고 곧바로 병원을 찾아가 정신과 의사의 치료를 받는 것이 뇌신경을 보호하는 지름길이다. 설마하고 방치하다가 뇌의 손상이 일어나게 되면 그 이후에는 어떻게든 손을 쓸 수 없게 되어 정상화의 길이 멀어질 수 있다. 항상 자신과 주변 사람들을 잘 챙겨서 우리 모두 건강한 삶을 살도록 노력하자. '잠이 보배'라는 옛날이야기가 있다. 사실 그렇다. 잠을 잘 자는 것은 축복이다. 잠을 못 이루는 사람은 어떻게든 수면을 취할 수 있도록 노력해야 한다.

우선 마음의 짐을 덜어놓고 근심 걱정을 내려놓고 편안한 마음을 유지하려고 노력해야 한다. 나는 가끔 새옹지마에 나오는 노인을 떠올리곤 한다. 그는 정말 세상 사는 법을 터득한 지혜로운 할아버지이다. 지난 일은 지나간 대로 두고, 앞으로 닥칠 일은 미리 걱정하지 않고, 지금 이 순간에 집중하는 삶의 자세가 바로 그렇다. 진인사대천명의 자세로 세상을 직접 살아간 인물이 바로 새옹지마라는 고사에 나오는 노인이다. 우리는 이런 자세로 세상을 살고 있는지 자문해 보아야 한다. 지금 이 순간에 집중하여 살고 있는지 말이다. 이런 마음으로 열심히 사는 것으로 족하다는 자세를 갖추고 생활하면 많은 문제가 해결될지도 모른다.

04
비타민 D

　자외선은 우리 피부에서 콜레스테롤로부터 비타민 D를 합성한다. 식물만 광합성을 하는 줄 알았는데 알고 보니 우리 몸도 빛을 이용해서 광합성을 하는 셈이다. 햇빛 속에 들어있는 자외선은 아주 소중한 에너지원으로 이것이 없으면 피부에 아무리 콜레스테롤 원료 물질이 있다고 하더라도 아무런 반응이 일어나지 않고 비타민 D도 생성되지 않을 것이다. 북유럽의 일부 국가들은 해 뜨는 시간이 현저히 줄어드는 계절에는 인공 자외선이 나올 수 있는 램프를 켜놓고 일정한 시간 광합성을 할 수 있도록 한다고 한다. 우리나라는 사계절 햇볕이 잘 들기 때문에 굳이 그렇게 하지 않아도 해가 뜬 날에 밖에 나가 하루 30분 정도 햇볕에 몸을 노출시키면 충분히 비타민 D가 합성된다고 한다. 비타민 D는 지용성이기 때문에 여름철 태양이 뜨거운 계절에 더 많이 합성되어 저장되므로 오랫동안 이용할 수도 있다고 한다.

앞에서 전자기파를 설명하면서 햇볕을 쬐지 않았을 때 구루병(허리 굽음) 같은 질병이 2차 산업혁명(19세기) 당시에 생겨나 그 이유를 살펴보니 공장의 실내에서만 생활한 데 문제가 있었다는 사실을 알았다고 했다. 1822년에 폴란드의 의사 엔제이 시니아데스키는 바르샤바 도시에 사는 어린이가 시골에 사는 어린이에 비해 구루병에 걸리기 쉽다는 것을 알고, 구루병의 치료법으로 햇볕 쬐기를 권장하였다. 비타민 D가 뼈의 형성에 절대적으로 필요한 칼슘 흡수를 돕는 등 여러 가지 기능을 수행한다는 사실이 속속 밝혀지고 있다.

그런데 현대에 들어와 자외선이 피부에 나쁜 영향을 미친다는 이유로 자외선을 기피하는 경향이 뚜렷해졌다. 자외선도 그 양에 문제가 있을 수 있는 것이지 자외선 자체가 문제가 있는 것은 아니다. 항상 우리는 질(성질)과 양(정량)을 더불어 생각하는 지혜가 필요하다. 어느 하나만 가지고 흑백 논리를 주장하면 큰 오류를 범할 수 있기에 그렇다. 자외선의 적절한 양은 우리에게 아주 유익한 도움을 주지만 그 양이 지나치면 오히려 몸에 해를 끼치게 된다. 하루에 햇빛을 많이 보지 못하는 사람들마저 자외선 차단제 선크림을 바르는데, 이것은 비타민 D의 효용성과 가치를 잘 인식하지 못하고 자외선 그 자체의 해로움만 생각하는 데서 나오는 것으로 보인다.

자외선을 두려워할 것이 아니라 그 양을 조절하는 방향으로 가야 올바르다. 전문가들의 주장에 따르면 우리가 하루 30분 정도 햇볕을 쬐는 것은 비타민 D 합성에 좋다고 한다. 그리고 어느 날, 조금 더 햇볕을 많이 쬐는 경우에는 좀 더 많은 비타민 D를 합성하여 저장한다고 생각하는 것도 좋다. 하지만 하루에 너무 오랜 시간 동안 햇볕을 쬐면 피부에 부작용을 일으키고 산화(노화)의 피해를 막을 수 없게 되니 주의해야 한다. 이렇게 오랫동안 햇볕에 노출되는 경우에는 자외선 차단제를 사용하여 도움을 받는 것이 필요하다.

나는 사무실에서 많은 시간을 보내다 보니 사실 하루에 해를 보는 시간이 그리 많지 않다. 그래서 점심시간에 일부러 해를 보며 산책하면서 비타민 D가 피부를 통해 합성되고 있다고 느끼면서 해님에 대한 고마움과 감사한 마음을 새긴다. 정말 비타민 D에 대한 지식을 습득한 후에는 해님에 대한 고마움과 감사함을 생각하는 시간이 늘어났다. 이렇게 아무런 비용을 지불하지도 않고 무한히 누릴 수 있는 물질과 에너지들이 우리 주위에 주어져 있음에 감사함을 느끼며 살아가고 있다. 앞에서 살펴본 물과 공기(산소)들도 마찬가지로 햇빛과 더불어 나의 건강에 도움을 주는 감사한 물질들이다.

『비타민 D의 혁명』이라는 책을 보면, 피부에서 합성된 비타민 D3는 신장에서 칼시트리올(1,25D3)로 활성화되어 사용된다고 하니 신장의 기능이 매우 중요한 역할을 하는 셈이다. 비타민 D를 합성하는 데 영향을 미치는 요인에는 11가지(위도, 일 년 중 계절, 고도, 하루 중 시간, 대기 오염, 구름 덮인 하늘, 햇빛 차단제 사용, 피부의 멜라닌 양, 나이, 몸무게, 몸을 덮고 있는 옷의 양)가 있다고 한다. 자외선 양이 많은 적도, 여름, 높은 고도, 한낮(오전 10시~오후 2시), 대기 오염이 없는 지역, 구름이 없는 날, 자외선 차단제 사용 안 함, 피부가 하얄수록, 젊을수록, 비만이 아닐수록, 옷을 적게 입을수록 비타민 D의 합성이 잘 일어난다고 한다.

만약 위의 11가지 영향을 미치는 요인들에서 비타민 D를 합성하는 데 방해가 되는 생활을 한다면 결국 체내에 비타민 D의 함량이 적어지고 그에 따라 부작용들이 나타나게 된다. 체내에 부족한 비타민 D는 외부에서 공급(경구제나 주사)하여 충분한 비타민 D가 체내에 있도록 노력해야 한다.

정오쯤에 30분 정도 햇빛을 쪼이면 체내에서 20000IU 정도의 비타민 D가 합성된다고 한다. 만약 음식으로 비타민 D 20000IU를 섭취하기 위해서는 매일 연어 600그램을 먹든가 강화우유 20컵을 마시는 노력을 기울여야 한다. 이러한 사실에서 보면 자연에서 얻어지는 천연 햇빛의 자외선은 우리에게 비타민 D를 선사해주는 귀중한 선물이 아닐 수 없다. 마음껏 밖으로 나가 30분 정도 햇빛을 충분히 쬐어주는 것이 우리 건강을 위해 필요하다. 이것은 누가 해줄 수 있는 것이 아니라 각자 본인이 건강에 신경을 써서 실천해 나아가야 할 것이다.

대부분의 사람들은 비타민 D의 혈액 함량에 대하여 신경 쓰지 않고 생활한다. 건강 검진을 할 때나 다른 검사를 실시할 때 병원에서 측정하지 않기 때문에 당연히 중요한 물질로 인식하지 않는다. 비타민 D의 혈중 농도가 30ng/ml일 때 정상이라고 한다. 하지만 의학박사 소람 칼사는 적어도 40~70ng/ml는 되어야 정상이라고 주장한다.

비타민 D가 결핍되면 골다공증, 구루병 등이 발생한다. 특히 뼈에 문제가 생기면 한번 비타민 D 혈중 농도를 측정해서 비타민 D 결핍 상태를 알아야 한다. 만약 결핍 상태라면 햇볕을 쬐든가 비타민 D를 함유한 음식물을 먹든가 비타민 D 보충제를 섭취하든가 해서 혈중 농도를 회복시켜 주어야 한다. 나는 비타민 D 혈중 농도를 한 번도 측정하지 않았지만 가능하면 낮에 광합성을 위해 햇빛을 자주 보려고 노력하고 있다.

비타민 D가 부족하면 우리 몸에 나타나는 뼈와 관련된 구루병과 골다 공증 이외에도 여러 질병이 발생한다고 한다. 비타민 D 결핍은 고혈압, 당뇨병, 심혈관 질환 및 대사 질환, 수면 무호흡증, 치매 및 인지 기능 저하, 유방암, 방광암, 대장암 등에도 영향을 미친다고 한다.

제 4 장

온도

01
온도란 무엇인가?

우주는 물질과 에너지로 이루어져 있다.(여기서 우리가 변화시킬 수 없는 시간과 공간이라는 요소는 배제한다.) 물질은 질량과 부피가 있는 것을, 에너지는 부피와 질량이 없는 것을 말한다. 에너지는 다시 운동 에너지와 위치 에너지로 구분된다. 위치 에너지는 화학적 위치 에너지와 물리적 위치 에너지로 구분된다. 저장 가능한 에너지는 위치 에너지뿐으로, 엽록소에서 이산화탄소와 물이 반응해서 빛 에너지(운동 에너지)를 화학적 위치 에너지로 저장해 놓게 된다.

우리는 이렇게 저장된 화학적 위치 에너지로부터 미토콘드리아의 호흡을 통하여 ATP 생체 에너지(화학 에너지)와 열에너지를 얻고 있다. 운동 에너지는 움직이는 모든 것을 말한다. 움직이는 물질과 방향에 따라 구분하면 전기 에너지(전자의 이동), 빛 에너지(빛 이동), 소리 에너지(공기의 파동 전파), 운동 에너지(큰 물체의 운동), 열에너지(무질서한 운동), 일 에너지(한 방향 운동)로 나누어 볼 수 있다.

여기서 온도는 열에너지의 측정 단위이다. 에너지는 물질 사이의 이동이나 방향의 변화(전환)가 있지만 생성되거나 소멸되지 않고 항상 보존된다는 에너지 보존의 법칙이 성립한다. 우주에서 에너지가 보존되면 다른 물질의 질량도 보존되므로 질량 보존의 법칙이 성립한다. 하지만 핵분열이나 핵융합 시에 발생하는 막대한 에너지는 사실 물질 감소량이 에너지로 전환되는 $E=mc^2$식을 따른다. 엄밀하게 이러한 상황에서는 에너지가 물질이 될 수 있고 물질이 에너지로 변환(변화)되는 것이기 때문에 에너지 보존의 법칙과 질량 보존의 법칙이 성립하지 않는다.

우리가 일반적으로 말하는 질량 보존의 법칙이나 에너지 보존의 법칙이 일반적인 화학 반응에 적용되는 것이다. 참고하자면, 『에너지 상식 사전』이라는 책을 보면 우리가 사용하는 모든 에너지는 원자력 에너지에서 왔다고 한다. 지구에서는 많은 양의 태양 에너지(원자력 에너지, 핵융합)를 사용하여 생명체들이 살아가고 있다고 한다.

* 참고로 말하면, 물리에서 열과 일은 과정으로 다루고 있다. 열은 높은 온도에서 낮은 온도로 이동하는 에너지이고, 일은 일정한 힘으로 일정한 거리를 이동하는 에너지로 나타낸다. 식으로 나타내면, 열량(Q)=c(비열)×m(질량)×Δt(온도 변화), W(일)=F(힘)×S(거리)이다. 나는 개인적으로 열에너지는 무질서(열 방향, 많은 방향)하게 움직이고, 일 에너지는 일 방향(한 방향)으로 움직이는 차이가 있다고 생각한다. 그래

서 자동차 엔진 안에서 일어나는 에너지 전달 과정을 보면 공기 분자들이 무질서하게 움직이지만 피스톤 방향으로 움직이는 수많은 공기 분자들이 피스톤을 밀어 피스톤이 한 방향으로 움직이는 에너지 변화가 일어난다. 이것은 바로 무질서하게 움직이는 에너지(열)가 한 방향으로 움직이는 에너지(일)로 전환(변화)하는 것이라고 볼 수 있다. 그래서 농담조로 "숫자 1(일)은 한 방향을 나타내고 숫자 10(열)은 여러 방향(무질서)을 나타내므로 우리말의 일과 열은 숫자에서 온 것일까요?" 하고 묻기도 한다.

화학은 물질의 변화를 다루는 학문이다. 물질에 변화가 생기면 반드시 에너지 변화도 수반된다. 보통 화학 반응 시에 수반되는 에너지는 열에너지로서, 화학 반응을 일으키려면 가열하고, 반응 후에는 흡열이나 발열 에너지가 있게 된다. 열에너지를 가해서 화학 반응을 일으키면 화학 반응 후에 열이 방출되기도 하고 흡수되기도 하여, 바깥 온도가 올라가기도 하고 내려가기도 한다. 열에너지를 무질서하게 움직이는 움직임으로 보았을 때 10℃의 물이 20℃의 온도보다 움직임이 느리다는 것이다. 우리가 손을 넣어보면 어느 쪽이 더 따뜻한가로 이 둘의 차이를 금방 알 수 있지만, 문제는 50℃ 이상의 온도를 알아내는 것은 우리 손으로 불가능하며 물 분자의 움직임의 정도도 볼 수 없다. 프랑스 과학자 셀시어스는 이러한 보이지 않는 분자들의 움직임을 눈으로 볼 수 있는 간접적인 방법으로 제시했다. 그는 얼어 있는 얼음의 온도를 0도로, 끓는 물의 온도를 100도로 하여 온도 단위를 정했다. 이것이 바로 도시(℃) 단위이다. 이 도시 온도 단위를 국제적으로 사용하기로 약속한 뒤 이것이 국제 표준 단위로 이용되고 있다.

온도계는 우리가 눈으로 볼 수 있는 수은과 알코올로 만든 수은 온도계와 알코올 온도계 두 종류가 있다. 우리는 공기 분자나 물 분자의 움직임 정도를 직접 볼 수는 없지만, 눈으로 볼 수 있는 수은이나 알코올 분자에 전달된 에너지 크기는 온도계의 눈금으로 전환되어 보이므로, 온도계를 보고 공기 온도와 물 온도를 측정할 수 있다. 결국 온도란 눈에 보이지 않는 분자들의 움직임 정도를 알려주는 하나의 유용한 수단이다. 온도가 높다는 것은 눈에 보이지 않는 분자들의 움직임이 빠른 것이고 온도가 낮다는 것은 그 움직임이 느리다는 것이다.

여기서 온도라는 개념이 중요해진다. 화학 반응이 일어나려면 두 반응물의 분자들이 어느 정도 이상 빠르게 움직이면서 충돌해야 하며, 그 결과 유효 충돌(활성화 에너지 상태 이상)이 일어나서 두 반응물 사이에 화학 반응이 일어나게 된다. 화학 반응에서는 물질들이 움직이는 속도가 중요하다. 화학 반응을 일으키기 위해 가열하고 온도를 높이는 이유는 바로 이런 물질들의 움직임이 증가하기 때문이다.

화학 실험실의 플라스크 안에서 일어나는 화학 반응에서는 온도를 제어하는 것이 아주 중요한 요소 중 하나다. 마찬가지로 우리 몸 안에서 일어나는 각종 화학 반응들도 온도에 매우 민감하다. 플라스크와 우리 몸에서 일어나는 화학 반응에서 한 가지 주목할 점은 효소가 촉매로 사용된다는 점이다. 이 효소는 활성화 에너지를 크게 낮추는 작용으로 반응 속도를 빠르게 하는 데에 일반 촉매보다 효율성이 아주 탁월하다. 우리 몸에서 일어나는 다른 많은 화학 반응 요인들 중 온도의 중요성을 좀 더 집중적으로 살펴보자.

02
온도(체온)의 중요성

우리 몸에서 사용되는 에너지는 ATP와 열에너지가 주류를 이룬다. 세포 내에서 일어나는 많은 화학 반응들에 ATP 생체 에너지가 이용되며, 체온(온도)은 화학 반응을 일으키는 데 매우 중요한 역할을 한다. 일반적으로 플라스크에서 일어나는 화학 반응은 온도가 10℃ 증가할 때마다 반응 속도가 약 2배 빨라진다고 한다. 만약 압력 밥솥의 물의 끓는 온도가 130℃까지 상승하면 밥을 하는데 반응이 계산상으로 8배 빨라지기 때문에 밥하는 데 시간이 적게 걸리게 된다. 반면에 압력이 내려가는 산 정상에서는 물의 끓는점이 내려가 밥이 되기까지 많은 시간이 걸리게 된다. 이처럼 온도는 화학 반응 속도에 매우 민감하게 영향을 미친다.

우리 몸에서는 산화 반응이 일어날 때 열이 발생한다. 일반적으로 산화 반응은 열을 내고 연소 반응은 빛과 열을 내는 특징이 있다. 우리 몸 세포에서 산화 반응이 일어나는 대표적인 곳은 미토콘드리아이다. 미토콘드리아는 생체 에너지 ATP를 대량으로 생성하는 곳이며 더불어 열에너지를 생성하는 곳이기도 하다.

미토콘드리아가 많을수록 더 많은 열에너지를 생성할 수 있다는 계산이 나온다. 실제로 미토콘드리아가 많은 곳은 근육이 있는 곳으로 근육 중에서도 지근(적색근)에 많이 분포한다. 적색근을 발달시킬 수 있도록 유산소 운동을 많이 하면 적색 근육이 좀 더 많이 발달할 수 있다고 한다. 이와 반대로 백색 근육에서는 미토콘드리아보다는 무산소 상태에서 포도당을 분해하여 젖산을 생성하면서 나오는 ATP 생체 에너지를 이용하기 때문에 미토콘드리아가 많은 근육보다 열에너지 생산량이 적다.

백색 근육은 순발력이 필요한 단거리 선수들에게 많이 생기고, 지구력이 필요한 적색 근육은 미토콘드리아가 많은 세포들로 이루어져 있다. 건강하게 오래 살고 싶으면 가능하면 미토콘드리아가 많은 적색 근육을 발달시킬 수 있도록 유산소 운동을 하는 것이 좋다.

이시하라 유미는 그의 저서 『체온 1℃ 올리면 면역력이 5배 증가한다』에서 체온이 1℃만 올라도 면역력이 5배 높아진다고 주장한다. 일반 화학 반응에서는 10℃ 올라가면 반응 속도가 2배 빨라지지만 생체 내에서는 효소라는 아주 효율적인 생체 촉매가 있어 온도 상승에 따른 반응 속도도 훨씬 빨라질 것으로 예상된다.

우리가 체온에 주목해야 하는 이유가 바로 여기에 있다. 화학 반응 속도가 빨라짐으로써 우리 몸에 다양한 변화가 일어날 수 있다는 것이다.

정상 표준 체온은 36.5℃이다. 감기에 걸리면 바이러스가 우리 몸속에 들어와 활동한다. 이때 우리 몸은 바이러스를 퇴치하려고 몸의 온도를 스스로 높이게 되어 열이 발생한다. 이는 체온을 올려 면역력을 높이고 바이러스와 싸워서 이길 수 있도록 몸 안의 환경을 바꾸는 것이다.

이때 좀 더 온도를 높이기 위해 이불을 둘러쓰고 잠을 자면 땀을 듬뿍 흘리게 되는데, 이렇게 하면 감기 바이러스 퇴치에 효과가 있다. 내가 어렸을 때 감기에 걸리면 아버지가 이런 방법을 사용하곤 했었다. 지금 생각해보면 온도를 좀 더 올려 효과적으로 바이러스를 퇴치하는 방법을 사용한 것이다.

온도를 올리면 이렇게 면역력도 좋아지고 바이러스 퇴치에도 효과적인데, 반대로 우리 몸의 체온이 낮아져 저체온 상태가 되면 어떻게 되는지 알아보도록 하자.

03
저체온과 냉증

　우리 몸의 정상 체온은 36.5℃다. 심부 체온이 상당히 낮은 35℃ 이하로 떨어진 경우를 저체온이라 부른다. 우리 몸의 온도가 33℃로 떨어지면 의식 불명 상태에 빠지게 된다. 직장 체온의 온도에 따라 32℃~35℃를 경도, 28℃~32℃를 중등도, 28℃ 미만을 중도의 세 가지 단계로 구분하는데, 28℃ 이하의 온도가 지속되면 사망할 수도 있다.

　우리 몸도 하나의 정교한 화학 반응 용기라고 생각하면 반응 온도, 즉 체온은 매우 중요하다. 적정 온도 이하에서는 더 뛰어난 생체 효소들이 있어도 화학 반응이 잘 일어나지 않을 수 있다. 28℃ 이하에서는 화학 반응이 모두 멈추게 되어 사망에 이를 수도 있는 온도가 되는 셈이다. 체온은 우리 건강의 척도이므로 항상 자신의 체온이 잘 유지되고 있는지 관찰하고 관리하는 지혜를 발휘해야 한다.

많은 현대인은 손발이 차가운 냉증으로 고생하고 그로 인해 수많은 질병들이 발생한다고 한다. 손발이 차갑다는 것은 손발만의 문제가 아니고 전신의 체온이 내려간 상태를 말한다. 이런 저체온 상태에서는 세포들의 활동이 정상적이지 못하고 그에 따라 에너지 생성뿐 아니라 세포 재생 등에서 많은 문제가 발생할 수밖에 없다.

나도 전체적으로 몸이 차가운 편이어서 소화도 잘 안 되고 과민성 대장 증상도 있으며 설사도 자주 하는 체질이었다. 초등학교 3학년 여름방학 전까지는 매우 튼튼한 체질이었으나 여름방학 동안에 급격히 몸이 빠지면서 갈비시(마른 체형)로 전환되어 그 이후 대학교 1학년 때까지 매우 열악한 상황에서 생활을 해왔다. 몸이 허약하니까 많이 피곤하여 수면 시간도 매우 길어서 보통 하루에 8시간에서 9시간 정도 잠을 자야 낮에 정상적인 활동을 할 수 있었다. 그리고 하루하루 생활이 그렇게 활기차지 못하고 그저 그럭저럭 시간을 보내는 삶의 연속이었다. 이 기간을 나는 잃어버린 10년이라고 부른다.

자주 체하고(소화 불량) 설사를 자주 하며 살이 찔 수 없는 허약 체질로 감기도 잘 걸리고 다래끼도 생기고 비염을 달고 살았다. 지금에 와 생각해보면 장도 안 좋고 체온도 낮은 저체온 상태의 몸이었다. 그 당시에는 건강 지식도 없고 누구 하나 그런 것을 알려주는 사람도 없었다. 대학교 1학년 때에 겨우 개선된 점 하나는 장이 좋지 않아서 유산균 제제를 약 3개월간 복용한 후에 체중이 약 4킬로그램 이상 늘어난 것이었다. 일단 장이 개선되고 체중이 늘어나니까 나는 전에 없이 매우 행복하고 힘이 생기는 것을 느꼈고, 수면 시간이 줄어들면서 피로도 많이 줄었다.

사람들은 왜 저체온 또는 냉증 상태의 체질로 변하는지 그 과정을 잘 모르는 경우가 많다. 건강 관련 공부를 하다 보니 저체온에 이르는 과정을 조금이나마 이해할 수 있었다. 아보 도오루 교수는 『만병의 원인은 스트레스다』 등 여러 저서를 통해 우리 몸에 병이 생기는 과정을 일목요연하게 설명해준다. 아보 도오루 교수는 면역 관련 대가로서, 면역력이 건강에서 매우 핵심적인 역할을 한다고 주장한다.

그 주장을 요약하면 다음과 같다. 우리가 스트레스를 받으면 혈관이 좁아지고 그에 따라 혈류가 감소하면서 체온이 떨어져 저체온으로 진행되고 면역력도 같이 떨어져 질병에 약한 체질이 된다. 우리 몸은 36.5℃ 근처에서 림프구가 약 38%일 때 면역력이 가장 활성화된다. 35℃ 이하의 저체온 상태에서는 백혈구의 구성에서 과립구의 비중이 높아지고 이에 따라 염증이 증가하여 질병에 취약한 상태로 된다. 과립구가 증가하면 결국 2~3일 이내에 소멸되는 과정에서 많은 활성 산소를 내놓기 때문에 염증을 형성하고 이 염증은 질병의 원인으로 작용한다.

그래서 '만병의 원인은 스트레스다, 활성 산소다, 염증이다'는 제목이 달린 글을 많이 보게 되는데, 이들은 모두 상관관계가 있어 보인다. 내가 어린 시절에 몸이 급격히 나빠진 원인을 나름대로 해석해보면, 초등학교 3학년 여름방학에 좋아하던 할아버지가 돌아가셨다. 아마 어린 나이에 상실에 대한 스트레스가 작동하여 방학 동안에 얼마 긴 시간은 아니지만 급격히 체중이 빠지는 과정이 진행되지 않았나 생각된다. 지금은 이렇게 생각하면서 우리 마음의 스트레스가 우리 건강에 얼마나 큰 영향을 미칠 수 있는지 알고 이해할 수 있기에 나의 어린 시절로 되돌아갈 수는 없지만, 그때를 되짚어 생각해보면서 어린 가슴의 아픔을 조금이나마 헤아려보기도 한다.

마음에 상처가 있는 사람이나 어려움이 있는 사람들은 부디 빨리 마음을 추스르고 털고 일어나 건강한 마음을 가능한 빨리 회복하고 건강한 삶을 누리기 바란다. 어떤 스트레스로 인해 그리 길지 않은 시간에 우리의 몸이 망가질 수 있다는 사실을 경험한 나로서는 정말 마음에 대한 연구를 하고 싶은 생각이 많다. 우리 모두 마음공부를 많이 하여 마음이 흔들리지 않도록 자신을 수양하고 또 수양하는 노력을 기울여야 한다.

나는 2015년부터 2017년까지 3년 동안 매년 우리 고등학교 학생들을 데리고 강원도 월정사에서 1박 2일 과정으로 열리는 템플스테이에 참석했다. 학생들이 지식으로는 많은 것을 알고 있다고 하여도 어느 한순간 마음이 무너지면 모두 허사가 되는 것을 깨닫고 마음공부를 하는 작은 계기가 되기를 바라면서 시작한 창의적 체험 활동이다. 새벽 3시 30분에 일어나 준비하고 법당에 가서 새벽 예불을 드리는 것을 시작으로 스님과 대화하는 시간도 마련되었다. 가장 기억에 남는 것은 월정사 적엄 스님이 학생들에게 당부한 말이다. '집착을 버리는 삶을 살자'라는 취지의 말을 하면서 여러 사례를 들어 알기 쉽게 설명해주었다. 성적에 지나치게 집착하면 문제가 생기듯 모든 것에 다 집착이 심하면 마음의 문제가 생긴다는 말이었다. 마음을 내려놓고 열심히 살라고 당부하였다. 어른인 나로서도 반성해야 할 말로 마음에 와 닿았다. 그렇다. 왜 우리는 지나치게 집착하며 마음의 문제를 만들고 사는 걸까?

저체온이 되는 것은 스트레스 이외에도 다른 이유들이 있을 수 있다. 갓난아기 때부터 노인이 될 때까지 우리의 신체는 끊임없이 변화에 변화를 거듭한다. 처음 어렸을 때는 신경과 혈관이 원활히 잘 흐르므로 건강하게 잘 지낼 수 있다. 그런데 점차 세월이 흐르면서 근육들이 뭉치고 뭉쳐서 단단해지고, 그런 가운데 신경과 혈관들이 눌리게 되어 흐름이 원활하지 못하게 된다. 어느 날 신경이 막히고 혈관의 흐름이 나빠지면 몸은 점차 저체온(냉증) 상태로 접어들게 되고 각종 질병이 늘어나게 된다. 정확히는 모르지만 이러한 근육의 뭉침으로 혈액 순환이나 신경 흐름에 문제가 생겨 저체온(냉증) 현상이 일어나는 것인지도 모른다.

나는 건강 관련 서적을 보기 전에는 이러한 사실을 전혀 알지 못했고, 그냥 유전적으로 나 자신이 허약한 체질로 태어난 것을 운명으로 받아들이고 살아왔다. 하지만 놀라운 일은 『종아리를 주물러라』라는 책을 읽고 직접 건강 실험을 해 보면서 뜻하지 않은 결과들을 볼 수 있었다는 것이다.

종아리 근육을 왼쪽과 오른쪽 모두 푸는 데 약 3개월가량 걸렸지만 뭉친 근육들을 꾸준히 말랑말랑해질 때까지 반복해서 계속 풀어주었다. 종아리 근육을 풀 때는 매우 아프고 식은땀이 이마에 2시간 이상 연속으로 흐르기도 하였다. 이것은 그동안 얼마나 근육이 많이 뭉쳐 있었는지를 알려주는 징표라 볼 수 있다. 처음에 근육을 풀 때는 매우 아팠지만 다 풀고 나서 누르면 전혀 아프지 않았다. 왼쪽 다리는 피곤할 때면 자면서 쥐가 나곤 할 정도였다.

저체온(냉증)이 생기는 원인은 다양할 수 있지만 내가 직접 경험한 것을 바탕으로 말하면 근거가 되는 것은 두 가지로 요약된다. 첫째는 스트레스와 긴장에 의한 건강 악화이고, 둘째는 근육이 뭉침으로써 혈관과 신경이 눌린 데 따른 건강 악화이다. 나는 이 두 가지 경험을 통해 내 건강에 어떤 문제가 있는지 알 수 있었고, 실제로 이들 문제점을 건강 실험을 통해 풀려고 노력을 기울였다. 다른 사람들도 건강에 문제가 있으면 그냥 수수방관만 하지 말고 그 문제에 알맞은 대책을 세워 나름대로 건강 실험을 직접 해보면서 관찰하는 노력을 기울이기 바란다.

나의 건강은 누구도 대신 챙겨 줄 수 없다는 사실을 깨닫고 직접 노력을 경주해야 한다. 나도 건강 실험을 하면서 '나의 건강 실험 이야기'라는 주제로 기록해왔다. 모두 각자의 소중한 건강을 위하여 직접 건강 실험에 나서주기를 바란다.

04

체온(열에너지)을 높이는 방법들

스트레스나 긴장 등으로 몸이 저체온(냉증) 상태에 접어들면 면역력이 떨어지고 각종 질병에 걸릴 위험이 높아진다고 한다. 저체온 상태를 방치하면 소중한 몸을 망치게 되므로 속히 저체온(냉증)을 개선하려고 노력해야 할 것이다. 생활 속에서 체온을 높일 수 있는 방법을 중심으로 건강을 회복하는 방법을 구체적으로 알아보자.

1) 운동

운동으로 체온을 높이는 것은 우리 자신의 신체에서 생산되는 열에너지로 온도를 높이는 능동적 방법 중 하나이다. 자신의 힘으로 에너지를 생산하여 세포들의 활동을 돕는 적극적인 조처인 것이다. 운동의 종류는 알려진 것만 해도 헤아릴 수 없을 정도로 다양하다. 우리가 그 종류를 다 배우고 실천하는 것은 원칙적으로 불가능하다는 사실을 받아들여야 한다. 운동 중에서도 이기기 위해서 하는 경기를 우리는 특별히 스포츠라는 이름을 붙여 구분한다. 순수한 건강을 위한 운동 측면에서 스포츠는 적당한 수준에서 해야 하고 자신이 처음에 추구하고자 하는 건강을 위한 운동을 생각해야 한다. 그런데 학교에서 학생들이 운동을 하다가 넘어지고 부딪혀서 십자인대가 끊어지고 뼈가 손상되어 깁스를 하며 근육 부상으로 목발을 짚고 다니는 모습을 보면, 학교에서 하는 스포츠(로마 시대부터 경기에서 이기는 것을 목표로 하는 것을 스포츠라 불렀다고 함)가 건강을 위한 것인지 반문해보기도 한다. 어떤 사람은 선의의 경쟁의식을 함양하기 위해서 스포츠는 학생들에게 필요한 것이라고 말할 수 있다. 정말 장차 돈을 벌기 위해서 스포츠의 길을 가고 싶다면 프로 의식을 가지고 경쟁의식을 함양하여 어떤 상황에서도 이길 수 있는 능력을 기르는 것이 맞다.

나도 학교를 다닐 때는 운동하면 축구, 농구, 배구, 핸드볼 등이 전부라고 생각했던 것 같다. 그런데 어느 날 『스포츠는 몸에 나쁘다』라는 책을 읽고 생각해보니 여태까지 해온 운동에 대한 내 생각들이 혹시 잘못된 것은 아닐까 하는 의구심이 들었다. 사실 학교에서 스포츠 활동을 열심히 해서 체력을 길러 건강해지는 것도 좋고, 스포츠를 못해도 다른 운동을 해서 건강해지는 것도 좋다. 스포츠를 못한다고 건강할 수 없는 것은 아니기 때문에 걷기나 스트레칭 같은 자신의 건강을 위해 다양한 운동을 하도록 노력해야 한다. 나는 학교에서 담임으로서 학생들에게 정신적 건강과 신체적 건강을 위해서 무슨 노력을 하고 있는지 학기 초에 항상 묻고 건강을 스스로 챙기려고 노력해야 함을 강조한다.

일반적으로 잘 움직이지 않는 사람들이 저체온(냉증) 현상을 보이고 허약한 체질을 갖게 된다. 화타 김영길의 저서 『누우면 죽고 걸으면 산다』를 보면, 움직이지 않으면 질병에 걸리므로 이를 치유하려면 걸어야 함을 강조한다. 걸음으로써 많은 사람들이 치유되는 사례들도 들고 있다. KBS 방송국에서 인기리에 방송되었고 지금도 방송되고 있는 〈생로병사의 비밀〉에서도 걷기의 운동 효과를 입증해 보인 적이 있다.

오랫동안 내가 내려 온 운동의 정의가 스포츠로 귀착되고 있었는데, 걷기만 해도 건강해질 수 있다는 다큐멘터리 내용은 매우 충격적이고 신선하게 다가왔다. 내가 숨쉬기 운동만 해온 것도 사실 스포츠를 잘하지 못하기 때문이기도 하다. 특별히 잘하는 구기 종목이 없다 보니 숨쉬기 운동밖에 남지 않아서 그렇기도 했지만, 최소 산소를 사용하는 것도 좋아서 그렇게 살아왔던 것이다.

그런데 항상 2년마다 실시하는 건강 검진에서 정상에서 벗어나는 수치가 있었다. HDL 콜레스테롤 수치는 정상보다 낮았고 LDL 콜레스테롤 수치는 정상보다 높았으며, 중성 지방이 정상보다 높게 나왔고 간수치도 정상에서 벗어난 경우가 있었다. 간수치는 간장약을 복용하면 정상으로 돌아가는 것을 확인하였으나 중성 지방, HDL과 LDL 콜레스테롤 수치는 어떻게 바로 잡을 방도가 없었다. 그래서 건강 검진 마지막 단계에 담당 의사에게 여러 차례 질문을 하였으나 뚜렷한 해결 방법을 듣지 못했다.

이것이 나의 운명이라며 어쩔 수 없는 것으로 받아들이고 살아왔는데, KBS 〈생로병사의 비밀〉에서 걷기 운동의 효과를 보고 걷기 건강 실험을 해 보기로 마음먹은 뒤 걷기 운동을 2014년부터 실천하기 시작했다. 2014년에 좋지 않게 나왔던 항목 3개가 모두 2015년 건강 검진 결과표에 정상으로 나왔다. 그야말로 놀라운 기적을 경험한 기분이었다. 드디어 나도 중성 지방 수치를 정상으로 잡았다는 사실에 무척 행복하고 감사한 마음이 들었다. 중성 지방, HDL, LDL 콜레스테롤, 간수치 모두 정상으로 나온 것은 내가 바꾼 유일한 조건, 걷기 운동 덕분이었다. 운동의 놀라운 효과를 경험한 이유로 주위에 오지랖을 좀 떨며 알리기도 했다. 걷기 효과를 경험한 이후 좀 더 새로운 방법으로 12층 식당까지 엘리베이터를 타지 않고 걸어서 오르고 내려오는 습관을 길러 실천하고 있다.

건강이 무척 좋아졌으며, 우리 학교 소사 산악회 회원들에게도 함께 이야기하면서 건강을 위한 이야기를 진행하고 있다. 나와 함께 활동하고 있는 학교 내 소사 산악회 회원 모두 건강한 삶을 살기를 기원한다.

앞에서 이야기했듯이 세상에는 운동 종류가 헤아릴 수 없이 많아서 우리가 그 운동을 모두 해보려는 욕심을 부린다고 하면 하루 24시간도 부족할 것이다. 그리고 모든 운동 종류를 다 해야 하는 것도 아니다. 중요한 사실은 내 몸의 건강에 도움이 될 수 있을 정도로 운동 종류를 정하고 시간을 들이는 것이 현명한 방법이라는 것이다.

어느 운동이 좋고 어느 운동이 나쁜 것이 아니라 서로 다를 뿐이다. 돈을 많이 들이면서 하는 운동이 좋은 것이고 돈이 전혀 들지 않는 운동이 나쁜 것은 아니라는 것을 알고, 남과 비교할 것 없이 자신이 좋아하고 자신의 형편에 맞는 운동을 골라 재미있게 하여 건강을 찾고 유지하면 그것으로 족하다.

운동의 예를 들면, 축구, 농구, 배구, 야구, 핸드볼, 골프, 테니스, 볼링, 족구, 수영, 등산, 달리기, 걷기, 발끝 차기, 펭귄 걸음, 요가, 장구치기, 북 치기, 도리도리 운동, 니시 건강법의 배복 운동과 금붕어 운동, 스트레칭, 스쿼트, 김철 선생님의 걷기 숙제 등 그 종류를 다 나열하기 힘들 정도다. 그 외에도 생활하면서 움직이는 많은 동작이 공식적인 운동으로 분류되지는 않지만 건강에는 매우 많은 도움이 된다.

나는 눈을 뜨면 먼저 누워서 발끝 차기를 200회 정도 한 다음 일어나 니시 건강법의 배복 운동으로 무릎을 꿇고 엉덩이를 움직이면서 허리를 움직이는 동작을 200회 정도 실시한다. 그러고 나서 일어나 앉아 좌우로 움직이면서 고개도 같이 움직이는 동작을 100회 실시한 다음, 연이어 도리도리 운동을 200회 실시한다. 그다음 앉은 자세로 목운동을 30회 가량 실시한 뒤, 일어나서 펭귄 걸음으로 약 300 걸음을 걷는다. 스쿼트 동작을 40회 정도 실시하고 허리 굽히기로 마무리하는 아침 운동을 매일 실시하고 있다. (이것은 어디까지나 예일 뿐 운동 방법은 각자 자신이 좋아하는 것을 선택해서 하는 것이 바람직하다.)

나는 우리 몸에 있는 목에 주목해야 한다고 생각한다. 목은 혈액이 갔다가 돌아오는 길목이기 때문에 목이 막히면 혈액 순환이 막히는 것이고 그래서 목이 막히지 않도록 운동하는 것이 중요하다. 우리 몸에는 목이 5개(오목) 있다. 가장 중요한 목을 연결하는 목이 있고, 손을 연결하는 손목이 있으며, 발을 연결하는 발목이 있어 총 5개의 목이 존재한다.

혈액은 진행하여 어느 끝을 돌아 다시 나오는 과정을 거쳐야 하는데 진행하다 막히면 원활하게 흐르지 않게 된다. 그러니 목을 잘 풀어주고 목을 통해 혈액과 신경이 잘 흐를 수 있도록 해주는 노력이 바로 건강해지는 길이 될 수 있다. 나는 목을 풀어주기 위해 도리도리 운동을, 손목을 풀어주기 위해 손목 털기 동작을, 발목을 풀어주기 위해 주기적으로 발끝 차기 운동을 한다. 아침에 일어나 도리도리 운동을 하루에 200회 정도 한 이후로 목 위로 혈액 순환이 좋아져서 그런지 감기에 걸리지 않고 있다.

또한 침도 잘 분비되고 침이 항상 입안에 있어서 충치 세균이 감소하고 플라크가 잘 생기지 않는 부수적 효과도 있음을 알았다. 나는 1년에 한 번씩 스케일링을 한다. 도리도리 운동을 한 후 스케일링을 하러 치과에 갔는데 담당 치위생사가 치석이 거의 없이 깨끗하다고 하면서 짧은 시간에 스케일링을 마쳤다. 침은 침샘에서 혈관으로부터 적혈구를 제외한 백혈구, 혈장 등이 흘러나오는 것으로, 결국 혈액 순환과 아주 밀접한 관계가 있다. 혈액 순환이 잘 이루어져야 침이 잘 분비되고, 침이 잘 나오면 구강 건강이 좋아진다.

손발이 차가워지는 것을 막기 위해서 손목 관절을 움직이고 발끝 차기를 하는 동작도 실시하여 손목과 발목을 통과하는 혈액이 원활하게 순환되도록 해야 한다. 그리고 평소에 틈나는 대로 신경과 혈액의 원활한 순환을 위하여 종아리와 팔 근육의 뭉친 곳을 풀어주려고 노력해야 한다.

이렇게 몸을 움직이는 운동을 꾸준히 하다 보면 우리 몸의 체온이 어느새 올라가 세포들이 활성화되고 면역력도 한층 좋아질 것이다. 내가 실시하고 있는 건강 실험은 굉장히 제한된 운동이므로 그 밖의 다양한 운동 중에서 자신에게 맞는 운동을 선택하여 즐거운 마음으로 매일 꾸준히 실천한다면 누구나 건강한 삶을 누릴 수 있을 것으로 믿는다. 우리 모두 운동 건강 실험을 실시하고 그 과정과 결과를 기록하면서 자신의 건강이 어떻게 좋아지고 있는지 알아보았으면 좋겠다. 차후에 '나의 건강 실험 이야기'를 쓴 다음 서로 공유하는 인터넷 사이트에서 만날 수 있기를 기대한다.

2) 담요나 핫팩

우리 몸에서 에너지가 제대로 생성되지 않으면 에너지를 사용하는 것도 자유롭지 못하게 된다. 예를 들어 어떤 가정에 금전적으로 여유가 있으면 음식물은 물론 여행, 취미 활동 등 다양한 분야에 값을 치르면서 살 수 있지만, 만약 돈이 부족해지면 우선 당장 급한 식품비에 먼저 돈을 사용하고 나머지는 우선순위에 따라 돈의 사용처를 정해야 한다.

한 사람의 몸에서도 유사한 움직임이 나타난다. 단지 돈 대신에 에너지를 사용하는 점이 다를 뿐이다. 한 가정에서 돈을 사용하는 데 필요한 경제 활동과 마찬가지로 우리 몸도 엄격한 질서와 우선순위에 따라 에너지를 사용한다. 몸에서 생성되는 에너지가 충분하면 모든 세포에 충분한 에너지 공급이 가능하고 활기찬 생활을 누릴 수 있다. 하지만 에너지 생산이 제한된 저체온 사람들은 에너지 사용도 제한되는 몸의 시스템을 따르게 된다.

우선 가장 중요한 심장, 간, 신장 등이 에너지 사용 1순위이겠고 뇌신경도 우선순위가 꽤 높을 것이다. 이들 사이에 정확한 순서와 질서가 어느 정도 정해져 있겠지만 우리가 그것을 아는 것은 불가능하다. 아주 심한 경우에는 뇌신경에서 자유롭게 사용할 수 없을 정도로 에너지가 고갈 상태에 접어들면 모든 것이 짜증스럽고 생존을 위한 기본 에너지 사용

외에는 아무 곳에도 에너지를 사용하지 못하는 극한 상황에 빠지게 되며 뇌신경 활동도 크게 제한받을 수밖에 없다. 그렇게 되면 모든 생각을 거의 멈추게 되고 심각한 상황으로 몰리게 되는데도 다른 사람들은 그런 어려움에 빠진 사람을 몰라보고, 이해해주기는커녕 오히려 공격하기도 한다.

주변에 에너지가 고갈 상태에 이른 사람은 없는지 살펴보고 그 사람들에게 에너지가 보충될 수 있도록 격려하고 힘을 보태주기를 바란다. 언젠가 나 자신이나 가족 또는 가까운 지인들 중에 그렇게 되거나 그런 상황에 놓일지 누가 알겠는가?

장은 에너지 사용 우선순위에서 조금 뒤쪽이라는 것을 경험을 통해 어느 정도 알 수 있다. 긴장한 상태에서는 소화가 잘 안 되는 경우를 실생활에서 경험할 수 있다. 극단적인 예이긴 하지만 만약 산에서 호랑이를 만나 도망가는 상황이 발생하면 우리 몸은 아주 초긴장 상태에 들어가게 되고, 죽을힘을 다해 도망가야 살아남을 수 있다. 이때 에너지를 몸의 어디에 먼저 투입하느냐에 따라 생사가 갈리기 때문에 우리 몸은 우선 뇌의 생각하는 힘과 심장 그리고 달아날 수 있는 근육에 에너지를 공급하고, 소화는 우선 당장 급한 것이 아니기 때문에 소화를 돕기 위한 혈액 공급은 일시적으로 차단해 소화를 멈추게 만든다고 한다. 아주 놀랍고도 현명한 대처 방법이 아닐 수 없다. 이런 극단적인 위기 상황에서 느끼는 긴장이 아니더라도 우리가 겪는 스트레스나 다른 긴장 요인들은 몸에 생존을 위한 에너지 공급 순서를 정하고 소화는 뒤로 미루게 하기 때문에 스트레스 상황이 일어나면 소화가 잘 안 되는 일이 발생한다. 과식하는 경우에도 소화가 잘 안 되는데, 그 이유는 일시에 많은 에너지를 투입하여 많은 소화 효소를 만들어야 해서 우리 몸에 부담을 주기 때문이다. 또한 과식하는 경우 일시에 많은 산소를 사용하기 때문에 활성 산소가 대량으로 발생하여 노화를 앞당기는 주범이 된다는 것은 앞에서도 설명한 바 있다.

긴장하거나 조금 과식하였을 때 소화가 안 되는 경우 우리는 자주 소화제를 먹어 문제를 해결하고는 한다. 나도 몸이 좀 마른 편이어서 살이 찌고 싶은 간절한 마음—비만인 사람들은 이해하기 힘든 일이지만 마른 사람은 살이 좀 찌는 것이 소원임—에 자주 과식을 하고 나면 어김없이 소화제를 많이 먹었던 기억이 난다. 나중에 음식물 부분에서 과식하면 소화가 잘 안 되는 이유를 좀 더 자세하게 설명하기로 하자.

우리가 주목하는 것은 체온의 관점에서 소화 문제를 살펴볼 경우, 열에너지가 부족하면, 다시 말해서 장에서 혈액 순환이 잘 안 되면 소화가 일어나지 않는다는 사실이다. 소화가 안 될 때 손을 배에 가져다 대보기 바란다. 어김없이 배 부분이 상당히 차갑다고 느낄 것이다. 이는 바로 혈액 순환이 잘 안 되는 증상, 다시 말해서 열에너지 공급이 적은 것이다. 이런 상황에서도 자체적으로 몸에서 생성되는 적은 양의 열에너지를 밖으로 빼앗기는 안타까운 일이 일어난다.

그래서 나는 건강 실험을 해보기로 하고 열에너지를 내 몸에서 자체적으로 적은 양이라도 손실되지 않도록 하는 방법을 찾아보았다. 우선 소화가 안 될 때, 담요를 배에 얹어놓고 한참 있으니까 몸에서 발생하는 열에너지가 빠져나가지 않고 담요에 의해서 붙잡혀서 배 부분이 좀 더 따뜻해지는 기운이 느껴지고 점차 소화 작용도 일어나는 것을 알았다. 이 후에도 여러 차례 소화가 안 될 때 시도해보았는데 배를 따뜻하게 하였더니 소화가 자연스럽게 되는 경험을 했다.

한번은 캠프에 온 중학생들에게도 전기 핫팩을 사용하도록 하였더니 역시 소화가 잘 되었다고 하였다. 그래서 소화 불량의 원인은 장의 열에너지 부족에 있는 것이 아닌가 생각하게 되었다. 혹시 소화가 안 되는 사람들은 자체적으로 임상 실험을 한번 해보라고 권한다.

무엇인가 문제가 있을 때 아무것도 변화시키지 않고 그대로 생활하면 아무런 변화도 일으킬 수 없다는 실험 정신에 입각하여, 마음으로 변화를 예측하여 무엇인가 변화를 시도하고 그 결과를 관찰하는 실험 정신이 필요하다. 나는 실험실에서 화학 실험을 수없이 하듯이 건강 실험도 마찬가지로 문제점이 발견되면 그 문제점을 해결할 수 있는 조건을 변화시켜 그 변화를 잘 관찰하는 건강 실험을 몇 년에 걸쳐 해왔다. 부질없는 짓 같아도 호기심이 나를 이끌어 실행한 건강 실험이 기대 이상의 결과로 나타났을 때 거기에서 주어지는 만족감(행복감)이 상당하였음을 밝힌다.

이렇게 몸에서 소화가 잘 되면 그다음 에너지의 원재료가 자연스럽게 공급되므로 신체 건강이 날로 좋아지는 것을 나는 느꼈다. 개인적으로 어떤 결과를 측정할 수 있는 방법이 없으므로 느낌이라는 수단을 사용하는 길밖에 없다는 점이 안타깝다. 하지만 2년에 한 번씩 실시하는 건강 검진에서 여러 결과를 확인한 결과 장이나 다른 검사 항목에서 좋아진 것을 토대로 내 느낌이 틀리지 않았음을 늦게나마 알았다. 배를 따뜻하게 하려면 담요나 핫팩 등을 이용하는 것만으로도 체온을 높여 몸의 기능을 한결 향상할 수 있다. 직접 건강 실험을 해보기 바란다.

3) 근육 풀기(마사지 등)

제1부 제1장에서 '물의 순환'을 다룰 때, 내가 종아리, 얼굴, 팔 근육을 풀어 주었더니 혈액 순환이 개선되어서 건강이 전반적으로 좋아졌다는 사실을 이야기한 바 있다. 온도 측면에서 근육 풀기를 하면 체온이 올라가는 결과를 낳는다. 외과 의사 이시가와 요이치는 응급실에 온 탈수 환자의 종아리가 유난히 차가워 종아리를 주물렀더니 따뜻해지면서, 그보다 앞서 팔에 꽂아 둔 링거액이 들어가지 않았던 증상이 해소되어 링거액이 들어가는 모습을 보고 일대 놀라운 경험을 하게 되었다. 이러한 현상은 혈액 순환을 좋게 하는 것으로 볼 수도 있고, 다른 한편으로는 종아리의 체온이 상승하는 효과를 보여준 것으로 볼 수도 있다. 우리는 여기서 혈액 순환과 체온 사이에 밀접한 상관관계가 성립한다는 사실을 알 수 있다. 혈액 순환이 좋으면 정상 체온을 유지하게 되고 혈액 순환이 좋지 않으면 점점 체온이 낮아져 심하면 저체온 증상(냉증)이 일어나게 된다.

제1장에서 이야기했듯이, 나는 발뒤꿈치에 매년 각질이 두껍게 생겨서 온탕에 불린 다음 돌로 밀어 각질을 제거하곤 했었다. 그런데 2019년 3월부터 종아리 근육을 풀어주었더니 각질이 없어지는 것을 눈에 띄게 확인하였다. 또한 발바닥에 생겼던 각질도 없어지고 대신에 혈관들이 지나가는 모습을 확연히 볼 수 있었다. 정말이지, 어떻게 이런 변화가 일어날 수 있는 것인지 놀라움 그 자체였다.

건강 관련 책을 읽어보니 그 이유를 설명할 수 있는 단서를 찾았다. 우리 몸의 피부는 변화한 환경에 적응할 수 있도록 되어 있다는 것이다. 다시 말해 날씨가 점차 추워지면 혈액이 잘 공급되지 않는 피부 쪽에는 열

손실을 줄일 수 있도록 두꺼운 각질이 형성된다는 것이다. 결국 우리 몸이 에너지가 부족한 상황에서 그 에너지를 지키기(체온 유지) 위해서 두꺼운 각질을 일부러 만들어 생존할 수 있도록 적응한 결과가 각질의 형태라는 것이다. 알고 보니 참으로 놀라운 적응력이구나 하는 생각이 든다. 우리가 몸이 추우면 이불을 덮거나 옷을 껴입는 원리와 같기 때문이다. 앞으로도 지속적으로 이 부분에 대해서 관찰하고 또 관찰하여 성공적인 건강 실험을 할 예정이다.

근육 풀기는 종아리뿐 아니라 어느 근육도 마찬가지로 중요한 일이다. 어깨가 되었든 팔이 되었든 얼굴 근육이 되었든 간에 우리 몸 구석구석에 있는 근육들을 시간 나는 대로 눌러보고, 아프다면(정상이면 그다지 아프지 않음) 이상이 있는 것으로 판단하고 그 부분의 근육을 집중적으로 풀어주려고 노력하는 일이 반드시 필요하다.

근육이 뭉쳐 있는 부위는 혈액 순환과 신경 전달이 원활하지 못하고 그에 따라 체온이 내려가 있어 다른 부위보다 차가운 느낌을 받게 된다. 근육을 풀어주고 나면 혈액 순환이 원활해져서 풀어준 근육 부분이 따뜻해지고 체온이 올라가는 것을 확연히 느낄 것이다. 나도 근육을 풀어주고 나서 종아리 근육이 많이 따뜻해짐을 느꼈다. 왜 근육이 따뜻해지는지 쉽게 이해할 수 있다. 근육 세포들에서 혈액 순환이 잘 일어나지 않아 영양과 산소 공급이 원활하지 못해 근육 세포 속에 들어있는 미토콘드리아들이 산화 반응을 제대로 일으키지 못하기 때문이다.

근육이 뭉쳐 있다는 것은 세포들이 정상적인 활동을 하지 못하기 때문이며, 그에 따라 몸에서 각종 아픈 증상과 질병이 유발되는 것이다. 독자 여러분도 직접 근육을 만져보고 눌러보아 뭉친 근육이 없는지 살펴보고, 있다면 반드시 그 뭉친 부분을 풀어 주어 혈액이 순환되고 신경들이 흐를 수 있도록 해주며, 더불어 근육 세포들이 환희의 활동을 할 수 있도록 도와주어야 한다. 그렇게 하면 여러분은 건강을 되찾을 수 있고 기분 좋은 생활을 할 수 있을 것이다.

근육 풀기에 관한 건강 실험 이야기를 하나 더 하고자 한다. 내가 2019년 7월 18일부터 8월 2일까지 직접 실행한 건강 실험 내용이다. 2018년 3월부터 시작해서 왼쪽 다리와 오른쪽 다리 종아리를 거의 다 풀어서 근육이 상당히 말랑말랑하게 되어 걸을 때 매우 기분이 상쾌하고 새로 산 용수철처럼 탄력이 있는 것이 느껴졌다. 왼쪽 다리가 오른쪽 다리보다 더 뭉쳐 있었던 것은 과거에 잠을 자면서 왼쪽 다리에 쥐가 여러 차례 났던 경험으로 알 수 있었다. 그리고 왼쪽 다리를 살펴보니 종아리 부분은 많이 좋아졌는데 왼쪽 다리 위쪽 두 개의 뼈 사이 부분은 아직도 상당히 뭉쳐 있었고 피부 또한 닭살처럼 점들이 보였다.

전에는 다리에 있던 닭살 피부를 보면서 나는 원래 타고날 때부터 다른 사람들과 달리 피부가 그렇다고 생각해왔다. 하지만 종아리 근육을 풀고 난 후 과연 태어날 때부터 그런 것인지, 근육이 뭉쳐 그런 것인지 건강 실험을 해보기로 마음먹고 실행해보았다. 근육을 푸는데 상당히 아프고 심호흡이 일어날 정도였다. 그래도 예전에 종아리 근육을 풀 때 심호흡과 더불어 이마에 식은땀을 긴 시간 동안 흘리면서 풀었던 것과 비교하면 훨씬 쉬웠다.

하루하루 지나면서 닭살이 없어지고 깨끗한 피부 모습이 점차 늘어나는 것을 확인하였다. 매일 근육을 풀어 주면서 사진도 찍어 변화 과정을 기록으로 남겨놓고 싶었다. 정말 8월 2일쯤 되니 닭살이 거의 사라져버린 것을 눈으로 직접 확인하였고 그것을 사진으로도 찍어 남겨놓았다. 참으로 놀라운 일이다.

왜 이런 일이 일어난 걸까? 왼쪽 다리 위쪽 근육이 뭉쳐 있어 수분 등이 제대로 공급되지 않는 상황에서 세포들이 자신들이 생존할 수 있는 여건을 만들기 위해 노력한 결과가 아닐까? 수분 손실과 세포 활동의 손실을 최소화히기 위해 피부를 더 딱딱하게 만늘어 적응한 결과로 생각된다. 근육 뭉침을 풀어주니까 혈액 순환이 원활해지고 그에 따라 수분이 잘 공급되어서 다른 부위의 세포들처럼 정상화된 결과라고 보인다. 늦었지만 다행이라고 생각한다.

우리는 가끔 몸에 이상이 있으면 그냥 유전적으로 원래 그랬을 거야 하고 안도하는 쪽으로 생각하고는 한다. 더 노력하지 않고 조상 탓으로 돌리는 것이다. 나는 몇 가지 건강 실험을 해보고 나서 내가 편해지려고 조상 탓(유전자 탓)으로 돌리는 경향이 없지 않았는가 생각했다. 안 좋은 부분이 있으면 혹시 내가 뭘 잘못하고 살아온 것은 없는지 되돌아보는 것이 내 건강을 위해서 필요하다고 생각한다. 독자 여러분도 혹시 건강에 이상이 있으면 조상 탓 하지 말고 내가 무엇인가 잘못한 것은 없는지 점검하고 또 점검해 보기 바란다.

근육 풀기와 더불어 신경을 써야 할 부분은 체온을 높일 수 있는 근육 자체의 양을 늘리는 일이다. 우리 몸에서 체열을 많이 만드는 곳은 근육이다. 체온을 올릴 수 있는 체열의 22%는 근육, 20%는 간, 18%는 뇌, 11%는 심장, 7%는 신장, 5%는 피부, 나머지 17%는 그 밖의 부분에서 만들어진다. 우리가 체온을 조절할 수 있는 부분은 근육뿐이므로 적절한 운동(유산소 운동, 스쿼트 운동 등)을 해서 적당한 근육을 유지하도록 노력해야 한다.

4) 단전호흡

우리 몸에서 직접 생성한 열에너지를 이용하여 체온을 높이는 네 번째 방법으로 단전호흡이 있다. 단전호흡은 복식 호흡과 유사하나 호흡의 깊이가 다르다. 복식 호흡은 자연스러운 호흡법의 일환인 반면 단전호흡은 인도 수행자들과 동양의 도교에서 활용했던 호흡법으로 호흡을 통해 운동 효과를 얻을 수 있다. 숨을 천천히 들이쉬고 그보다 긴 시간(자신이 견딜 수 있는 만큼) 동안 숨을 천천히 내보내는 호흡을 하는데, 최대한 많이 참으면 땀이 흐를 정도가 된다.

땀이 흐른다는 것은 체온이 올라가고 혈액 순환이 빠르게 이루어지고 있다는 증거이다. 이렇게 가만히 앉아서 호흡법만으로 운동 효과를 거둘 수 있는 것이 단전호흡이다.

하지만 이 호흡법은 심장이나 폐가 안 좋은 사람들이 하면 안 되고, 보통 일반인들은 하지 않는 방법이다. 나도 전에 이 호흡법을 시도해보고 땀이 나는 것을 경험했지만 계속 이렇게 체온을 올리고 혈액 순환을 좋게 하는 것은 무리라고 판단하고 중단한 상태다. 피치 못할 상황에 굴 안에 앉아 오랫동안 수행하는 수도자들이나 특별한 이유가 있는 사람들(몸의 움직임이 부자유스러움)이 할 수 있는 것으로 일반인들이 접근할 필요는 없는 것 같다.

일반인들은 단전호흡법보다는 운동으로 체온을 높이고 혈액 순환을 증진하는 방법을 권한다. 각자 자신에 알맞은 방법을 찾아 건강한 삶을 살면 되는 것이지 다른 사람과 비교하는 것은 바람직하지 않다. 팔, 다리를 자유롭게 움직일 수 있는 사람은 자신에게 맞는 운동을 하면 되고, 움직임이 제한되는 상황에 있다면 단전호흡도 좋은 운동 효과를 볼 수 있으므로 실천하는 것이 좋다.

5) 온탕 목욕

우리 몸의 체온을 올리는 방법은 몸 자체에서 생성되는 열에너지를 이용하는 방법과 외부의 열에너지를 활용하는 방법이 있는데, 온탕 목욕은 외부의 열에너지를 이용하여 체온을 올리는 방법이라고 할 수 있다. 정상적인 건강을 유지하고 있는 사람은 자체적으로 얻는 열로 충분히 체온을 유지하고 건강한 삶을 살 수 있지만, 허약한 사람이나 병이 있는 사람은 체온이 떨어져 있는 경우가 많아 열을 외부에서 공급해서라도 건강을 회복하는 길을 선택해야 하는 수가 있다.

어떤 환자는 온천에 몇 달간 기거하면서 온천욕을 하였더니 질병이 나았다는 텔레비전 방송을 본 적이 있다. 체온을 높이면 혈액 순환이 좋아지고 각종 노폐물과 독성 물질이 잘 제거되며 온몸의 세포들이 정상 활동을 할 수 있는 여건이 조성되면서 몸이 점차 회복되는 과정을 거친다고 볼 수 있다.

또한 체온이 올라가면 면역력이 높이 올라가서 몸의 회복을 도와주므로 자체적으로 열을 충분히 생산하지 못하는 환자들에게 많은 도움이 될 수 있다. 어쨌든 우리 몸의 체온을 높여주면 화학 반응 속도가 빨라지는 효과를 바탕으로 각 세포의 정상화를 앞당길 수 있다. 집에서는 욕조에 따뜻한 물을 담아 몸을 담그면서 체온을 높이는 방법이 있을 수 있다. 체온을 높일 수 있는 반신욕도 좋고 족욕도 좋다.

우리 몸의 암세포는 35℃ 이하의 저체온에서 잘 증식한다고 한다. 우리 몸에서 체온이 높은 심장, 비장 그리고 소장에서는 암이 발생하지 않는다고 한다. 체온이 낮아지면 미토콘드리아가 산화 반응을 일으키기 어렵게 되고 그에 따라 정상 세포들이 생존하기 어려운 가운데 저체온 상태에서 에너지를 잘 생성하는 암세포들이 정상 세포 자리를 차지하게 된다는 이론도 있다.

미토콘드리아가 잘 살 수 있는 환경을 만들어 주면 암세포는 사라지고 다시 그 자리에 정상 세포가 생성된다는 이론을 제시하기도 한다. 미토콘드리아는 따뜻하고 산소가 충분히 공급되는 환경에서 잘 생존할 수 있다고 한다. 이러하니 우리가 건강을 생각한다면 미토콘드리아가 잘 살 수 있는 따뜻한 체온 조건을 만들어 주려는 노력을 기울여야 한다.

6) 음식물을 통한 열에너지 보충

마지막으로 체온을 올릴 수 있는 방법에는 음식물 섭취를 통한 것이 있다. 따뜻한 차를 마신다거나 따뜻한 물을 마심으로써 열을 보충하는 효과를 얻을 수 있다. 가능하면 음식을 먹을 때도 따뜻하게 해서 먹는 등 평소 생활 태도를 되돌아보는 것이 필요하다. 저체온의 사람들이 차가운 음료나 차가운 음식을 먹는 행위는 소화 장애를 일으킬 수도 있고 체온에도 부정적이라고 할 수 있다. 특히 환자들은 더더욱 신경 써야 할 부분으로 항상 따뜻한 음식물을 섭취하도록 노력해야 한다. 현대에 들어와 냉장 문화가 발달하면서 많은 것을 냉각해서 먹는 습관이 있는데, 저체온(냉증) 사람들은 이런 부분을 신경 쓰면서 가능하면 따뜻하게 해서 먹는 습관을 들이도록 하자.

이런저런 건강 서적에 나와 있는, 우리 몸을 따뜻하게 하는 음식물을 섭취하는 것도 크게 도움이 된다. 예컨대 생강, 마늘 등을 먹는 것도 좋은 방법 중 하나이다.

제 5 장

음식물

01

음식물의 기능

　건강에서 음식물은 대단히 중요하고도 중요하게 취급된다. 우리 인간은 식물과 동물로부터 영양분과 영양소를 취하여 생명을 영위하고 있다. 3대 영양소는 탄수화물, 지방, 단백질을 이르고, 여기에 비타민과 미네랄을 추가하여 5대 영양소로 구분한다. 일찍이 히포크라테스는 "내가 먹는 것이 나다."라는 이야기를 남겼다. 기원전 4세기에 태어난 데모크리토스는 식물(포도 등)을 먹으면 포도 안의 원자들이 우리 몸을 이루는 원자로 재구성되고, 우리 몸은 다시 원자로 흩어져 다른 생명체들에 들어가게 되는 순환의 고리에 있다는 원자론을 역설하기도 하였다. 그래서 데모크리토스는 우리는 죽는 것이 아니라 원자로 계속 순환하는 것일 뿐이라는 철학을 가지고 있었다.

우리가 먹는 음식물은 크게 두 가지 기능이 있다. 하나는 에너지 측면이고 다른 하나는 우리 몸에서 필요한 물질들을 합성하는 데 필요한 재료 물질의 기능이다. 에너지 생산에서 포도당을 포함하여 지방과 아미노산의 에너지 생성 화학 반응식을 살펴보자. 먼저 미토콘드리아에서 산소와 만나 이산화탄소와 물을 내놓으면서 생체 에너지인 ATP(화학 에너지, 제4장 온도에서 에너지를 설명한 부분)와 열에너지를 생성하게 된다.

식물은 엽록소에서 빛에너지(운동 에너지)를 이산화탄소와 물을 이용하여 포도당 형태의 화학적 위치 에너지(화학 에너지)로 저장해 놓는 광합성 반응을 하고, 동물은 미토콘드리아에서 호흡 반응을 통해 포도당을 산소로 산화하여 이산화탄소와 물로 전환하면서 생체 에너지 ATP(화학 에너지)와 열에너지를 생성하여 생명을 유지할 수 있게 한다.

엽록소(광합성 반응): $6CO_2+6H_2O+$빛 에너지 $\rightarrow 6C_6H_{12}O_6+6O_2$

미토콘드리아(호흡 반응): $6C_6H_{12}O_6+6O_2 \rightarrow 6CO_2+6H_2O+38ATP(40\%)+$열에너지$(60\%)$

에너지 측면에서 보면 탄수화물의 포도당을 이용하는 것이 간에 부담도 덜 주고 효율성이 높다고 볼 수 있다. 그다음으로 지방이 에너지로 쓰이는 것이 좋을 것으로 보이고, 최후에 에너지로 쓰이는 아미노산은 부산물로 생기는 암모니아를 유레아 등으로 전화하는 과정이 필요하고, 독성이 다소 있으므로 피할 수 있다면 피하는 것이 좋을 것으로 보인다.

아미노산을 에너지로 사용하는 경우 분지 아미노산은 바로 세포에서 사용이 가능하지만 방향족 아미노산은 간에서 포도당으로 전환해야 사용이 가능해진다. 이때 아미노산을 에너지원으로 사용하고 나면 반드시 독성 물질인 암모니아가 생성되기 때문에 간에서 오니틴 사이클을 통해 암모니아를 유레아로 전환하지만, 이 유레아에도 독성이 있으므로 가능하면 수분을 충분히 섭취하여 우리 몸에서 빨리 배출하는 것이 좋다.

어쩔 수 없이 에너지를 섭취할 방법이 고기밖에 없어서 단백질 이외에는 에너지 섭취 수단이 없을 경우에는 고기 단백질만을 먹어야겠지만 그렇지 않다면 탄수화물을 통한 에너지 섭취가 물질적 측면에서 훨씬 좋다고 할 수 있겠다.

우리 몸에서도 에너지원으로 사용하는 순서가 포도당, 지방, 아미노산인 것을 보면 이미 DNA는 그 순서를 정해놓고 있는 것이므로 자연의 이치에 따라 사는 것이 순리이지 않겠는가? 이런 순서를 간접적으로 알 수 있는 방법은 다음과 같다. 우리가 음식물을 섭취하지 않으면 먼저 포도당이 쓰이고, 그다음 지방이 쓰이며, 마지막에는 근육에 있는 단백질을 풀어 아미노산이 에너지원으로 쓰인다. 이렇게 되는 경우, 피골이 상접하게 된다고 한다. 하지만 근육도 풀어 쓰는 순서가 있는 것 같다. 왜냐하면 심장이나 신장, 폐 등의 근육이 죽을 때까지 남아 있는 것을 보면 모든 것이 어떤 질서에 따라 정확히 움직이는 것을 알 수 있기 때문이다.

음식물의 두 번째 기능은 우리 몸에 필요한 물질을 합성하는 데 필요한 재료 물질이다. 앞에서 언급했듯이 우리 몸을 구성하는 물질은 물이 66%, 단백질이 19%, 지방이 13%(뇌는 60%가 지방), 탄수화물이 0.6%이다. 탄수화물이 이렇게 적은 것은 대부분의 포도당이 에너지원으로 쓰이고 우리 몸을 구성하는 재료 물질로 거의 쓰이지 않기 때문이다.

그러나 아미노산은 근육이나 기관, 효소, 호르몬 등을 이루는 중요한 재료 물질로 쓰인다. 그래서 이렇게 중요한 재료 물질인 아미노산이 에너지원으로 쓰여서는 안 되기에 포도당이나 지방이 없을 때 마지막으로 근육 등의 단백질을 풀어 얻은 아미노산을 에너지원으로 사용한다. 우리가 식품을 섭취하여 얻는 아미노산은 혈액 중에서 중요한 단백질을 만드는 데 이용하는 에너지원으로 사용되지 않는다. 다시 말해 식물이나 곡물 등에서 얻을 수 있는 아미노산만 있어도 우리 몸에 필요한 단백질을 합성하는 데 그리 어렵지 않다는 계산이 나온다. 실제로 코끼리나 소, 말, 고릴라 등을 보면 식물만을 먹는데도 근육이 대단히 많지 않은가? 고기에서만 단백질을 얻어야 한다는 발상은 좀 과장된 것이 아닌가 여겨지는 대목이다.

에너지원으로서 단백질이 아니라 물질 재료로서 아미노산이라면 평소에 식물성 콩류나 다른 다양한 음식물로 충분히 공급될 수 있기 때문에 지나치게 염려하지 않아도 될 것이다. 좀 더 적극적으로 대응한다고 해도 고기를 15% 이상 섭취하지 않는 것이 건강에 이롭다고 한다.

위, 소장, 대장의 소화 작용과 면역력

　음식물의 소화는 입에서 씹는 과정에서 시작되며, 씹는 동안에 아밀라아제가 나오면서 탄수화물 분해가 일어나고 엿당이 생기기도 한다. 좀 더 오래 씹으면 단맛을 느끼는 이유는 바로 엿당이 얻어지기 때문이다. 가능하면 입안에서 씹는 횟수가 많을수록 소화가 잘 되기 때문에 다작(많이 씹음) 활동이 중요하다. 입안에서 씹는 횟수가 증가할수록 음식물의 크기가 작아져 위에 들어갔을 때 위의 부담이 훨씬 줄어들면서 소화 효과를 극대화할 수 있다. 그리고 입안에서 오래 씹고 있는 동안에 음식물이 위에 들어가는 것을 사전에 뇌에 전달하여 미리 소화 효소 등을 준비하도록 다른 장기에 알리는 효과도 생긴다고 한다.

　위에 들어온 음식물은 위의 기계적 운동에 의해 죽처럼 부서지고, 펩신이라는 효소에 의해서 단백질 분해가 일어나기 시작한다. 위에서 충분히 잘게 부서져 죽 상태가 된 음식물은 서서히 아래로 내려가면서 십이지장에서 중화되고 또한 아밀라아제, 펩타아제, 리파아제들의 소화 효소들이 들어온다. 소장에서 탄수화물은 포도당으로, 단백질은 아미노산으로, 지방은 지방산으로 분해된 다음 물에 녹아 소장의 융털돌기에서 흡수된다.

포도당과 아미노산은 혈관으로, 지방산은 림프관으로 흡수되어 문맥을 통해 간으로 이동한다. 결국 소장에서 천천히 포도당, 아미노산, 지방산으로 흡수되는 과정을 거치는 것이 일반적인 3대 영양소의 생성 메커니즘이다. 소장에 존재하는 융털돌기의 표면적을 모두 합쳐 쫙 펼치면 테니스 코트만 한 넓이가 된다고 한다. 표면적으로 따지면 우리 몸 피부 면적보다 약 200배 넓은 면적이다. 그래도 피부는 외부와 접촉하고 있어도 세균이나 바이러스 등을 방어할 수 있을 정도로 단단하게 되어 있다.

하지만 코 점막, 식도 점막 그리고 장 점막은 매우 얇은 막으로 외부 세계에 노출되어 있는 기관으로 세균이나 바이러스 등에 약하다. 이 점막에 많은 면역 세포가 분포하며 적을 방어하는 역할을 하는데, 우리 몸 전체의 70퍼센트 정도의 면역력을 차지한다고 한다. 외부와 직접 접촉하는 면적으로 보면 장의 점막이 전체의 70~80퍼센트를 차지하고, 나머지 피부나 코 점막, 후두 그리고 허파 세포들이 직접 외부와 접촉하는 부분이다. 이 부분은 우선 세균이나 바이러스, 독성 물질들을 만나기 때문에 이들을 제거하는 면역 작용이 대단히 중요하다. 이 부위에서 적을 막지 못하면 우리 몸은 뚫리게 되고 감기나 각종 질병에 걸리게 된다.

이렇게 장막은 소화시킨 영양소를 흡수하는 일부터 세균이나 바이러스 등을 이겨내야 하는 면역력의 최전선에 있으므로 장막이 건강하지 않으면 소화 흡수력뿐만 아니라 면역력에도 크게 영향을 미쳐 장 관련 질환이 생길 수 있다. 특히 장이 헐어 틈새가 생기는 경우에는 더욱 심각한 문제가 발생한다.

미처 소화되지 못한 미세한 음식물 덩어리들과 세균, 바이러스, 독성 물질들이 마구 혈액 속으로 흘러들어가 백혈구들이 이들을 처리하는 데 힘이 부치면서 긱종 질빙이 일어나는, 이른바 장 누수 증후군(장 점막이 뚫린 상태)이라는 증상을 일으키기도 한다. 그러므로 장의 점막을 잘 유지할 수 있도록 세심한 주의를 기울이면서 생활해야 한다. 장이 무너지면 그 어떤 것도 이겨낼 수 없다는 점을 인식하고 장을 좋은 상태로 만들려고 노력해야 한다.

계란 알레르기로부터 해방

나는 어떤 이유에서인지 장 문제 때문에 10살 때부터 20살 때까지 무려 10여 년 동안 고생하였고 그 이후에도 이 문제로 고생하면서 살아왔다. 설사를 자주 하였으며, 특히 과민성 대장 증상은 나를 더욱 괴롭혔다. 장의 점막은 관찰할 수 없었으나 코의 점막이 항상 헐어 있었고, 코딱지가 너무 크게 생겨 두 코로 숨 쉬는 것이 거의 곤란해서 자주 입으로 숨을 쉬며 살아왔다. 코로 제대로 숨을 쉬지 못하면서 살아온 사람으로서, 이런 것을 경험하지 못한 사람들은 이해하지 못할 고통을 겪으며 나날을 보냈다. 어떤 때는 코로 물을 들이마시고 코딱지를 불린 후 전체를 제거하고 나면 점막이 헐어서 점막이 따가운 느낌을 받았으며, 일정한 시간이 지나면 다시 코가 막히는 과정이 반복되는 일상을 보냈다.

그러던 중 의사 신야 히로미가 쓴 『병 안 걸리고 오래 사는 법』이라는 책을 중학교 때 친구 김대용이 동창 모임에서 추천해 주었는데, 그 책에 장의 건강을 위해서 지켜야 할 생활 습관을 알려주는 내용이 있었다. 대부분 장이 안 좋은 사람들은 계란과 우유를 먹는 경우가 많은데, 계란과 우유를 먹지 않고 채소나 과일을 먹게 한 후 내시경으로 장을 관찰하였더니 그렇게 좋지 않았던 장이 점점 좋아지다가 나중에는 아주 깨끗한 장으로 변하는 것을 무수히 관찰하였다고 한다. 이것은 저자 본인이 40만 명 이상의 사람의 장을 내시경으로 보고 관찰한 산 경험을 바탕으로 한 것이어서 장의 개선 빙법으로 자신하고 있었다.

신야 히로미는 현대인들이 의외로 우유와 계란을 자신의 의도와 관계없이 너무 자주 접하게 되어 있어서, 그로 인해 장 점막이 손상되는 사람들이 많다고 주장한다. 나는 원래 우유를 소화시키지 못하기 때문에 우유는 전혀 먹지 않고 있었다. 그렇다면 밑지는 셈 치고 한번 건강 실험을 해보기로 하고, 2016년 2월에 계란은 물론 그와 관련된 제품을 전혀 먹지 않기로 마음먹고 약 2개월 동안 생활하였다.

그 결과 코가 뻥 뚫리고 코 점막이 완전히 회복되어 깨끗해진 상태를 거울을 보고 확인하였다. 코가 뻥 뚫리고 코로 온전히 숨을 깊게 쉬게 되니 그야말로 그 기쁨은 이루 헤아릴 수 없었다. 평소에 코로 자유롭게 숨을 쉬는 사람들은 그 기분을 이해할 수 없을 것이다. 나는 너무나 행복했다. 여태까지 그 계란 하나 때문에 그 오랜 세월 동안 고생하며 살아 왔다는 것이 한편으로 억울하기도 하였다.

누구 하나 알려주는 이 없고 나도 알 길이 없어 고생하며 살아왔다는 것이 참으로 한심스러웠으나 이미 지난 일은 어쩔 수 없는 것이었다. 지금부터라도 완전히 계란을 끊고 다른 단백질 공급원으로 대체하면 되는 것이라고 위안하면서, 그 이후로 계란에 전혀 손을 대지 않고 살고 있다.

사람마다 알레르기를 일으키는 식품(우유, 계란, 고등어, 복숭아, 밀가루 등)이 있는데 나에게는 계란 알레르기가 있었던 것으로 보인다. 그런데 신기한 것은 먹을 때는 계란이 맛있고 계란찜도 매우 맛있어서 많이 먹었고, 식사 후에도 아무런 증상이 없이 소화도 되는 것 같아서 계란 알레르기가 있다는 생각을 전혀 하지 못했다.

건강 서적을 읽다 보니 이런 설명이 있었다. 알레르기 증상도 급성이 있고 지체성이 있는데 지체성 알레르기는 감지하기가 꽤 어렵다고 한다. 여기에 따르면 나는 지체성 계란 알레르기 현상에 해당할 것이다. 나는 중학교 때 친구 김대용이라는 은인을 만나 책을 소개받은 뒤에 그 책을 읽고 전혀 모르고 생활해오던 계란 알레르기 증상을 알게 되어 매우 고맙게 생각한다. 지면으로 다시 한번 감사한 마음을 전하고 싶다.

나는 코 점막이 말끔히 회복된 것을 계기로 코로 숨쉬기가 편해지면서 일상생활에서 더없는 즐거움을 느끼며 행복했다. 그러면서 한 가지 궁금한 점이 생겼다. 만약 코 점막이 좋아졌다면 다른 점막들도 더불어 좋아지지 않을까 하고 생각했다. 그래서 2017년에 2년마다 한 번씩 하는 직장 건강 검진 때 위 내시경 검사를 받고 난 후 마지막 단계에 의사 선생님에게 부탁해서 2015년의 위 내시경 검사 사진과 비교해서 어떤 차이가 있는지 살펴봐달라고 부탁했다.

의사 선생님이 두 사진을 비교해보더니 2017년의 위 내시경 사진이 더 깨끗하다고 말씀해주셨다. 내 예상대로 코 점막뿐 아니라 보이지 않는 장의 점막도 개선되고 좋아진 것을 직접 확인하였다. 그렇다. 코 점막과 내 몸 안에 있는 점막들이 서로 관련되어 있을 것이라고 예상한 것의 결과였다. 우스운 얘기지만 2018년에 유해성 농약과 관련하여 계란 문제가 일어난 적이 있었는데, 그때 다른 사람들이 계란을 먹지 않는 나에게 좋겠다고 농담을 한 적이 있었다. 사실 계란을 먹는 것은 즐겁지만 알레르기 현상 때문에 내 몸에 좋지 않은 영향을 미치므로 참고 먹지 않았을 뿐이다.

많은 사람들은 계란을 먹어도 아무 문제가 없을 것이다. 한 사람이 알레르기가 있다고 해서 다른 사람들도 모두 그런 것은 아니지만, 혹시 건강이 좋지 않은 사람들은 하나하나 점검해 나간다고 여기고 직접 약 2~3개월 건강 실험을 해보면 그 결과를 바탕으로 건강에 문제가 있는지 여부를 판단할 수 있을 것이다. 이것은 각자 다른 문제이기 때문에 누구와 비교하는 일은 있을 수 없다. 자신의 건강을 스스로 확인하고 챙겨보는 실험 정신을 가져야 자신의 건강을 지킬 수 있다. 나는 많은 사람들 특히 건강이 좋지 않은 사람들은 직접 알레르기 관련 건강 실험을 해보도록 권하고 싶다.

제3장에서 빛에 관하여 다루면서, 낮에는 뇌에서 트립토판으로부터 세로토닌을 만들고 밤에는 세로토닌으로부터 멜라토닌을 만든다고 하였다. 뇌에서 만들어지는 세로토닌은 행복 호르몬으로 불리는데, 이것은 뇌에서 각종 호르몬의 조화와 균형을 이루어 평온함과 행복감으로 이끄는 역할을 하는 오케스트라의 지휘자와 같다.

뇌에서 생성되는 세로토닌은 뇌 밖으로 나오지 못하고 뇌 안에서만 작용하고 사라지는 물질이다. 장은 척수나 신경계보다 더 많은 1억 개의 신경을 갖고 있어 신체의 두 번째 뇌라고도 한다. 소화기 계통은 놀랍게도 뇌만큼이나 많은 신경 전달 물질을 생성한다. 세로토닌이 뇌에서 만들어지는 양은 전체 5~10퍼센트밖에 되지 않고 90~95퍼센트는 소장에서 만들어지며 장에서 중요한 역할을 한다. 장이 편안함을 느끼는 것은 이 세로토닌에 의한 것으로, 장이 좋지 않으면 불편하고 불쾌한 느낌을 갖게 되는 것이다. 장이 좋으면 편안하고 행복감을 느끼는 것도 이 세로토닌의 작용이라고 할 수 있다.

대장은 장 중에서 대장이어서 붙여진 이름인가? 하여튼 대장은 우리 장 중에서 아주 중요한 역할을 하며, 대장이 좋지 않고서는 건강을 이야기하기 힘들 정도이다. 장의 미생물 종류는 400여 개이며, 100조 마리가 넘는 엄청난 숫자의 미생물(세균)이 우리 몸과 공생 관계를 맺으며 살고 있다. 이들에게 우리는 음식물을 섭취하여 먹이를 공급하고, 이들 미생물은 우리에게 유익한 일을 해준다. 대장에 미생물이 없다면 우리는 생존할 수 없고 우리가 없으면 대장에 있는 미생물들은 모두 죽고 만다.

우리에게 해를 끼치는 미생물을 유해균이라고 부르고, 우리에게 도움을 주는 미생물을 유익균(유산균)이라고 부른다. 대표적인 유익균에는 비피더스균, 락토바실루스균이 있고, 유해균에는 클로스트리듐, 푸소박테리움, 포도상구균, 엔테로박터균이 있으며, 중간균에는 박테로이드와 유박테리움이 있다. 유익균, 유해균, 중간균의 비율이 25:15:60 정도일 때 가장 좋은 미생물(세균) 분포라고 한다.

갓난아기가 태어날 때 장에는 100퍼센트 비피더스균으로만 이루어져 있고 젖을 먹는 동안에도 그 비율을 유지하다가 이유식 때부터 다른 세균들이 들어오게 되고 종류가 다양하게 늘어나게 된다고 한다. 그래서 비피더스 유산균만 있을 때 아기의 똥은 황금색을 띠며 냄새도 상큼하며 심하지 않다고 한다. 그런데 점점 나이가 들어가면서 유해균들이 늘어남에 따라 대변의 냄새가 지독해지기도 한다. 대장의 세균 상태를 검사해보지 않고 간단하게 대변의 색만 보고도 대장의 균총이 정상인지 아닌지를 대략 판단할 수 있다. 황금색, 노란색을 많이 띠면 대장의 상태가 좋은 것이고 거무튀튀한 색깔에 냄새가 심하면 대장의 상태가 안 좋은 것이다. 유해균 중에서 클로스트리듐은 설사와 장염을 일으키고, 엔테로코커스균은 비만을 일으키는 주범으로 알려져 있다. 대장에 유산균이 많으면 대장에서 단쇄 지방산(아세트산, 프로피온산, 뷰티르산)을 생성하여 장막을 튼튼히 하는 작용을 하며, 이들 산이 유해균의 증식을 억제함으로써 유산균이 서식할 수 있는 좋은 환경을 제공한다.

반면에 우리가 평소 고기를 많이 먹고 스트레스를 받으며 술과 담배를 피우는 등의 좋지 않은 생활 습관을 가지고 있으면 점차 대장의 세균층에서 유해균이 더욱 기승을 부리고 대장 상태는 악화된다.

특히 인체에 해로운 유해균들(대장균, 식중독균, 포도상구균 등)이 장내 부패를 촉진하여 암모니아, 황화수소, 메틸메캅탄 및 아민과 같은 여러 독성 물질을 만들어 낸다. 특히 이 유해균들은 단 것과 단백질을 좋아하여, 동물성 단백질 섭취가 많아질수록 장내 환경은 유해균들의 증식을 도와 암모니아 등의 독성 물질을 생산하여 장을 유산균들이 살기 어려운 열악한 염기성 장 상태로 만들어서 유해균들이 더 증가하는 악순환이 이어지고, 결국 여러 질병에 걸리게 만든다.

장내에서 질병을 일으킬 뿐만 아니라 장내에서 생성된 발암 물질과 여러 독성 물질이 장에서 흡수되어 혈액과 림프액을 타고 전신을 돌며 각종 염증을 만들어 다양한 질병의 원인을 제공할 수 있다. 이렇게 장에서 흡수된 독성 물질은 화학 공장이라 불리는 간에서 해독 작용을 하게 되므로 간에 많은 부담을 주게 되어 간에 이상을 일으킬 수도 있다.

간뿐만 아니라 그 외의 각종 염증과 관련된 질병의 원인도 대부분 우리 몸 안의 장에서 생성되는 독성 물질들에 있으므로, 우선적으로 화학 반응이 일어나는 장의 환경을 잘 관찰하고 좋은 상태로 유지하고 관리하려는 노력이 요구된다. 결국 우리를 움직이고 구성하는 모든 물질의 흐름을 처음부터 마지막까지 관찰하고 어디에 문제점이 있는지 파악하고자 노력하는 자세가 요구된다. 이에 각 개인이 자신의 몸에 관심을 가지고 평소 관찰하고 관리하려는 의지가 필요하다.

장의 건강을 위하여 우리는 무슨 노력을 하고 있는가? 장이 우리를 살리고 죽일 수도 있다는 사실을 인정한다면 간과하기 힘든 질문일 것이다. 무심코 지내는 동안에 장이 망가지고 건강이 안 좋아졌다면 심각하게 되돌아보아야 할 것이다.

개인적으로 장에 대한 경험이 있어서 장은 더욱 관심이 많이 가는 장기이다. 장내 세균의 균형이 깨져서 초등학교 3학년 여름방학 이후부터 대학교 1학년 7월경까지 약 9년이라는 상당히 오랜 세월 동안 허약한 체질로 보낸 일을 생각하면 안타까움이 많이 남는다. 장에 문제가 있다는 이야기를 듣고 해결책으로 유산균을 집중적으로 3개월 동안 복용한 결과 체중이 57킬로그램에서 60킬로그램 정도로 돌아와 비교적 좋은 건강 상태와 한결 좋아진 몸으로 지낼 수 있게 되었다.

신경성 위염 극복

두 번째 경험은 내가 대학원에서 박사 과정을 밟을 때(1988년) 정신적 스트레스를 받아 신경성 위염이 생기는 바람에 배에 가스가 차서 소화가 잘 안 되는 증상을 겪은 일이다. 그 당시 식후에 배에 가스가 차서 안압이 올라가고 매우 피곤해지는 것을 느꼈을 때 병원에서 처방받은 약을 복용하면 곧바로 잠이 오고 약 30분간 수면을 취하게 되었다. 30분 후에 일어나면 배에서 가스가 없어지고 소화가 되어 있는 것을 느꼈다.

그렇게 약 6개월간 약을 복용했을 때, 경희대학교 대학병원 내과 의사 선생님이 진료를 하면서 나에게 아주 의미 있는 말을 하였다. 약을 평생 죽을 때까지 계속 먹든지 마음을 고쳐먹든지 둘 중 하나를 선택하라고. 의료 보험에 따라 당시 약은 항상 2주일분을 타게 되었는데, 2주일이 지나고 약이 떨어진 상황에서 의사 선생님의 말을 떠올리며 더는 병원에 가지 않고 신경성 위염을 해결할 수 있는 방법은 무엇일까 많이 생각해 보았다. 과연 해결책이 무엇일까? 막연하기만 할 뿐 그 방법을 알 길이 없었다. 앉아서 생각하고 또 해봤다. 그것이 무엇이든 마음으로 문제를 풀 길을 찾아야 한다고 여기고 일단 한 가지 방법을 실행해보기로 하였다.

그 방법이란 거창한 것이 아니고 아주 간단한 것이었다. 일단 자리에 앉아서 눈을 감고 머릿속으로 지나간 기억들 중에서 즐거웠던 추억들을 계속 떠올려 보는 것이었다. 처음에는 어린 시절에 친구들과 놀던 여러 장면을 떠올리며 추억에 잠겼고, 그다음에는 우리 어머니께서 자상하게 챙겨주시던 좋았던 기억들을 떠올리며 시간을 보냈다. 10여 분이 지났을까. 배에서 가스가 빠져 나가고 마음이 무척 편안해지면서 소화도 되는 것을 느꼈다. 무척 놀라운 경험이었다.

그때는 이런 현상을 어떻게 설명할 수 없었다. 도대체 이런 현상이 왜 일어나는지 도무지 알 길이 없었다. 어쨌든 배에서 가스가 없어지고 소화가 된다면 약을 먹지 않고도 문제가 해결된다고 생각되어서 내 나름으로 해답을 찾은 것 같았다. 이후에 배에 가스가 차는 느낌이 들면 시간 나는 대로 의자에 앉아 여러 추억을 떠올리며 마음을 편안하게 유지했다. 이러한 과정을 상당 기간 반복한 결과 스트레스로 배에 가스가 차는 일이 더는 일어나지 않았고 소화 문제도 생기지 않게 되었다.

나중에 건강 관련 공부를 하다가 자율 신경이 소화에 영향을 미친다는 사실을 알게 되었다. 곧, 자율 신경도 우리의 의식을 통해서 조절이 가능하다는 것이다. 보통 위는 자율 신경의 지배하에 있어 우리가 의식적으로 조절하는 것이 불가능한 것으로 알고 있다. 운동신경은 우리가 조절할 수 있지만 자율 신경은 우리의 생각과 무관하게 움직인다고 한다. 우리의 마음이 불안하거나 스트레스를 받으면 교감 신경 우위의 상황이 전개되고 소화 기관은 일시적으로 활동이 멈추게 되어 위장이 움직이지 않고 멈추는 현상(소화 불능)이 일어난다.

그러면 위에 있는 음식물이 정체되고 부패되면서 배에 가스가 생겨 가스가 차는 증상이 나타난다. 이러한 증상을 극복하는 길은 우리의 생각을 긍정적으로 바꾸고 스트레스를 만들지 않는 생활 습관을 기르는 것이다. 결국 마음 조절(마인드 컨트롤)을 통해 우리 몸의 자율 신경을 교감 신경 우위에서 부교감 신경 우위로 전환하는 것이 가능하다는 사실을 믿고 마음을 평화롭게 유지하려는 노력을 기울일 필요가 있다.

마지막으로 많은 사람이 관심을 갖는 대장의 환경을 개선하는 방법을 살펴보자. 좀 더 나은 장 환경 개선 방법은 크게 2가지로 분류할 수 있다. 하나는 외부에서 유산균(유익균)을 넣어주는 방법(프로바이오틱스)이고, 다른 하나는 유산균의 먹이를 공급하여 유산균의 증식을 도와주는 방법(프리바이오틱스)이다. 나는 개인적으로 프리바이오틱스 방법이 더 바람직하다고 생각하므로 이 방법을 여러분에게 추천하고 싶다.

① 프로바이오틱스(유산균 복용)

프로바이오틱스는 외부로부터 유산균을 대장까지 도달하게 하여 유산균 수를 증가시키는 방법이다. 200억 마리의 유산균제를 먹고 난 후 그것이 모두 살아서 대장에 도달한다면 그것은 전체 100조 마리의 세균 중 0.2퍼센트에 해당하는 숫자이다. 이런 식으로 매일 빠뜨리지 않고 20일 정도 먹으면 4퍼센트 정도 증가하는 셈이다. 200억 마리의 유산균제를 실제로 먹어도 모두 대장에 무사히 도달하기는 쉽지 않을뿐더러 유산균의 비율을 획기적으로 올리는 것에도 많은 어려움이 따를 수 있다.

만일 식습관을 바꾸지 않고 유산균제만 먹는다면 그 효과는 장담하기가 힘들기 때문이다. 유산균의 비율이 내려간 것은 유산균의 먹이가 부족하거나 유산균이 살기에 부적합한 환경을 제공했기 때문이므로, 환경을 변화시키지 않고 유산균만 넣는다고 해서 문제가 해결되는 것은 아니다. 그래도 아예 안 먹는 것보다는 낫기에 대장의 세균 균형이 좋지 않다면 일단 급한 대로 손을 쓰는 것도 필요하다. 그래서 지원군을 보내 대장 내 유해균들을 물리치고 유산균의 비율을 늘리려고 시도하는 것은 의미가 있다고 생각한다.

나도 대학교 1학년 때 유산균을 복용하고 장이 좋아져서 건강이 한결 나아진 경험이 있다. 그래서 몸이 말랐거나 건강이 좋아 보이지 않는 학생이 있으면 유산균 복용을 권한다. 실제로 유산균을 복용하고 몸무게가 늘어나 건강을 회복한 학생들이 있다. 일단 건강이 좋지 않으면 장에 문제가 있어서 그럴 수 있으므로 장 건강을 위해 프로바이오틱스를 복용하는 방법도 매우 좋다.

② 프리바이오틱스(유산균 먹이 공급)

나는 근본적인 해결책으로 유산균을 증식할 수 있는 프리바이오틱스가 더 중요하다고 생각한다. 충남대학교 화학과 이계호 명예 교수가 건강 관련 활동을 열정적이고 적극적으로 펼치는 모습을 보면 존경스럽다. 특히 지나치게 육식 위주의 단백질 식사에서 발생하는 문제점을 지적하면서 '태초 먹거리'에 중심을 둔 식사를 해야 건강을 회복할 수 있다고 하였다. 오한진 박사가 쓴 『면역 파워』라는 책을 읽다가 유산균 1마리는 먹이만 잘 공급하면 하루 만에도 200억 배로 증식된다는 내용을 보고 마음에 깊이 새겼다. 정말 1마리가 하루 만에 200억 배로 증식되는 것이 가능할까? 의문이 들긴 했지만 사실 자체보다도 그만큼 유산균 증식이 빠르게 일어난다면 대장에 살아있는 유산균을 잘 활용하는 것이 현명한 방법이겠구나 하는 생각이 들었다. 이 책에 따르면 유산균을 증식하는 방법으로 프리바이오틱스를 사용한다고 하며, 유산균이 먹는 먹이는 탄수화물이나 단백질, 지방이 아니고 올리고당과 식이섬유라고 한다.

현대인들이 좋아하는 설탕이나 기름기 있는 고기가 아니라 채소나 과일 속에 많이 들어 있는 올리고당이나 식이섬유가 유산균이 좋아하는 먹이다. 그러니 유산균 증식을 위해서는 현대인들이 몸에 밴 식습관을 전면적으로 재고하고 아주 옛날 식습관(채소나 과일 등)으로 돌아가야 한다. 올리고당은 유산균이 좋아하는 먹이로 어떤 음식물에 많이 들어 있을까? 양파, 마늘, 브로콜리에 들어 있다고 하는 문헌을 보았다. 그 중 생양파는 매운맛이 나지만 익히면 단맛이 난다. 바로 이 단맛이 프락토올리고당(이 눌린)으로 양파에 많이 들어 있다. 마늘도 익히면 약간 단맛이 나는 것은 올리고당이 있기 때문이다.

양파와 마늘은 옛날 우리 조상 때부터 먹어왔던 먹거리로 친근감이 있는 반면에 브로콜리는 왠지 나조차도 생소하다. 콩을 발효시켜 만드는 된장에도 올리고당이 들어 있으므로 발효 식품을 먹는 것은 유산균의 먹이를 공급하는 아주 좋은 방법이다. 나는 이런 사실을 바탕으로 저녁에 양파 1개, 감자 1개, 당근 반쪽을 넣고 된장으로 간을 맞춘 다음 국을 끓여 밥과 함께 먹는 방식으로 유산균에 먹이를 공급하는 식사를 오랫동안 실천해 왔다.

아침에는 사과 1개와 두유를 먹는다. 사과에는 펙틴이라는 식이 섬유가 있어서 유산균에 도움이 된다고 생각했다. 이런 식으로 건강 실험을 해본 결과 대변도 좋아지고 장도 아주 편안해진 것을 느꼈다. 하여튼 장이 전반적으로 좋아져서 설사도 없어지고 과민성 대장 증상도 완전히 사라져 매우 기분 좋은 생활을 하고 있다.

하지만 건강 실험을 하면서 프리바이오틱스도 실천하고 물 마시기도 했는데, 두 가지 중 어느 것이 더 크게 영향을 미쳤는지 알 길이 없다. 양쪽 다 영향을 미쳤을 것으로 생각하지만 실험에서 조건을 동시에 두 가지 이상 변화시킬 경우 어느 요인이 진짜 영향을 미쳤는지 알기가 쉽지 않다. 아쉬운 점은 남지만 장이 개선된 것만은 사실이다.

독자 여러분도 건강 실험을 해보고 몸의 변화를 느껴보기 바란다. 둘 중에 하나만 변화시키고 결정적으로 어느 것이 장을 개선하는 방법인지 알게 되면 나중에 인터넷 사이트(가칭 건강 실험)를 이용하여 알려주기 바란다. 건강 실험은 아무나 할 수 있는 것이 아니다. 일단 장이 좋지 않아야 한다는 실험 조건이 있기 때문이다. 나는 장 개선 실험을 더는 할 수 없는 상황이 되어 버려 아쉬움이 남는다.

　내가 알지 못하는 음식물 중에 올리고당을 포함한 것이나 식이섬유들이 많이 있을 것이다. 나도 좀 더 공부를 할 예정이고, 그 내용을 누적하여 서로 정보를 공유하는 장을 반드시 만들고 싶다. 우리 인생은 끊임없는 연구와 도전을 하는 즐거움이 있다고 생각한다. 많은 사람들이 더욱 나아지는 건강을 목표로 세워 건강 실험에 동참하고 서로 정보를 공개하여 도움을 주고받을 수 있기를 바란다.

03

음식의 양과 질 –
양질의 양질 식사를 하자

음식은 풍미를 즐기는 우리에게 즐거움을 선사하는 중요한 선물이다. 우리 인생에 3대 즐거움(쾌식, 쾌면, 쾌변)이 있다고 한다. 이 중에서 먹는 즐거움은 어디에 내놓아도 손색이 없다. 누구나 먹는 것을 좋아하고 즐기고 싶어 한다. 인류는 각종 요리를 개발하면서 맛과 향의 깊이를 더해 왔고 그 일은 지금도 계속 진행 중이다.

요리를 어떻게 하느냐에 따라 향과 맛의 깊이가 달라지는 경험을 맛집을 가보면 할 수 있다. 미식가들은 전국을 돌아다니거나 세계 각지를 다니면서 음식의 맛과 향을 음미하여 행복을 추구하기도 한다. 주어진 재료를 가지고 다양한 요리를 만드는 요리 세계는 한편의 예술처럼 무궁무진한 모습을 보여준다.

우리나라 방송국들도 앞다투어 맛집을 찾아가 손님들과 인터뷰하며 음식을 즐기는 모습을 방송하고 있다. 모두 맛있는 음식을 먹게 되어 매우 행복하다고 말하며 그 맛집을 적극 추천하기도 한다. 그렇다. 우리가 느끼는 맛과 향은 거부할 수 없는 우리 몸의 반응이므로 믿어야 할 것이다.

왜 우리는 어떤 요리에 대하여 맛있어 하고 향기롭다고 생각하는 걸까? 우리 몸은 유전자의 생존에 도움이 되면 행복해한다는 이론이 있다. 좋은 향이 나고 맛이 있다는 것은 그러한 물질이 우리 몸에 좋은 영향을 준다는 강력한 신호로 읽힌다.

아주 먼 옛날에도 포도당을 공급할 수 있는 물질에서 단맛을 내는 것이 있으면 그것을 먹고 즐거워하였을 것이다. 소금(염화나트륨)도 우리 몸에 반드시 필요한 미네랄로 짠맛을 느끼는 것으로 우리 입맛을 당기게 한다. 그다음 주제로 산, 염기를 이야기하겠지만, 신맛(산성)과 쓴맛(염기)은 경우에 따라 우리에게 도움을 주기도 하고 위험을 주기도 하므로 그것을 구분하는 것이 중요하다.

이 네 가지 맛 이외에 새로운 맛을 추가하면 감칠맛이라는 것이 있다. 감칠맛은 아미노산을 감지하는 혀의 센서 부분에서 느낀다고 한다. 포도당도 우리 몸에 필요하지만 아미노산도 우리 몸에서 단백질을 합성하거나 항산화제 등을 합성하는 데 아주 중요한 물질로 사용된다. 요리할 때 멸치, 황태, 조개, 다시마, 콩나물 등을 넣고 끓여서 국물만 먹어도 시원한 느낌을 얻는데, 이는 물속에 아미노산이 우러나와서 그렇다.

이 아미노산 중 글루탐산모노나트륨(MSG, monosodiumglutamate)은 익히 알려져 있듯이 라면 스프에 들어 있으며, 우리 입맛을 강력하게 끌어당겨 누구나 좋아하는 라면으로 탄생하였다. MSG에 있는 글루탐산아미노산은 단백질 합성에도 쓰이지만 항산화 효소(글루타티온, 글루탐산-글라이신-시스테인 구조)에도 쓰이는 아주 중요한 원료 물질이다.

한때 미국 FDA에서 식품 금지 첨가제로 발표하면서 합성 화학조미료로 인식되었지만 다시 미국 FDA에서 MSG는 인체에 아무 문제가 되지 않는다고 발표하였다. 이런 경우 소비자의 입장에서는 혼란스러울 수밖에 없다. 많은 경우 우리 혀로 느꼈을 때 좋은 것은 우리 몸에 좋다는 것이고, 느낌이 좋지 않으면 먹지 않는 것이 바람직하다. 혀를 믿는 것보다 과학적인 것은 과학적으로 입증된 것을 신뢰하는 것이 좋다. 가끔 우리 혀가 알아내지 못하는 것도 있다는 점을 인정하고, 그동안 인류가 쌓아온 각종 자료를 신뢰하며 살아가는 지혜가 필요하다.

음식의 질을 평가하는 데 혀는 아주 중요한 역할을 하며, 코는 후각으로 음식의 질을 평가하는 역할을 한다. 단맛은 당을, 감칠맛은 아미노산을, 짠맛은 소금을, 쓴맛과 신맛은 위험(뒤에 산과 염기 부분에서 다룸)을 알려주는데, 우리에게 아주 중요한 지방은 코에서 고소한 냄새로 인식한다. 그리고 코에서 나는 비릿한 냄새는 음식이 상한 경우에 날 가능성이 높으므로 기분을 언짢게 하여 먹기를 꺼리게 한다.

지금까지 음식의 질, 즉 맛과 향에 대하여 알아보았다. 혀와 코에서 느끼는 좋은 감정은 우리가 먹는 물질이 우리 몸에 도움이 된다는 사실을 알려주는 강력한 신호이다. 그러므로 맛있는 음식은 우리 몸을 위해서 먹어주어야 한다. 음식의 질은 혀와 코에서 판단하지만 혀와 코는 양을 계산하지 못하는 단점이 있다. 현대인들은 먹을거리가 넘쳐나고 언제든 맛있는 음식을 즐기려면 즐길 수 있게 되었다. 그에 따라 행복해지기는 했으나 문제가 발생하기도 하였다. 바로 과식하는 습관이 생겼다는 것이다.

양을 통제하지 못하고 과식함으로써 많은 사람이 비만해지고 그에 따른 후유증으로 대사 질환에 걸리며, 좀 더 심해지면 고혈압, 당뇨병, 심혈관계 질환, 뇌졸중으로 발전하여 최악의 경우 암까지 발생한다. 이것은 음식의 양을 조절하지 못함으로써 벌어지는 일들이다. 몸에서 스스로 잘 통제하는 사람들은 정상 체중을 유지하며 건강하게 살 수 있지만 그렇지 못하는 경우에는 섭취하는 음식의 양을 스스로 알아서 조절해야만 문제를 해결할 수 있다.

결국 비만의 해결책은 자신이 의지를 가지고 에너지를 생성하는 음식물의 양을 줄이고 운동을 하는 것이 최선이다. 질과 양은 동시에 고려하여야 하는 것이지 어느 하나만 강조하는 것은 우매한 일이다.

나는 이런 농담을 만들어 학생들에게 하고는 한다. '좋은 소식 나쁜 과식', '양질(좋은)의 양질(양과 질) 식사를 하자'라고 말하면서 가능하면 좋은 소식을 기다리는 것이 좋지 않을까라고 말한다. 많은 사람들이 과식을 하면 살이 찌고 비만으로 이어진다고 말한다. 하지만 어떤 사람들은 아무리 과식을 해도 살이 찌지 않고 마른 몸으로 힘겨워하는 경우도 있다. 음식물을 많이 섭취하면 이론적으로 살이 쪄야 하는데 왜 이런 차이가 생길까? 나의 경험에서 그 이유를 찾아보자.

소식으로 건강 회복

나는 초등학교 3학년 여름방학 이전까지는 매우 건강한 체질이어서 하루하루가 즐거운 생활의 연속이었다. 그런데 갑자기 여름방학 이후부터 계속 마른 체형으로 살아와서 항상 살이 한번 쪄보는 것이 소원이었다. 그래서 가능하면 많이 먹어 살이 찌는 방향으로 살아오다 보니 과식으로 소화 불량이 생겨 소화제를 수도 없이 많이 챙겨먹었다. 심지어 학교 보건 선생님이 몸에 문제가 있는 것 같으니 병원에 한번 가보라고 권고할 정도였다. 나는 자신이 일부러 조금 더 먹는 사실을 알기 때문에 과식으로 인한 소화 불량으로 인식하고 있었다. 참으로 오랜 기간 노력하고 또 노력했으나 결국 실패하고 두 손을 들었다. 어느 날 건강 서적들을 읽어보니 소식이 좋다는 내용이 많았다. 그 이론대로라면 내 생활 방식이 잘못된 것이기 때문에 과식을 통한 살찌기 노력을 포기하기로 결심하고 소식과 다작으로 생활 습관을 바꾸었다. 2017년 초부터 소식을 시작하였더니 역설적으로 살이 붙기 시작하여 지금은(2019년) 몸무게가 64킬로그램(키 173센티미터)에 육박한다.

어떻게 이런 일이 일어난 것일까? 여러 가지 이유(물 마시기, 운동, 소식 등)가 있을 것이다. 먼저 과식을 하게 되면 몸 전체의 에너지가 부족한 상황에서 소화액을 충분히 만들지 못하여 소화를 감당치 못하게 되니까 소화 불량이 생기곤 하였다. 그런데 소식으로 전환하고 나서부터는 적은 양을 소화시키는 것이 가능해져 소화 불량도 없어지고 탄수화물, 단백질, 지방 등을 완전히 분해함으로써 더욱 효율적으로 포도당, 아미노산, 지방산을 흡수하게 되었다고 볼 수 있다. 이로써 과식했을 때보다 오히려 소식함으로써 몸으로 흡수되는 에너지 물질이 증가하고 그에 따라 에너지가 증가되니 소화액도 더 잘 만들고 소화도 더 잘 시키는 선순환 구조로 전환되었다고 할 수 있다. 같은 소화액이라도 과식을 하여 양이 너무 많아지면 그것을 완전히 분해하는 데 과부족이 되고, 그 결과 실제로 사용할 수 있는 포도당, 아미노산, 지방산 형태의 물질이 줄어들게 되지만, 소식을 하면 섭취한 음식물을 충분히 분해하기 때문에 실질적으로 필요한 영양소를 더 많이 흡수하는 결과를 낳을 것이다. 나는 이를 두고 역설이라고 부른다. 마른 사람이 살이 찌기 위해 더 많은 양의 과식을 하게 되면 오히려 소화 흡수가 더 적어지고, 반대로 소식을 하면 완전히 소화해서 흡수하기 때문에 더 많은 양의 영양소를 얻을 수 있어 살이 찌는 결과를 얻을 수 있기 때문이다. 체질이 허약하거나 마른 사람들은 한번 소식과 다작(많이 씹음)을 통해서 소화 흡수 능력을 증진하는 방법으로 건강 실험을 해보기 바란다.

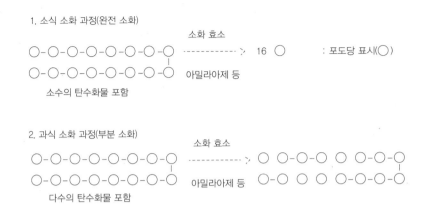

그림. 소식과 과식의 소화 과정

 이처럼 소식의 장점에 주목해 건강이 좋아진 나의 경험이 좀 마른 체질의 사람들에게 도움이 되었으면 좋겠다.

 반대로 소화 능력이 뛰어나고 건강한 사람들은 과식을 하면 할수록 더욱 살이 찌는 비만으로 갈 가능성이 있다. 이런 사람들은 비만을 예방하고 건강 체질로 나아가기 위해서 식사량을 줄이는 소식을 생활화하여 영양 섭취량을 줄이는 화학 요법이 중요하다고 할 수 있다. 많은 음식 섭취는 결국 과잉 영양 섭취로 이어져 몸에서 사용되지 못하는 에너지를 지방 형태로 저장하기 때문에 비만해지게 되어 있다.

 무엇보다 비만을 예방하기 위해서는 화학 에너지인 음식의 섭취량을 줄이려는 노력을 우선적으로 해야 하므로 평소 음식을 먹을 때 소식하는 생활 습관을 들이는 것이 아주 중요하다. 방송에서 '먹방'이라고 하여 많이 먹는 것을 좋은 것처럼 미화해서 보여주는 것은 참으로 안타까운 일이다. 적절히 절제하면서 음식의 맛을 즐기는 것은 매우 바람직하지만 양껏 많이 먹는 것을 미화하는 것은 그리 썩 바람직해 보이지 않는다.

 건강을 위해서는 혀(맛, 음식의 질)만을 생각지 말고 몸의 세포들을 생각하면서 우리의 마음으로 음식의 양을 조절하는 습관을 길러야 한다. 자신의 몸의 세포들이 좋아할 수 있는 정도로 적절한 양의 소식을 즐기는 생활 습관을 길러 모두 건강한 삶을 살았으면 한다.

일본에는 2019년 기준으로 100세 이상 되는 노인들이 7만 명 이상 된다는 뉴스 보도가 있었다. 우리 한국은 몇백 명 수준으로, 100세 정도가 되면 방송국에서 놀라서 장수 비결을 물으러 다닐 정도다. 우리나라에서 간행된 건강 서적을 보면 장수 노인들이 사는 지역을 탐방하여 그들이 어떤 음식을 먹고 어떻게 생활하는가를 조사하여 발표한 내용들이 있다. 그 사람들은 주로 산간 오지 마을에 살고, 의료 시설도 없고 직접 농사 지은 것으로 소식을 하며, 농사를 짓거나 양치기를 하는 등 많이 움직이고, 가족 간이나 이웃들과 허물없이 잘 지내며 걱정 없이 살아가는 노인들이다. 장수 조건이 이런 것이라면 일본 도시의 장수 조건과는 사뭇 다르다. 도시에서도 얼마든지 장수할 수 있으며, 오히려 의료 시설은 시골보다 좋아서 건강에 도움이 되기에 좋은 환경을 갖추고 있다고 볼 수 있다. 바로 일본이 그 좋은 본보기를 보여준다. 일본을 역사적으로 안 좋게 보는 사람도 있지만 잘하는 것은 칭찬하고 배울 것은 배워야 한다.

1700년에 가이바라 에키켄이 쓴 『양생훈』에는 80퍼센트—하라하치부(腹八分)=하라(배)+하치부(8할, 80퍼센트)—만 먹으면 건강에 이롭다는 내용이 있다고 한다. 어쨌든 일본 사람들은 소식을 생활화하고 있으며, 국가에서는 생활 체육을 장려하고 의료 지원 시스템을 강화하여 다른 어느 나라보다 건강하게 장수하는 나라로 자리매김하고 있다.

산간 오지처럼 의료 시설도 없는 곳에서 장수하는 노인들은 본인들 스스로 소식하고 부지런히 움직이며 걱정 없는 정신생활을 함으로써 장수가 가능한 반면에, 일본 도시에서는 과학적이고 체계적인 환경을 갖추어 장수 노인들이 많아졌다는 점이 우리에게 더 많은 희망을 던져준다.

우리가 건강하게 오래 살려면 자기 멋대로 사는 것을 지양하고 건강 공부를 좀 더 하고 스스로 생활 습관을 바로 잡는 것이 무엇보다 필요하다. 특히 맛있는 것을 탐식 하는 습관을 버리고 맛있게 먹되 적당량 또는 적게 먹는 습관을 길러나가야 한다. 산 간 오지가 아니라 도시에서도(지역에 관계없이) 얼마든지 건강하게 오래 살 수 있다는 것을 믿고 자신의 건강 생활 습관을 만들어가기 바란다.

04

산·염기(맛)

    화학 반응에서 일상생활과 밀접한 반응이 두 가지 있다. 하나는 산화 환원 반응이고 다른 하나는 산 염기 반응이다. 산화 환원 반응은 제2장 공기 부분에서 이미 노화와 관련하여 자세하게 살펴보았다. 음식물도 마찬가지로 공기 중에 노출되어 있으면 공기 중의 산소로 산화되어 부패되고 변질되는 화학 변화를 겪게 된다. 우리가 먹는 대부분의 탄수화물은 공기 중에서 산화되어 아세트산으로 변해간다. 이것의 산물로는 흑미 식초, 사과 식초, 행초, 파인애플 식초, 감초 등 다양한 종류의 식초가 있다.

    우리가 원하지 않는 방향으로 산화되면 부패된다고 말하고, 우리에게 도움이 되는 방향으로 미생물에 의한 산화가 일어나면 발효된다고 일컫는다. 우리 인류는 오랜 세월 동안 각 나라마다 독특한 발효 문화를 발달시켜 왔으며 그 종류도 엄청나게 많다. 우리나라에서는 김치, 된장, 술(막걸리), 젓갈 등과 같은 음식 문화를 발달시켜왔다. 이 발효 음식들은 우리 건강에 매우 많은 도움을 주지만, 다만 술은 사람에 따라 다르게 영향을 미친다. 술이 센 사람은 자신의 주량을 넘기지 않도록 조심하고, 술이 약한 사람은 특별히 조심하여 그 양을 줄이거나 안 마시는 것이 건강에 이롭다.

술의 성분으로 에탄올이 있다. 이 에탄올이 간에서 독성이 있는 아세트알데히드로 변하며, 이 아세트알데히드는 신경을 마비시키는 작용이 있어서 많이 마시면 뇌신경이 마비되기 시작하고 대뇌가 마비되면(숨골이 마비되면 사망에 이름. 일부 대학 신입생들의 경우 사망 사건 발생) 기억을 일부 못 하는 증상이 나타난다. 최종적으로 아세트알데히드는 간에서 산화되어 아세트산으로 전환되어 에너지 물질로 사용된다.

뱃맨겔리지 박사의 이론에 따르면 술을 마시면 탈수 현상이 일어나고 그 탈수 현상이 심해지면 탈수의 고통을 이겨내기 위해 뇌에서 엔도르핀을 분비하기 때문에 기분이 좋아지는 과정이 진행된다고 한다. 술을 좋아하는 사람들은 술을 떠올리면 기분이 좋아지는 모습을 보이는데, 엔도르핀이 일종의 마약과 같은 작용을 하기 때문이다.

어쨌든 술이 약한 사람은 아예 간에서 해독 과정을 감당하지 못하여 신체에 악영향을 미치므로 안 마시는 것이 좋다. 나는 술이 약해서 아예 마시지 않으려고 노력하고 있다.(화학적으로 옳은 결정이라고 생각한다.)

우리 신체 건강에는 산 염기 반응이 관여한다. 만약 우리 몸이 중성 상태에 놓여 있다면 많은 미생물(세균)과 바이러스 등이 살기 좋은 환경이 조성되어 활개치고 살 수 있다. 우리 몸의 체액은 약염기성 pH 7.4의 산성도를 가지고 있어 병원균에 대한 저항성이 있다. 하지만 나이가 들어가면서 신체가 산성화되면 질병에 약해지고 결국 폐렴 등에 걸려 사망하는 일이 발생한다.

개미가 우리를 물게 되면 물린 부위가 부어오르는 것은 개미산이라는 산성 물질이 체내에 들어오기 때문이다. 이로 인해 우리는 고통을 느끼지만 이내 시간이 지나면 체내의 약염기성으로 약산을 중화하여 원상으로 회복시켜 놓는다. 우리 몸에서 위는 강한 산성 염산을 가지고 있는 장기로 위 점막이 강한 산성을 견디어낼 수 있도록 되어 있어서, 음식물이 위로 들어올 때 함께 들어올 수 있는 세균이나 바이러스 등을 죽일 수 있는 일차 방어막으로 보면 된다.

염산은 펩신을 활성화하여 단백질 분해를 잘할 수 있도록 도와주는 역할을 하기도 한다. 이 같은 강산이 바로 소장으로 내려가면 단백질이 분해되어 구멍이 생길 수 있는데, 마침 위에서 내려오는 양을 정확히 알아 십이지장에서 약알칼리성을 내보내 중화하여 내려 보낸다. 이것은 위와 십이지장의 긴밀한 협업이 아니고서는 불가능한 중화 반응이다. 참으로 놀랍다. 우리가 의식하지 않는 동안에도 장기들이 알아서 계속 작업하고 있다고 생각하면 정말 고마운 일이다. 앞의 위 소화 흡수 편에서, 대장에 있는 유산균들이 단쇄 지방산을 생산하여 유산균 증식을 돕고 장 점막이나 코 점막 등을 강화하는 역할을 한다는 사실을 이야기한 바 있다.

염증 부위와 암세포는 약산성 상태를 띤다. 인체의 정상 pH는 7.4이지만 암세포와 염증 부위는 pH 6.5~5.5를 유지하여 일종의 백혈구가 공격하지 못하도록 방어막을 형성하고 있어 치유를 방해하기도 한다. 산성 상태에 있다는 것은 젖산이나 탄산 등이 체액에 남아 있어 산성 상태로 되어 있다는 것이다. 이를 해소하려면 혈액 순환을 원활하게 하여 산성 물질을 제거해주고 산소와 영양소의 공급이 원활해지도록 주변 환경을 개선하려는 노력이 필요하다. 일단 뭉친 근육을 풀고 체온을 높여 몸을 따뜻하게 하며 운동을 하여 혈액 순환이 잘 되도록 노력하는 생활 습관을 들이자.

음식물 중에서 산·염기 관계를 살펴보자. 산성 물질은 신맛을, 염기성 물질은 쓴맛을 낸다. 우리 혀는 산성 물질인지 염기성 물질인지 알아낼 수 있는 감각 기관을 가지고 있는 셈이다.

나는 고등학교에서 통합 과학을 가르치면서 평소 내가 산성과 염기성에 관해 가진 관념이 약간 잘못된 것임을 알았다. 나는 무조건 산성이면 신맛을, 염기성이면 쓴맛을 내는 것으로 알고 있었는데 음식물의 산성도를 나타내는 표를 보고 잘못된 관념이었다는 것을 깨달았다.

통합 과학에 나오는 표를 보면 바나나가 산성 물질인데도 평소 생활에서는 혀로 신맛을 느끼지 못하고, 또한 계란은 염기성 물질인데도 혀로 쓴맛을 느끼지 못한다. 레몬은 아주 강한 신맛을 내고 포도는 약간 신맛을 낸다. 일반적으로 신 것을 먹을 때 침이 잘 나온다. 산성 물질은 이를 녹이는 작용을 하므로 이를 보호하기 위해 신맛, 즉 산성 물질이 입 안에 들어오면 침이 많이 나오기 때문이다. 우리가 의식하지 않아도(모르고 있어도) 신체에서 알아서 반응하는 것이다. 참으로 과학적이고 타당성 있으며 정교한 반응으로 생각된다. 우리 몸에 크게 해가 되지 않는 산성(바나나, 토마토, 우유 등)에서는 전혀 신맛을 느끼지 못하고 침도 잘 나오지 않는 자연스러운 반응을 보면 우리 혀는 놀랍도록 생존에 잘 적응한 구조를 갖춘 조직으로 보인다. 염기성인데도 쓴맛을 느끼지 못하는 계란은 우리 몸에 전혀 해를 주지 않는 범위의 염기 물질임을 혀가 입증하는 셈이다.

반면에 우리 혀가 염기 물질로 인식하는 쓴맛을 내는 것들은 일반적으로 우리 생존에 아주 위협적인 물질일 가능성이 높다. 따라서 우리 혀는 쓴맛이 나는 것이 느껴지면 뱉어내도록 반응한다. 그래서 속담에 "쓰면 뱉고 달면 삼킨다."라는 말이 있을 정도이다. 그렇다. 일단 쓴맛이 나면 우리 몸에 좋지 않을 수 있다. 임상적으로 입증된 한약재나 그 밖의 음식물은 우리가 섭취해도 문제가 되지 않으나 알지 못하는 쓴 물질은 일단 뱉어내야 맞다.

"쓴 게 약이다."라는 말이 있다. 우리를 위협하는 개미가 약산으로 공격하여 우리를 괴롭히는데 이를 방어하는 방법은 약염기로 중화하는 것이다. 세균을 공격하는 항생제 구조도를 보면 사각형 아마이드 구조로 되어 있고, 이 구조가 풀리면서 세균을 공격하여 세균을 죽인다. 약의 구조에 질소를 포함하고 있어 약염기성을 띠므로 쓴맛을 낸다. 정확히는 모르지만 대부분의 약이 쓴맛을 내는 것은 약염기성을 띠기 때문일 것으

로 생각된다. 그러니 일반인들 사이에 회자되는 '쓰면 약이 된다'는 논리도 염기성 물질과 관련이 있을 것으로 생각된다.

우리 일상생활에서 비린내가 나는 생선이나 음식물이 있는데 이는 아민이라는 물질과 관련이 있다. 아민은 암모니아 구조에서 수소 대신에 탄소가 결합된 물질로, 끓는점이 낮아 잘 휘발되는 분자들이다. 이러한 아민 때문에 코에서 비린내를 맡게 되어 기분이 썩 좋지 않게 된다. 사실 썩은 생선이나 음식에서 악취가 나게 되면 코에서 기분 나쁜 냄새가 나게 된다. 이런 음식물들은 우리 몸에 좋지 않기 때문에 코에서 불쾌감을 느끼게 하여 가능하면 먹지 못하게 하는 것이다.

코에 좋은 느낌과 나쁜 느낌은 배워서 아는 것이 아니고 이미 우리 유전자 정보에 각인되어 있어 그에 따라 반응할 뿐이다. 비린내가 나지만 먹어도 문제가 되지 않는다는 것을 알게 되었어도 불쾌감 때문에 먹고 싶지 않은 마음이 들게 된다. 이러한 문제점을 해결하기 위해 많은 요리 방법이 등장하고 맛과 향을 좋게 하여 향미를 북돋는 방법들이 개발되어 왔다.

이 중에서 대표적인 것이 비린내 나는 생선 등에 산을 넣어 처리하는 방법으로, 이렇게 중화하면 비린내가 사라지는 효과를 얻을 수 있다. 생선 위에 레몬 즙을 뿌린다든지 요리에 맛술을 넣고 끓인다든지 한약재를 넣고 삶는다든지 하는 식으로 비린내를 잡는 방법이 연구되어왔다.

한번은 텔레비전에서 홍게를 파는 집 두 곳을 소개한 적이 있었다. 한 집은 홍게를 그대로 삶아서 파니까 비린내가 나서 한 마리를 먹고 나면 더 먹고 싶은 마음이 생기지 않아서 그 집에는 손님이 거의 없었다. 반면에 다른 집은 사람들이 많아 장사가 잘되었다. 그 비법이 무엇인지 조사하는 과정에서 그곳 사장이 연구하고 노력한 것을 보여주었다. 포도를 미리 발효시켜 포도주를 만들어 그것으로 홍게를 며칠간 숙성시킨 다음 홍게를 찌면 비린내가 전혀 나지 않고 맛있다는 사실이 밝혀졌다. 왜 이런 일이 일어난 것일까?

우리가 포도나 곡물을 발효시켜 술을 제조할 때는 물론 에탄올이 많이 생성된다. 하지만 이 중 일부는 아세트산까지 진행된다. 그 비율이 적어서 산의 성질을 보이지 않고 알코올로 인식되어 술로 팔고 있다. 그래서 포도주 같은 발효주에는 일부 아세트산이 섞여 있고 이것이 비린내 나는 아민과 중화 반응을 일으켜 냄새가 나는 아민이 더는 증발되지 않아 코에서 비린내 냄새를 맡지 못하게 된다. 이것을 비린내를 잡았다고 말한다. 이것은 아세트산이라는 산과 비린내 나는 아민 사이에 산 염기 반응이 일어난 중화 반응의 결과이다. 이와 같이 우리 주변에는 알게 모르게 산 염기 반응을 응용한 예들이 많다.

05
건강식의 중요성

건강식은 일반 식사와 어떻게 다른가? 현대인들은 먹을 것이 너무 많고 아무 때나 먹을 수 있다. 현대는 인류 역사상 어느 때보다도 먹거리가 넘쳐난다. 맛집들이 늘어나고 먹고 싶은 음식이 도처에 널려 있으니 식탐이 안 생길 수 없다. 중요한 것은 질 측면에서 맛있는 음식을 먹는 것이 아니라 건강식을 먹어야 한다는 것이다. 많은 사람들은 맛과 혀에 모든 것을 거는 것처럼 식사를 하지만 정작 우리 몸은 그런 것을 원하는 것이 아니고 몸에 도움이 되는 식사를 원한다.

과연 우리는 몸을 위한 건강식을 할 것인가, 아니면 혀를 위한 맛있는 식사만을 고집할 것인가? 선택에 따라 '몸이 점점 건강해지느냐 아니면 점점 안 좋은 방향으로 움직여 가는가'가 결정되어 나타나게 된다. 자명하지 않은가? 우리가 가야 할 길은 건강을 위한 건강식으로 가는 것이다.

내가 본 건강 서적에 '아프고 싶은 사람은 아무도 없다.'는 글이 있었다. 가만히 생각해보니 나도 그런 생각은 해본 적이 없는 것 같다. 누구나 건강한 삶을 원하지 아프기를 원하는 사람은 없다. 그러나 식사하는 모습을 보면 아프기를 원하는 것처럼 먹는 사람이 많은데, 그것을 모르고 먹는 것 같아 안타깝다. 특히 너무 지나친 것은 문제가 되지 않을 수 없다. 너무 한쪽으로 치우친 식습관은 몸에 문제를 일으키는 단초를 제공하게 된다. 앞에서 음식물의 질과 양에서 살펴보았듯이 질과 양을 두루 고려한 좋은 식사를 해야 건강을 얻을 수 있다.

건강식이란 과연 무엇일까? 건강해질 수 있는 식사이겠지만 그 기준을 정하기가 쉽지 않다. 그래서 유명한 의사들의 식사 방법을 토대로 정리하도록 하겠다. 먹는 음식물의 종류는 각양각색이지만 공통적인 것은 곡물, 채소와 과일을 중심으로 한 소식과 다작이다.

일본의 유명한 『양생훈』을 쓴 가이바라 에키켄은 적게 해야 할 것 열가지를 강조했다. '십이소'라고 하는 내용으로 "먹고 마시는 것을 적게 하며 다섯 가지 맛의 지나침을 적게 하고, 색욕·말수·일을 적게 하며, 분노·우울함·슬픔·근심을 적게 하고 자는 것을 적게 해야만 한다."는 것이 그것이다. 현대인들이 깊이 새겨 들어야 할 대목들이 많다. 우리가 살피고 있는 건강식 측면에서 보면 '먹고 마시는 것을 적게 하며'라는 대목이 눈에 들어온다. 예로부터 일본인들은 소식을 해온 것으로 알고 있고 그것을 실천하는 사람들이 많은 것 같다.

이런 이유인지 모르지만 현대에 들어와 일본이 전 세계 국가 중 가장 장수하는 국가로 알려져 있고, 현실적으로 100세 이상 노인들이 2018년에 7만 명 이상이라고 하니, 놀라운 수치다. 우리나라 사람들도 건강하게 오래 장수하고 싶다면 가슴 깊이 새겨 볼 대목이 소식 부분이 아닌가 싶다.

소식 다음으로 신경 써야 할 대목은 다작이다. 앞의 소화, 흡수 부분에서 강조한 내용인데, 다작은 음식물의 소화 과정에서 아주 중요한 작용을 한다. 우리가 먹는 음식물은 그 자체로 우리 몸에 사용되지 못하고 길고 긴 고분자들(탄수화물, 단백질)과 지방이 소화되고 분해되어야만 비로소 소장의 융털 돌기와 림프관에서 흡수된다.

다작하는 동안 침에 있는 아밀레이스에 의해 탄수화물이 분해될 뿐만 아니라 치아에 의해 기계적 분쇄가 일어나 음식물이 죽처럼 되고, 이 상태로 위로 넘어가면 소화에 큰 도움을 준다. 입에서 잘게 부서진 알갱이들 덕분에 위는 음식물을 잘게 부수는 기계적 운동을 덜 하게 되어 에너지를 절약할 수 있을 뿐 아니라 입에서 저작 활동을 하는 동안에 음식물이 들어간다는 신호를 보내 소화액을 만들어 준비할 시간을 벌 수 있다. 많이 씹을수록(다작) 소화 작용과 기계적 분쇄 활동에 도움을 주고 침이 많이 분비되어 독성 물질도 제거하는 효과가 있다고 한다.

소식과 다작 외에 마지막으로 신경 써야 할 것은 채소와 과일을 포함한 식사 내용이다. 너무 고지방, 고단백질의 식사를 하면 비만을 일으키고 장도 나쁘게 하는 것으로 알려져 있다. 또 어떤 건강 서적에서는 탄수화물을 비만의 주범으로 보고 탄수화물을 전혀 먹지 않게 하는 경우도 있는데 나는 이런 극단적인 방법은 좋지 않다고 생각한다.

영장류인 고릴라나 침팬지들이 주로 과일과 채소만으로 생활하고 있다고 하니, 우리도 이들과 다르긴 하지만 유사점이 많을 것이다. 탄수화물, 단백질, 지방 사이의 최적 비율을 구하는 일은 매우 어렵겠지만, 이들 사이의 최적 조건을 찾는 일이 무엇보다 중요하다. 신야 히로미 박사는 우리 치아의 구성 비율을 바탕으로 하여 채식과 단백질 식사 비율은 85 대 15 정도로 하는 것이 합당하다고 주장한다.

탄수화물은 우리 몸을 구성하는 비율이 매우 적지만 에너지 생산에서 절대적으로 중요한 역할을 하며, 뇌의 신경 세포는 오로지 포도당만을 에너지원으로 활용한다. 탄수화물을 섭취하기가 어려운 유목민들은 주로 우유나 고기를 주식으로 하지만, 간에서 아미노산을 포도당으로 전화하는 화학적 기능이 있어 생존이 가능하다.

우리 간은 참으로 하는 일이 많다. 잉여 포도당을 아미노산이나 지방으로 또는 아미노산을 포도당이나 지방으로 전환할 수도 있으며, 지방을 포도당이나 아미노산으로 전환하는 일이 가능하다. 가능하다면 에너지원은 탄수화물을 통해서 얻고 우리 몸에 필요한 단백질이나 지방은 외부에서 섭취하는 것이 바람직하다고 생각한다. 이렇게 하면 간에서 영양소들을 상호 전환하는 부담을 조금이나마 줄여줄 수 있기 때문이다. 장 건강을 위해서 3대 영양소 이외에 필요한 식이섬유와 미네랄을 보충하기 위해 각종 채소와 과일을 충분히 섭취하면 건강식이 될 것이다.

유산균의 먹이가 될 수 있는 채소와 과일을 듬뿍 먹으면 대장의 세균층이 유익균 우위로 구성되어 좋은 장을 형성할 것이다. 장이 건강하면 몸의 느낌도 좋아지고 피부도 좋아지고 건강도 좋아진다고 한다. 물론 다양한 질병에도 걸리지 않아서 무병장수의 지름길이 될 것이다.

지방을 섭취할 때는 가능하면 포화 지방보다는 불포화 지방을 섭취하는 것이 좋다. 돼지나 소에 들어 있는 지방은 주로 포화 지방이고 식물에서 얻은 지방은 불포화 지방이 많다. 불포화 지방은 시스 형태의 이중 결합을 가지고 있어 포화 지방보다 녹는점이 낮아서 상온에서도 액체 상태(대부분 식물성 지방)로 있는 반면에, 동물성 지방(소, 돼지, 닭)은 상온에서 고체 형태로 존재한다.

물론 포화 지방이 포화 지방산으로 해서 미토콘드리아에서 에너지원으로 사용되기는 하지만 포화 지방산의 문제점은 세포의 지방 지질을 형성하는 데 좀 더 딱딱하고 부드럽지 않은 세포벽을 만들어 세포의 기능을 떨어뜨린다는 데 있다. 우리 몸을 이루고 있는 세포들의 정상적인 기능에 방해가 된다면 주의를 기울여 포화 지방이 많이 함유된 고기는 먹는 양을 조절할 필요가 있다.

지중해 연안에서 얻어지는 올리브오일을 먹는 사람들의 건강이 좋은 이유는 올리브오일이 바로 식물성 불포화 지방이기 때문이다. 몸 건강이 안 좋은 사람들은 일단 육고기 섭취량을 줄이고 식물성 기름을 섭취하면서 건강 실험을 한번 시도해보는 것이 좋을 것이다.

같은 동물인데도 물고기는 체온이 낮아서 불포화 지방이 많이 들어 있는 것으로 알려져 있다. 특히 잘 알려진 등 푸른 생선에는 EPA, DPA 같은 오메가3 불포화 지방이 들어 있어 우리 건강에 좋다. 남극에 사는 새우 크릴의 체온은 더 낮기 때문에 오메가3 효능 면에서 가장 좋다는 연구 결과도 있다. 지방을 섭취하고자 할 때 건강을 고려한다면 불포화 지방을 섭취하는 것이 좋다.

소고기의 마블링이 좋다고 하는 말은 포화 지방이 많다는 의미인데도 등급이 높게 매겨져 우리나라와 일본에서 비싸게 팔린다고 한다. 국내에서 1++등급 소고기(전체 10퍼센트)는 근육 내 지방이 15.6퍼센트 이상이어야 하고, 1+등급 소고기(전체 22퍼센트)는 12.3~15.6퍼센트, 그리고 1등급 소고기(전체 31퍼센트)는 9~12.3퍼센트(미국 내 최고 프라임 등급)이다(2019년 7월부터 적용). 반면에 미국에서는 포화 지방이 10~13퍼센트 포함되고 고르게 얇은 줄로 마블링이 되어 있는 부위가 최고 등급 프라임(prime, 한우 1등급)으로 전체 소고기의 약 2.4퍼센트를 차지하고, 다음 등급이 전체 소고기의 52.7퍼센트를 차지하는 초이스(choice, 한우 2등급)로 포화 지방이 5~9퍼센트 포함되어 있으며, 그다음이 등급이 전체 소고기의 35.5퍼센트를 차지하는 실렉트(select, 한우 3등급)로 포화 지방이 2~4퍼센트 포함되어 있다(2016년 네이버 자료 참고).

포화 지방이 무조건 나쁜 것은 아니다. 우리 몸에서 에너지원으로 쓰이는 포화 지방이므로 맛있게 적절한 양을 조절하여 섭취하면 좋겠지만 지나치게 많은 양을 섭취하면, 앞의 포화 지방과 불포화 지방에서 설명한 것처럼 우리 몸의 각종 세포에서 부작용을 일으킬 수 있으므로 주의하는 것이 좋다. 결국 건강한 삶을 위해 먹는 양을 잘 조절하는 것이 우리에게 필요하다.

언제부터인지 우리는 지방(포화 지방)이 많을수록 먹기에 좋고 입맛이 좋다고 느끼는 습관을 가지게 되었다. 어느 날 유튜브에 올라온 '검은 삼겹살'이라는 제목의 동영상을 소개받아 본 적이 있다. 내용인즉 우리나라가 한때는 돼지고기의 등심과 안심 등 살 부위를 일본에 수출하고 남은 지방 부위를 국가 차원에서 값싸게 우리 국민들에게 판매하였다고 한다. 이때 먹은 고기 맛이 좋아서 그 기억이 뇌리에 남아 삼겹살을 찾게 되었고, 이것이 전 국민이 가장 좋아하는 돼지고기 부위로 자리 잡았다고 한다.

이와 비슷한 사례가 또 있다. 예전에 호주와 뉴질랜드에서는 양고기의 살 부분은 자신들이 먹고 그들이 먹지 않고 버리는 배 부분의 지방 고기는 태평양의 피지라는 섬나라에 값싸게 팔기 시작했는데, 피지 사람들의 뇌리에 이 부위가 맛이 좋다고 하는 것이 박혀 많은 양의 지방을 섭취한 결과 전 국민이 매우 비만인 상태로 변하게 되었다고 한다.

나는 이런 사실을 접하면서 조금 부끄러운 생각이 들었다. 건강식이 아니라 문화 습관에 사로잡힌 결과 바로 혀(맛)에 의지하는 식습관을 따르고 있다는 사실이 부끄러웠다. 그렇다. 우리는 어떤 때 혀를 위한 식사를 하는 경우가 종종 있지만 정말 건강식을 하고 있는지 때때로 되돌아볼 필요가 있다.

음식물을 먹는 습관에 대하여 알아보자. 시각적, 후각적으로 보기 좋고 향이 좋은 음식을 우리는 좋아하는 경향이 있다. 이러한 생활 습관의 영향으로 쌀의 경우만 보더라도 누런색의 현미밥보다 하얀색의 흰쌀밥을 보기 좋게 여긴다. 과일의 경우도 껍질을 제거했을 때가 보기에 좋다. 이렇듯 보기 좋은 음식을 선호하는 영향을 받아 습관적으로 생활해오다 여러 질병이 생기고 문제가 생기자 무엇이 문제였는지 검토하고 연구하면서 음식물 껍질에 항산화제, 각종 비타민, 미네랄 등이 포함되어 있다는 사실을 확인하고 그 중요성을 인식하게 되었다.

이제는 많은 사람들이 음식물의 껍질에 좋은 성분이 많이 들어 있고 그것이 건강식이라는 데에 이의를 달지 않게 되었다. 자연에서 얻어지는 생명체에는 각 생명체의 생존에 필요한 물질들이 모두 포함되어 있으므로 완전한 전체 식품을 섭취하는 것이 중요하다. 나도 이러한 사실을 알기 때문에 사과나 포도를 먹을 때 가능하면 껍질째 먹는다.

전에 텔레비전을 보는데 한 명의가 포도를 먹으면서 포도 알맹이를 버리고 껍질만 먹는 모습을 보여주면서 정작 중요한 것은 껍질이고 포도 알맹이는 탄수화물이 대부분이므로 굳이 먹을 필요가 없다는 설명을 곁들였다. 어떤 것이 진짜 건강식인지 생각하고 각자 자신의 기준을 세워서 건강식을 챙기기 바란다. 최근에는 현미가 흰쌀밥보다 건강에 이롭다는 사실을 인식하고 현미밥을 먹는 사람들이 꾸준히 늘고 있다.

지금 생식이 좋다는 이야기를 하고 있지만, 인류는 구석기 시대 이후 화식을 발전시켜왔고 그 문화가 아직도 압도적으로 지켜지고 있는 것으로 보아 화식에도 장점이 있을 것이라 생각한다. 식물이든 동물이든 모든 생명체는 타 종족에게 빼앗기지 않으려고 다소나마 타 종족에게 독이 되는 물질을 함유하고 있다. 대표적인 것이 밀이다. 밀은 메뚜기들의 공격으로부터 자신을 지키기 위해 글루텐이라는 독성 물질을 만들어 메뚜기들이 소화를 시키지 못하게 진화하였다고 한다. 이와 마찬가지로 글루텐을 소화시키지 못하는 사람들은 밀가루 음식을 자제하는 것이 건강에 좋다. 곡물의 경우도 트립신인히비터라는 물질을 함유하고 있다고 한다.

그냥 생식을 하는 경우 트립신인히비터의 부작용을 겪게 되지만 곡물을 익혀서 섭취하면 이것이 변형되어 독이 되지 않는다고 한다. 오랜 세월 동안 인류의 조상들이 경험으로 임상 실험을 하여 얻은 지혜의 결과로 생각된다. 현재 우리만이 지혜롭고 똑똑한 것이 아니라 먼 옛날 우리 조상들도 매우 슬기로웠으며 건강에 신경을 썼을 것이다. 다양한 음식을 조금씩 먹음으로써 독을 분산시키는 효과를 얻을 수 있었을 것이다.

모든 생명체는 자체 방어 시스템을 갖추고 살아간다. 식물들도 나름대로 자체 생존에 필요한 방어 시스템이 있다. 그러나 우리 몸처럼 자체적으로 대응이 안 될 때는 지원군(항생제 등 약품)을 보내 세균을 무찌르는 것이 건강에 바람직하다. 마찬가지로 식물에도 세균이 너무 많을 경우 지원군, 곧 농약을 살포하여 적을 물리쳐서 식물들이 건강하게 살아갈 수 있게 하는 것이 필요하다. 건강한 식물을 보면 생기 있고 생명력이 넘치는 모습을 느낀다. 우리가 육안으로 보아도 그런 식물들은 금방 느낄 수 있으며, 우리 건강에 생기를 불어넣어줄 수 있을 것이다.

그런데 언제부터인지 농약은 우리 몸에 나쁘다고 여기고, 식물에 농약을 사용하면 문제가 있는 것처럼 인식한다. 과일이나 곡물에 농약이 묻어 있다는 이유로 유해성을 주장하고 기피하는 경향을 보인다. 나는 시골에서 농사짓는 것을 보며 자라왔고 농부들이 가장 두려워하는 것이 농약을 친 후에 소나기가 오는 경우라는 것을 직접 목격하기도 하였다. 정말이지 농약을 애써 뿌렸는데 비가 와버리면 그야말로 무용지물이 되어 버린다.

농약은 일반적으로 물에 희석해서 뿌린다. 다시 말하면 농약이 물에 잘 녹는다는 것이다. 그래서 비가 오면 농약이 남김없이 씻겨 나가버리기 때문에 병충해를 죽일 수 없게 되어, 농약을 뿌린 일 자체가 허무하기 그지없는 것이 되고 만다. 농부들은 선하고 선해서 농약을 한 후 바로 수확하여 시장에다 팔지 않는다. 비가 오고 농약이 씻겨나간 농작물을 소비자에게 공급하기 때문에 농약 문제는 거의 없을 것으로 판단한다.

나는 여태까지도 일반 농작물을 사 먹었지만 죽을 때까지 계속해서 일반 농작물을 즐거운 마음으로 구해서 먹을 것이다. 죽는 날까지 농약을 사용한 농작물을 섭취하는 건강 실험을 하는 셈이다. 혹시 농약이 의심되면 물에 한 번 더 씻어 먹으면 더욱 안전하게 섭취하는 셈이 될 것이다.

나는 화학을 전공한 사람으로서 농약과 비료에 대해서 너무 가혹하게 이야기하는 것을 보면 안타까운 마음이 들 때가 한두 번이 아니다. 농약 문제는 위에서 이야기한 바와 같고 비료에 대하여 이야기하면 다음과 같다. 화학 비료가 발명되기 전에 이 지구에 최대로 살 수 있는 사람의 수는 제한적이었다. 그래서 맬서스는 인구수 한계론을 제시하기도 하였다. 그런데 1900년 초에 하버와 보슈에 의해 암모니아가 합성되고 이후 화학 비료가 발명되어 그의 예측은 완전히 어긋나게 되었다.

하버·보슈 암모니아 합성: $N_2 + 3H_2 \rightarrow 2NH_3$

질소 비료 합성: $NH_3 + HNO_3 \rightarrow NH_4NO_3$

화학 비료의 특징은 질소를 공급하고 인을 공급함으로써 식물의 성장을 획기적으로 도울 수 있다는 것이다. 만약 질소와 인 공급이 잘 안 되면 식물은 잘 성장하지 못하고 곡물이나 과실 등도 결실을 잘 얻을 수 없다. 실제로 화학 비료를 사용한 후 인류의 식량 생산은 약 4배 이상 증가하였다고 한다. 만약 화학 비료가 없었다면 지구상에서 먹고 살 수 있는 인류의 수는 현재의 4분의 1로 줄어든다는 계산이 나온다.

혹자는 화학 비료를 사용한 식품에는 나쁜 성분이 들어 있고 유기농 식품에는 어떤 특별히 좋은 성분이 들어 있다는 식으로 이야기하지만, 과연 그렇다면 일반 식품을 먹는 사람들은 건강에 문제가 있을 수 있다는 것인데 그렇게 크게 영향을 미치지는 않을 것이다. 우리 몸을 이루고 있는 원소들은 우리 몸 안에서 자체적으로 재합성되고 활용되기 때문에 마음 편하게 즐겁게 음식물을 섭취하여도 좋다고 생각한다. 비싼 한우 고기를 먹으나 선지를 먹으나 우리 몸에서는 이들을 분해한 아미노산만을 흡수하여 몸 안에서 재배열하고 재합성하기 때문에 일반인들이 생각하듯이 좋고 안 좋은 제품의 기준과는 관계없이 두 가지는 똑같은 아미노산 공급원일 뿐이다. 어떤 면에서는 선지가 훨씬 소화도 잘 되어 더 좋은 아미노산 공급원일지도 모른다.

건강식에 대하여 여러 가지 이야기를 하였는데, 중요한 것은 자연에서 얻어지는 통곡물이나 과일 전체를 즐겁게 맛있게 꼭꼭 씹어 소식으로 섭취하는 것이다. 여기에 몇 가지 고려 사항(불포화 지방산, 오메가3, 채소, 과일 등)을 신경 쓰면서 생활하는 습관을 들이면 좋을 것이다.

참고로, 신야 히로미 박사(『병 안 걸리고 사는 법』의 저자)의 건강식 내용을 알려드린다.

1. 아침 식사의 주식은 현미에 5~7가지 잡곡을 섞은 것이다. 반찬은 익힌 야채와 낫토, 김 그리고 물에 불린 미역을 한 주먹 정도 먹는다.
2. 점심 식사는 주로 집에서 준비해온 도시락을 먹는다. 가끔은 동료들과 함께 외식할 때도 있지만, 대부분 현미와 잡곡을 주식으로 한 도시락을 먹는다.
3. 저녁 식사는 신선한 재료로 조리한 후 즉시 그리고 꼭꼭 씹어 먹는다. 식단은 아침 식사와 크게 다르지 않다.

다른 참고 2로 이시하라 유미(『혈류가 좋아지면 왜 건강해지는가』 저자)의 간헐식 단식 형태인 아침 거르기식(다른 방법으로는 아침 대신 저녁을 거르는 방법도 있음) 식사 방법도 하나의 좋은 건강식 방법이 될 수 있다. 나는 이 방법을 토대로 아침(두유와 사과), 점심과 저녁의 일상적인 식사를 실천하고 있다.

1. 아침 식사는 하지 않는다. 생강 홍차 1~2잔을 마시거나 당근주스 2.5잔을 마신다. 또는 홍차 1~2잔 + 기본 당근주스 1~2잔도 좋다.
2. 점심 식사로는 양념이나 시치미(shichimi)를 듬뿍 넣은 메밀국수를 먹어 몸을 따뜻하게 하고 혈류를 좋게 한다. 파스타나 피자도 좋다.
3. 술을 포함해 원하는 음식을 먹으면 된다. 위의 80%만 찰 정도의 양을 꼭꼭 씹어 먹도록 하자.

마지막으로 건강식이라는 것은 각 개인마다 다를 수 있다(두 끼 식사 혹은 세 끼 식사 등)는 사실을 받아들이고 자신에게 맞는 음식물을 찾아내려고 노력하여야 한다. 모든 사람이 크게 차이가 나지는 않겠지만 다른 사람에게 잘 맞는 것이라 할지라도 나에게는 안 맞는 것이 있을 수 있다고 전제하고 항상 자신이 섭취하는 음식물에 대하여 몸에서 보내는 신호를 관찰하여 본인에게 도움이 되는지 해가 되는지 구별해가면서 건강을 돌볼 줄 알아야 하겠다. 특히 몸이 안 좋은 사람들은 더욱 신경 쓰면서 자신이 먹는 것에 대하여 한 가지씩 점검해 가면서 몸에 좋지 않은 것을 제거해 간다면 본인에게 아주 적합한 음식물의 종류를 선정하는 지혜를 얻을 수 있다. 시간이 좀 걸리기는 하겠지만 건강을 빠른 시간 안에 되찾을 수 있다면 충분히 노력해볼 만한 가치가 있다고 본다.

우리가 먹을 수 있는 음식물의 종류는 현대에 들어서 정말 셀 수 없이 많아졌다. 이 많은 음식물을 상대로 모두 조사한다는 것 자체는 불가능할 지도 모른다. 우선 알레르기를 일으키는 식품을 상대로 자신에게 맞지 않는 것이 있는지 점검하는 태도가 필요하다. 알레르기 식품에는 우유, 계란, 고등어, 복숭아 등이 있다고 알려져 있다. 알레르기 식품들이 모두 나에게 맞지 않는다고 하여도 세상에는 먹을 수 있는 음식물의 종류가 넘쳐나게 많이 있다. 시간이 걸리겠지만 알레르기 식품들에 대하여 약 2~3개월씩 건강 실험을 실행하여 자신에게 맞는 음식물을 찾아내 맛있고 즐겁게 먹는다면 얼마든지 건강하고 행복하게 살 수 있을 것이다.

화식(火食)에 대한 이야기

생식과 화식에 대하여 이러저러한 의견이 있는 것으로 알고 있다. 생식이 좋다고 주장하는 사람들의 이야기를 들어보면 화식은 겨우 구석기 시대 1만 년 전부터 불을 사용하여 시작한 것으로 그 이전 몇백만 년 동안 지속되어온 생식이 우리의 진화 과정에서 더 설득력이 있다고 주장한다. 그리고 현대 과학으로 밝혀진 몇 가지 근거를 제시하기도 한다. 고기를 굽는 과정에서 생기는 벤조피렌이나 아크릴아미드 등은 발암 물질로서 우리 몸에 아주 해롭고, 또한 음식을 조리하는 과정에서 120℃ 이상 가열하면 당이나 지방산이 아스파라긴과 마이야르 반응을 일으켜 아크릴아미드를 형성하기 때문에 건강에 좋지 않다고 한다. 사실 이런 발암 물질들은 음식에서 고소하고 구수한 냄새를 풍기면서 우리 입맛을 좋게 하므로 그 유혹에서 벗어나기 어려운 것이기도 하다.

우리는 음식을 생각할 때 항상 두 가지 요소를 동시에 고려하는 습관이 중요하다. 하나는 질로서 어떤 성질이 있는지이고 다른 하나는 양을 고려하는 것이다. 예전에 우리나라 전체를 혼란의 도가니로 몰아넣은 일이 있다. 바로 배추김치 파동이다. 이 사건은 어떤 국회의원이 우리가 먹는 김치에 납 성분이 들어 있어 유해하다는 사실을 언론에 공개하면서 시작되었다. 언론은 이 사실을 대대적으로 보도하면서 심각한 면을 집중 부각하였다. 이에 국민들은 김치를 먹지도 않고 사지도 않기에 이르러 전국에 걸쳐 김치 파동이 일어나게 되었다. 심지어 어떤 주부들은 배추 대신에 양배추로 김치를 담가 먹는 일까지 발생하기도 했다.

그래서 식품식약처에서 공식적으로 우리 김치의 성분을 과학적으로 분석하여 발표하였는데, 김치에 납 성분이 들어 있기는 하나 그 양이 아주 미미하다고 하였다. 배추를 재배할 때 배추가 토양으로부터 흡수하는 성분 중에 납이 있기는 하지만 그 양은 아주 미미하여 우리 인체에는 아무 문제가 되지 않는다고 발표함으로써 김치 파동은 일단락되었다. 그렇다. 어떤 성분이 나쁘다는 것을 부인하지는 않지만 얼마나 들어 있느냐는 양의 문제를 고려하지 않는다면 김치 파동처럼 우리는 돌이킬 수 없는 상황에 직면하게 된다.

우리는 예로부터 불맛이라고 하는 것에 익숙해져 있다. 누룽지와 보리차, 옥수수차, 커피 등은 모두 어떤 물질을 약간 태워서 생긴 물질을 통해서 나오는 독특한 맛이 있다. 우리는 이러한 맛을 거부하기에는 너무 익숙해져 있다. 일반적으로 생커피(녹색)를 높은 온도에서 볶으면 검은색으로 변하면서 마이야르 반응이 일어나 아크릴아미드가 생기지만 그 양이 매우 적어서 우리 건강에 심각한 위해를 줄 정도는 아니라고 한다. 물론 아크릴아미드는 발암 물질로 나쁜 것이지만 그 양이 얼마나 들어 있느냐는 측면을 고려하면 우리 몸이 이겨낼 수 있는 양일 수도 있다. 일단 탄물질(고기, 곡물 등)은 우리 몸에 해롭다는 사실이 밝혀졌으므로 가능하면 피하고 먹는 양도 줄이는 것이 좋을 것이다.

높은 온도로 가열하여 볶은 들깨나 참깨에서 얻은 들기름이나 참기름이 매우 고소한 냄새를 풍기는데 사실 이것도 아크릴아미드에 의한 것이라고 한다. 그래서 어떤 사람은 아예 들깨나 참깨를 볶지 않고 그냥 기름을 짜서 먹는 것이 좋다고 한다. 나는 먹는 즐거움으로 따지자면 고소한 맛을 추구하는 편이 낫다고 생각한다. 나쁜 물질이 생긴다고 하여도 그 양이 아주 미미하여 우리 건강에 심각하게 위해가 되지 않는다면 기분으로 즐기면서 음식을 섭취하는 것이 정신 건강에 이롭다고 생각한다.

이러한 화식을 슬기롭게 극복할 수 있는 대안으로 음식을 물로 익혀서 먹는다면 온도가 120℃ 이상으로 올라가지 않아 소화에도 도움이 되고 해로운 물질도 생기지 않으므로 우리 건강에 매우 좋을 것으로 생각된다. 우리 조상들은 대부분의 음식을 물로 익혀 먹었는데 어찌 보면 매우 슬기로운 생활이었다고 보인다. 특별한 날에 직화에 의해 고기를 구워 먹기도 하고 차도 마시며 생활하면서 인생의 여유를 즐기는 것이 좋다. 하지만 양 측면에서 지나친 직화는 피하도록 하는 것이 좋다.

만약 건강이 매우 안 좋거나 심각하다면 직화를 이용한 화식보다 생식이나 물로 익혀 먹는 방법으로 건강을 회복하는 것도 좋다. 건강한 사람은 자체적으로 몸에서 어느 정도 면역력이 작동하기 때문에 직화를 이용한 약간의 화식을 즐겨도 괜찮을 것이지만 가능하면 직화보다는 물로 익혀 먹는 것이 더 좋은 방법이므로 물로 익혀서 식사하는 생활을 추구하는 것이 좋다고 생각한다.

Chemistry
part 2.

제2부

조화와 동적 균형

우리의 몸은 이렇게 많은 세포들이 질서 정연하게 각자의 역할을 수행할 수 있도록 상황 상황마다 조절하는 방법이 조화와 동적 균형이라는 원칙 아래 움직이고 있다. 각 장기들이 조화롭고 일사분란하게 움직이고 행동하게 함으로써 생존에 유리하게 하며, 각 영양소나 미네랄 등을 항상 일정하게 균형을 맞추어 주는 항상성이 있어서 각 세포들이 안정되게 살아갈 수 있게 한다.

우리 몸에 있는 60조 개의 세포들은 각자의 위치에서 자기 본연의 임무를 성실히 수행하고 있다. 이렇게 많은 세포의 움직임을 통제하고 조정하는 일은 방대하기 그지없다. 이러한 일을 수행하는 곳은 우리 몸의 종합 컨트롤 박스, 바로 두뇌이다.

그렇다면 어떻게 무슨 방법으로 이렇게 많은 세포들을 종합 관리할 수 있다는 말인가? 결국 각 세포는 움직일 수 없기 때문에 그 움직임을 전체적으로 관리해야 하는 신경 다발이 생겨나 현재의 두뇌라는 것이 형성되었다. 움직이지 않는 식물들은 두뇌가 따로 없다.

멍게의 경우는 태어나서 어느 바위에 정착할 때까지는 움직임이 있어서 뇌가 있지만 정착하고 난 후에는 뇌가 사라져서 없어진다고 한다. 사람들의 두뇌는 고도로 발달되어 있지만 만약 움직임이 없다면 뇌가 쇠퇴하여 기억력이 없어지고 결국 죽음에 이르게 되는 과정을 거칠지도 모른다. 2018년에 세상을 떠난 스티븐 호킹 박사가 몸을 움직이지 못하는데도 76세까지 산 것을 보면 경이롭다는 생각을 하게 된다. 몸은 움직이지 못해도 뇌는 살아 움직였다는 것을 입증하는 셈이기 때문이다. 호킹 박사는 항상 생각하기를 즐기고 그로 인해 자신은 더없이 행복한 사람이라고 이야기하였다. 신체를 활용하든 뇌를 활용하든 끊임없이 뇌를 사용하는 것이 뇌를 활성화하는 방법이 아닌가 생각한다.

우리의 몸은 이렇게 많은 세포들이 질서 정연하게 각자의 역할을 수행할 수 있도록 상황 상황마다 조절하는 방법이 조화와 동적 균형이라는 원칙 아래 움직이고 있다. 각 장기들이 조화롭고 일사분란하게 움직이고 행동하게 함으로써 생존에 유리하게 하며, 각 영양소나 미네랄 등을 항상 일정하게 균형을 맞추어 주는 항상성이 있어서 각 세포들이 안정되게 살아갈 수 있게 한다. 우리가 의식하지 못하는 무수한 순간순간에도 뇌는 쉬지 않고 무의식 속에서 조화와 균형을 바탕으로 각 세포들을 조정하고 있다. 참으로 고맙고 감사한 일이다.

우리 몸을 종합 관리하는 방법에는 신경과 호르몬 두 가지가 있다. 신경은 고속도로와 같이 매우 빠르게 정보를 전달하지만 그 시간은 매우 짧게 작용하고, 호르몬은 정보 전달 속도는 느리지만 지속 시간은 상대적으로 신경보다 훨씬 길다. 『하리하라의 세포 여행』이라는 책에서는 이런 관계에 있는 신경을 유선 전화로, 호르몬을 우편집배원이 전달하는 편지로 비유한다.

신경 중에서 시상 하부의 자율 신경(교감 신경과 부교감 신경)이 전체적인 몸의 흐름을 우선적으로 관장하며, 각 세포에 공급되는 물질의 흐름이 항상성을 유지하도록 하는 호르몬의 역할이 매우 중요하다. 우리 몸에 있는 60조 개의 세포를 종합 관리하는 신경과 호르몬의 기능에 대하여 자세히 살펴보도록 하자.

정(精)은 몸의 바탕이며 기(氣)는 신의 주인이고
형(形)은 신(神)이 머무는 곳이다. 신(神)은 온몸의 주인이 된다.
　-고전평론가 고미숙의 유튜브 동영상 강의 『동의보감의 지혜와 삶의 비전』 중에서-

신경(神經), 신과 선, GOD과 GOOD, 호르몬 이야기

▶ 신경(神經)

신경이라는 단어가 있다. 그 뜻을 한번 생각해보자. 신경은 신과 경으로 이루어져 있다. 신(神)은 우리가 흔히 이야기하는 '위대한 신'을 의미하며 경(經)은 길을 의미하므로 신경(神經)은 '신이 다니는 길'이라는 뜻이다. 우리 몸속에는 신경이 있어서 아주 중요한 작용을 한다는 사실을 옛날 선조들이 알고 있었고, 그래서 신경에 대하여 많은 관심을 가지고 있었다. 우리말에는 '신경 쓰인다', '신경을 쓰지 마라', '신경 써서 머리가 아프다'라는 말이 있다.

현대에 들어와 과학 기술이 발전하면서 신경을 이루는 신경 세포를 발견하고 신경이 이어지는 신경 다발을 현미경으로 볼 수 있으며 끊어진 신경을 이어주기도 한다. 우리 몸에 아무리 많은 세포가 있고 뼈가 있고 근육이 있다고 해도 신경이 연결되어 있지 않으면 전혀 움직일 수 없고 조절할 수 없다. 뇌의 반쪽이 잘못되면 우리 몸의 절반이 움직이지 못하는 반신불수 상태에 이르기도 한다. 우리 몸을 종합적으로 관리하고 있는 뇌는 수많은 신경 세포로 이루어져 있으며, 이곳에서 우리 몸의 각 기관과 세포가 통제되어 일사분란하게 움직이고 있다.

신경 중에서 자율 신경은 교감 신경과 부교감 신경으로 이루어져 있으며, 이들의 상황에 따라 우리 몸에서 적절한 호르몬들이 분비되어 각 기관의 세포 활동을 조절한다. 우리 몸에서 신경의 역할은 절대적이라고 할 수 있다. 특히 정신(精神, 마음)은 뇌신경에서 만들어지는 것으로 우리의 마음에 따라 여러 신경과 호르몬 물질이 분비되고 그에 따라 우리 건강이 크게 영향을 받게 되어 있다. 우리가 건강을 이야기할 때 무엇보다도 신경 부분을 잘 이해하지 않고서는 제대로 이야기하기 어렵다. 신경이 중요하고 마음이 신경 작용에서 생성된다는 것을 안다면 마음을 잘 이해하고 수양하여 평온하고 평화로운 마음을 가질 수 있도록 노력하는 것이야말로 우리 건강을 지키는 데 매우 중요하다.

▶ 신과 선, GOD과 GOOD

전에 산화와 환원 반응과 관련하여 여러 생각을 하다가 영어 단어 GOOD과 GOD이 무엇인가 깊은 상호 관계가 있음을 발견하고 이 둘 사이를 산화(산소를 얻음)와 환원(산소를 잃음)으로 설명할 수 있겠다는 생각에 이르렀다. 다시 말해 GOOD이 환원(산소 O를 잃음)이 되면 GOD이 되고 GOD이 산화(산소 O를 얻음)가 되면 GOOD이 된다는 말이다. 이러한 내용으로 같은 학교에 있는 윤리 선생님과 대화를 나누다가 이미 중세 시대에 위대한 토마스 아퀴나스가 '신과 선'에 대하여 주장한 바가 있다는 사실을 전해 들었다.

$$GOD \underset{환원}{\overset{산화}{\rightleftharpoons}} GOOD$$

그래서 인터넷을 통해 자료 조사를 해본 결과 다음과 같은 사실을 알게 되었다. 토마스 아퀴나스가 저술한 『신학 대전』에는, "각 사물은 그것이 완전한 것인 한 선이라고 불린다. 각각의 사물은 그 본질에 의해 있는 것이기 때문에 각각의 사물은 그들의 본질에 의해서 선하다. 신이 모든 선의 원인이다."라는 말이 나온다. 그리고 신의 존재를 증명하는 다섯 가지 증명법 중 네 번째에 "하느님(GOD)은 최고의 선(GOOD). 모든 사물계에 있어서 존재와 선성과 모든 완전성의 원인인 어떤 것이 있다. 이런 존재를 우리는 하느님이라고 부른다."라는 내용도 있다.

우리 선조들이 사용한 단어에 신과 선이 있는데 여기에도 아주 유사성이 있다. 즉, 선에서 획(-) 하나를 빼면 신이 된다. 잘은 모르지만 우리 선조들도 선과 신의 관계를 염두에 두고 단어를 만들지 않았을까 상상해본다.

▶ 호르몬

호르몬은 세포들 사이에 신호(정보) 전달을 하는 하나의 수단이다. 특히 혈액 중에 분비되는 호르몬은 우리 몸에 필요한 영양소나 기타 물질의 항상성을 유지하는 데 아주 중요한 역할을 담당한다. 시상 하부에서 물질들의 항상성을 유지하기 위하여 많은 호르몬을 종합적으로 조절하고 관리한다. 어떤 위급한 상황에서는 교감 신경 우위로 전환하여 호르몬들이 일사분란하게 움직이도록 하고, 평온하고 이완된 상태에서는 부교감 신경 우위로 호르몬들이 분비되도록 하여 상황에 맞게 항상성을 유지해 준다.

그런데 우리 몸에서 소화 기관은 시상 하부의 자율 신경의 영향을 받기도 하지만 자체적으로 움직일 수 있는 호르몬 분비 시스템을 갖추고 있기도 하다. 위에 음식물이 도착하면 세크레틴 호르몬이 분비되어 이자에서 각종 소화 효소를 십이지장으로 분비할 수 있도록 준비시키고 가스트린 호르몬을 분비하여 위에서 위산을 분비하도록 하여 소화가 잘 일어나도록 도와주기도 하며, 단백질이 위에 도달하면 펩시노겐을 펩신으로 전환하여 단백질이 잘 분해되도록 한다. 그래서 우리 뇌가 뇌사 상태에 빠져도 제2의 뇌라고도 불리는 장인 소화 기관은 신경 기관이 별도로 움직일 수 있기 때문에 정상적으로 작동하는 것이다.

제 6 장

신경

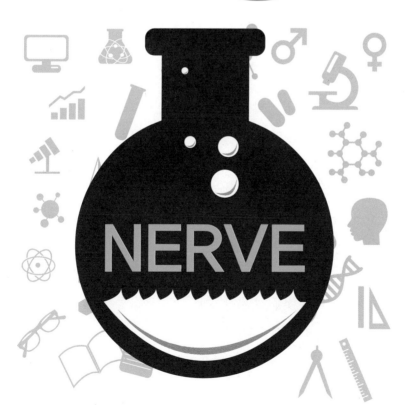

신경의 이해

우리는 '신경 쓰인다'는 말을 가끔 한다. 현대 과학에 의해 신경(뉴런) 구조가 밝혀지기 훨씬 이전에도 이러한 신경이 우리 몸속에 있다는 것을 느낌으로 알고 있었던 것이다. 움직이지 못하는 식물 등에는 신경이 없다. 바꾸어 말하면 움직임을 통제하고 관리하기 위하여 신경이라는 세포가 필요하게 되었다고 이해할 수도 있다. 이러한 사실은 앞에서 이야기하였듯이, 멍게가 태어나서 자신이 살아갈 자리를 잡을 때까지는 움직임이 필요하므로 뇌가 존재하다가 정착하고 난 뒤에 더는 이동이 필요 없어서 뇌가 사라지는 것을 보면 간접적으로 이해할 수 있다.

좀 엉뚱하기는 하지만 "식물은 움직이면 죽고 동물은 움직이지 않으면 죽는다."라는 의미심장한 말이 있다. 대부분의 동물들은 움직여야 살 수 있기 때문에 움직여야 하고, 움직이기 위해서는 모든 세포를 종합 관리하는 뇌가 필요하다. 그런데 일부 단세포 생물은 하나의 세포가 생명체를 형성하기 때문에 여러 세포를 모아서 종합 관리할 필요가 없으므로 특별히 뇌 조직이 필요치 않다. 지렁이 등 단순 동물도 뇌 같은 거대 신경 조직이 필요치 않고 신체 부위별로 간단한 신경 조직을 통해서 움직임을 조절하는 것으로 알고 있다.

점점 더 복잡한 움직임이 필요할수록 뇌 구조가 복잡해지고 정교해지는 과정을 거치게 된다. 어류보다는 파충류가, 파충류보다는 포유류가 더 많은 복잡한 동작을 요구하고, 그에 따라 더 발달한 뇌 구조를 형성하게 되었다고 한다. 우선 파충류의 뇌는 생존에 필요한 구조를 가지고 있다고 한다. 포유류는 파충류보다 발달한 뇌를 가지고 생존에 유리한 상황을 판단하는 기능이 추가되었다. 영장류인 고릴라나 침팬지 등은 고도로 발달된 뇌 구조를 바탕으로 생각까지 하는 단계에 이르렀다. 인간은 직립하면서 더욱 정교한 동작을 유지하고 통제하기 위해 더욱 발달된 뇌 구조를 가지게 되었다고 한다.

사실 서서 움직이는 것이 쉬워 보여도 로봇 개발자들의 이야기를 들어보면 대단히 어려운 일이라고 한다. 두 다리로 걷는 로봇에게 계단을 오르내리게 하는 일은 대단히 어렵고 힘들다는 말이다. 하지만 네 다리 로봇은 균형을 잡기 쉽고 넘어지지 않기 때문에 계단이든 어느 곳이든 자유롭게 움직이는 데 별 문제가 없다고 한다. 인간처럼 서서 다니게 하려면 정말 정교한 동작 처리와 균형을 이루어야 하므로 이를 종합 관리하는 뇌가 아주 발달하게 된 것으로 이야기되고 있다.

근래에 들어 뇌 과학이 눈부시게 발전하고 있다. 뇌의 구조에서 어떤 부분이 어떤 작용을 하고 어떤 역할을 하는지 속속들이 밝혀지고 알려지고 있다. 머지않아 뇌의 많은 부분, 대부분이 밝혀지는 날이 올 것이다. 우리 뇌 구조의 특징인 병렬연결을 바탕으로 컴퓨터도 병렬연결을 이용함으로써 인공 지능이 눈부시게 발전하고 있다.

　우리는 이세돌 9단과 알파고의 바둑 대결에서 인공 지능의 위력을 실감한 바 있다. 그 이후 제로고 인공 지능이 나와서 알파고를 계속 이긴 후에, 어느 누구도 제로고를 상대로 하여 승리를 거두지 못했다고 한다. 스스로 공부하고 지식을 터득하는 인공 지능이 탄생하여 미래에는 새로운 세계를 열어갈 것이라고 한다. 앞으로 다가올 4차 산업혁명 시대에는 인간이 인공 지능과 공존하며 살아가야 할 것이므로 이를 반드시 대비해야 할 것이다.

　인간은 생각하고 판단하는 대뇌가 발달하여 다른 어느 동물도 할 수 없는 사고를 할 수 있으며 우주를 생각하고 새로운 세상을 만들어가는 창의력도 있다. 일반적으로 원숭이나 다른 어떤 동물 집단도 한 무리에 150 마리를 넘기지 못한다고 하는데, 사람은 한 집단을 어마어마한 단위까지 확장할 수 있다고 한다. 어떤 나라는 인구수가 14억에 육박하기도 하고, 심지어 지구를 하나의 거대한 집단으로 보고 지구촌이라는 말이 나올 정도로 규모가 확장되기도 한다. 인간 이외에 그 어느 동물 집단도 그 수를 늘려 거대 집단을 형성할 수 없다. 왜냐하면 뇌의 구조에서 인간과 현격한 차이가 있고 사고의 수준이 다르기 때문이다. 지구에서 인류만큼 고도화한 두뇌를 가진 동물은 없지만, 앞에서 살펴본 인공 지능은 인간을 초월할 가능성이 매우 높다고 예측되므로 미래는 예측하기 힘든 세상이 될지도 모른다.

02
뇌의 역할

　지금까지 우리 두뇌의 형성 과정과 그 능력을 알아봤다. 신경을 좀 더 구체적으로 살펴보기로 하자. 신경은 크게 중추 신경과 말초 신경으로 나누어진다. 중추 신경은 뇌신경과 척수 신경으로 나누어지며, 말초 신경(감각, 운동)은 체성 신경(12쌍 뇌신경과 31쌍 척수 신경, 감각, 운동)과 자율 신경(운동 신경)으로 나누어진다. 말초 신경 중 체성 신경은 우리 의지대로 운동 신경을 조정할 수 있는 신경이고 자율 신경은 우리 의지대로 운동 신경을 움직일 수 없는 신경이다.

　중추 신경 중 뇌신경에 주목하자. 뇌신경은 뇌에서 모든 움직임을 조화롭게 조정하고 조율하는 역할을 하며, 낮에도 밤에도 쉬지 않고 몸 안에서 이루어지는 활동을 관리한다. 물론 우리 몸 어느 하나 소중하지 않

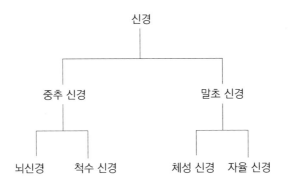

은 곳이 없다. 에너지와 물을 공급하는 순서에서 뇌에 가장 우선권을 주
는 것을 보면 뇌의 중요성이 가장 크다. 실제로 뇌가 손상을 받으면 우
리 몸은 제대로 작동하지 않는 등 부작용을 낳는다. 예를 들어 좌뇌가
죽으면 우측 신체의 모든 움직임이 없어지는 반신불수가 되기도 한다.
또 만약 뇌가 전부 죽어 뇌사 상태에 빠지면 전신의 모든 움직임이 중지
되는 등 심각한 상황에 처하게 된다. 식물인간은 뇌는 대부분 죽었지만
연수 부분이 살아 있어 숨과 심장 기능은 유지하는 것이 가능하다고 한
다. 하지만 뇌사 상태일 때는 인공 심장과 인공호흡 장치를 해주어야 한
다. 장은 앞에서 이야기했듯이 제2의 뇌로서 신경이 많이 있어서 그 자체
로 작동이 가능한 기관이므로 뇌사 상태에 빠져도 소화 기능은 가능하
다. 뇌는 매우 소중하여 잘 관리하고 돌보아야 할 대상으로 우리 건강
의 핵심인 정신 건강을 책임지는 부분이다. 다른 말로 정신을 마음으로
대체할 수도 있다. 마음은 어디에 있는 것인가? 옛날에는 마음이 가슴에
있는 줄 알고 가슴을 가리키며 심장에서 마음이 나오는 것으로 알고 있

었다. 현대에 뇌 과학이 발달하면서 모든 정신 작용은 뇌에서 이루어지고 있다는 사실이 속속 정확하게 밝혀지고 있다.

우리 뇌는 강하면서도 때로는 한없이 약하다. 강인한 정신력으로 극한 상황을 극복하기도 하지만 또한 어떤 상황에서는 한없이 약하게 무너지기도 한다. 온갖 어려움을 극복하고 역경을 이겨내며 에베레스트산에 오르기도 하고 일과 사업에서 성공하기도 한다. 하지만 다른 한편으로는 별것도 아닌 것에 무너지고 상처를 받고 트라우마가 생기기도 한다. 정말 우리 뇌는 신비로운 영역의 세계에 있어서 흥미롭고 알고 싶고 연구하고 싶은 분야이기도 하다.

전에 텔레비전을 보는데, 어떤 50대 아저씨가 택시 운전을 하다 강도에게 칼로 위협을 당하면서 몇 시간 동안 끌려 다니는 일을 겪고 난 후에 심각한 트라우마가 생겨서 집 밖을 못 나가고 정신과 약을 복용하고 있다는 사연이 소개됐다. 그 부인이 인터뷰하면서 말하기를, 전에는 택시 운전도 잘하고 바깥 생활도 잘하던 사람이 그날 이후로는 무서워서 밖을 못 나가고 매일 집에서만 살고 있으니 정말 이해할 수 없는 노릇이라고 하였다. 나도 제3자의 입장에서, 50대에 접어든 사람이 웬만하면 극복하고 일어설 일이지 왜 그럴까 하는 생각이 들었다. 하지만 당사자가 아닌 입장에서 다른 사람에게 일어난 일을 어떻게 다 이해할 수 있을까? 한마디로 우리의 뇌는 이해하기 힘든 영역이란 말인가라는 질문이 남는다.

한 가지 예를 더 들어보자. 나는 전에 고등학교 1학년 학생들을 데리고 음성 꽃동네에 2박 3일 일정으로 봉사 활동을 다녀온 적이 있다. 그때 정신병동에 봉사 활동을 하러 가서 들은 이야기는 다음과 같다. 서울

대학교 법대에 다니던 남학생이 어느 날 멸치잡이 어선에 납치되어 3년 동안 그 배에서 생활하고 난 후 정신 이상이 생겨서 정상 생활을 못 하고 꽃동네에 들어와 지낸다고 했다. 정말 어이가 없고 이해할 수 없었지만, 어떻게 됐든 뇌에 심각한 손상이나 이상이 생겨 정상적인 생활을 할 수 없게 된 것이다. 한 젊은 남성이 어느 날 예기치 못한 불행에 빠져 뇌에 심각한 손상을 입게 된 이야기를 듣고 나니 정말 안타깝기 그지없는 일이라고 생각했다. 제발 우리 사회에서 신체적 폭력이 아닌 정신적 폭력으로 한 사람을 불행의 나락으로 떨어지게 하는 일이 더 발생하지 않았으면 한다. 좀 더 정의로운 분위기에서 서로 도와가며 인정 넘치는 사회를 만들어 약자들도 행복해질 수 있는 아름다운 나라가 되기를 기원한다.

방글라데시는 전 세계적으로 국민 소득이 가장 낮고 인구 밀도는 가장 높은, 어찌 보면 불행한 나라인데도 불구하고 자신들은 행복하다고 생각하여 전 세계 행복 지수를 조사하면 행복한 나라로 자리매김된다고 한다. 국민 소득이 높다고 하여 행복한 것은 아니라는 사실이 여러 조사에서 발표되고 있다. 자신의 주변 사람들과 얼마나 잘 소통하고 편안한 마음가짐으로 살아가고 있느냐가 행복을 결정하는 것인지도 모른다. 그렇다고 먹고 놀자는 이야기는 아니다. 열심히 살면서도 좀 더 행복한 사회를 만들어 갈 수 있지 않을까라는 염려 섞인 바람을 이야기하는 것이다.

내가 민족사관고등학교 2학년 담임을 맡고 있을 때, 한 학생이 2학기 중간고사 성적표를 받고 난 후 학교의 민족교육관 한적한 곳에서 오후 7시 30분쯤에 혼자서 성적표를 찢어버리고 심하게 울고 있는 모습을 지나던 선생님이 발견하여 알게 된 일이 있었다. 며칠째 성적 때문에 고민하면서 혼자서 우는 상황이 지속되고 있다는 것을 늦게나마 알게 된 것이다. 학생과 상담을 하면서 많이 힘들면 1년 휴학을 하고 마음이 안정되면 내년에 다시 학교를 다니는 것이 좋겠다고 제안하였다. 학생이 좋다고 하여 부모님에게도 연락을 해서 지식보다도 학생의 정신 건강이 더욱 소중하다고 한 뒤 1년 휴학을 권고하였더니 부모님도 흔쾌히 허락해서 그 학생은 1년 동안 휴학을 하였다.

그 학생이 다음 해에 우연히도 우리 반에 배정되어 다시 살펴보니 정서적으로 매우 안정되어 학교생활을 잘 해나갔다. 그래서 어머니에게 학생이 휴학한 1년 동안 어떻게 보냈는지 물어봤더니 자주 장애인 시설 등에 자원봉사를 다니면서 힘든 사람들도 잘 살아가는 모습을 보여주고 봉사하며 살아가는 생활을 같이하였다고 한다. 어머니의 희생정신과 자식 사랑하는 마음으로 그 학생이 안정을 찾고 마음을 추스른 것으로 보였다. 그 어머니는 자식을 위해 희생하는 모습을 보여준 훌륭한 분이었다. 그 학생은 고등학교 3년 과정을 마치고 대학교를 들어가 지금 잘 다니고 있다. 우리 주위(학교, 사회)에 혹시 정신적으로 힘들어하는 사람이 없는지 애정을 기울여서 살피고 도와주는 따뜻한 사회가 되기를 바란다.

나는 학생들과 학기 초에 상담을 하면 다음 두 가지를 꼭 물어본다. 지식도 중요하지만 자신의 건강만큼 소중한 것이 없는데 본인들은 얼마나 자신의 건강을 위해 노력하고 있는지 구체적으로 물어본다. 하나는 신체적 건강이고 다른 하나는 정신적 건강인데, 이 두 가지를 위해 노력하고 있는지 물어보고 학생들이 대답한 것을 적어 놓는다. 그리고 그 내용을 보면서 잘하고 있으면 칭찬해주고, 부족한 것이 있으면 노력하라고 구체적으로 이야기한다.

대체로 남학생들은 축구나 농구 등 운동을 하며 신체 건강을 위해 노력하고 있는 경우가 많다. 반면에 여학생들 중 일부는 아무런 운동도 하지 않고 신체적 건강을 위한 노력을 전혀 하지 않는다. 스포츠가 아니더라도 움직이는 모든 것은 운동이니 신경 써서 하라고 부탁한다. 신체적 건강에 대해서는 상대적으로 이야기가 잘 된다.

하지만 정신적 건강을 위해 무슨 노력을 하고 있는지 물어보면 많은 학생들은 그게 뭐가 중요하냐는 듯한 표정을 보인다. 그래서 정신 건강이 왜 중요한지 일일이 설명해준다. 신체가 아무리 멀쩡해도 뇌(정신)에 이상이 생기면 정상적인 생활을 못 하는 예를 들어준다. 많은 사람들은 신체장애를 쉽게 떠올리지만 정신 장애 역시 정상 생활을 방해하기는 마찬가지다. 그러니 신체 건강 못지않게 정신 건강도 소중한 것이다.

학생들에게 마지막으로, 어떠한 일이 있어도 자신의 건강은 자신이 챙겨야지 부모님도 친구도 어느 누구도 챙겨줄 수 없으니 반드시 신체와 정신 건강을 위한 노력을 지속적으로 해주기를 부탁한다.

나 자신도 젊었을 때는 건강에 너무 무관심하고 막 살아온 느낌이 없지 않다. 감기에 자주 걸리고 몸이 허약한 것은 원래 타고나서 그런 것이라고 돌리고 그런대로 살아온 것이 사실이다. 그러다가 건강 실험을 수행하면서 문제가 있는 것들을 하나하나 개선해보고 반성하였다.

원래 그런 것으로 치부한 것은 잘못된 것을 조상 탓(유전자 탓)으로 돌리고 나 자신의 잘못을 감추는 행위였다. 신체적 건강 실험을 하며 문제점이 개선되는 것을 보면서 내가 잘못 살아온 것을 남 탓으로 돌리고 있었다는 사실을 뼈저리게 느꼈다.

나에게 정신적으로 문제가 별로 없었던 같지만 사실은 중간중간 분노하는 성격이 있었다. 나이 들어 생각해보니 내 욕심이 앞섰던 것 같아서 욕심을 내려놓기로 하니까 분노할 일이 많이 줄어들었다. 기분 나쁠 일이 줄어들어 마음이 많이 평정되고 평온해져서 전보다 행복을 느끼는 시간이 늘어난 것 같다. 앞으로도 월정사 적엄 스님이 자주 해준 말씀처럼 집착을 내려놓는 법을 좀 더 배워야 할 것 같다.

육체적 운동도 중요하지만 자신의 뇌(정신) 건강을 위해 매일 명상을 하든가 음악을 듣든가 영화를 보든가 그림을 그리든가 글을 쓰든가 하며 다양한 활동을 하려는 노력이 필요하다. 어떤 사람은 뇌(정신)의 휴식을 위해 여행을 가기도 하고 산책을 하기도 한다. 나는 뇌의 휴식을 위해 노력하는 것이 별로 없고, 단지 수면을 충분히 취하는 것이 유일한 휴식 방법인 것 같다. 그래도 하나라도 있어서 다행이라고 생각한다.

뇌는 우리 몸 전체를 총괄하는 사령부와 같은 역할을 하고 있다. 이는 모든 세포의 유전자들의 생존에 관련된 일을 종합적으로 처리하고 책임지는 막중한 자리이다. 평소에 생존에 도움이 되는 음식물을 먹는 것도 행복이고, 생존에 도움이 되는 정신 환경도 행복이지만, 반대로 생존에 위협이 되는 것을 방어하는 대책도 가지고 있다.

우리 뇌는 처음에 어떤 위협에 저항하며 이겨내려는 노력을 기울이다가 힘들어지면 파충류들이 가지고 있는 변연계의 편도체에 의지하는 쪽으로 후퇴하기도 한다고 한다. 이것은 살고자 하는 뇌의 절규이자 몸부림이다. 이 상황에 들어가면 자신의 생존만을 생각하고 그 이외의 모든 것은 적으로 간주하여 버린다.

그러니 자신의 생존만을 생각하는 지극히 편협한 사고 수준으로 후퇴하여 주변 사람들을 깜짝 놀라게 하고 잘 이해되지 않는 행동을 하기도 한다. 그러나 이것은 한 인간이 생존을 위해 마지막 몸부림을 치고 있는 것이다. 한 생명이 살고자 최소한의 영역으로 후퇴해 마지막 방어 전략을 펴고 있다고 생각해보자. 그러다 안정을 취하고 휴식 시간을 충분히 보내면 서서히 자신의 세계(터널 속)에서 빠져나와 점차 주변을 돌아보고 영역을 넓혀가는(터널을 빠져 나오는) 과정을 밟는다고 한다. 마지막에는 일반인과 같은 자연스러운 사고를 하고 정상적인 생활을 할 수 있는 뇌로 전환되어 간다.

이러한 메커니즘을 잘 이해하고 주변의 사람들을 살핀다면 도중에 심각한 상황까지 가지 않고 정상으로 되돌릴 수 있는 경우가 많은데, 실기하면 진짜 정신 이상으로 진행되고 영원히 되돌아올 수 없는 불행한 상황으로까지 갈 수 있다. 좀 더 애정을 가지고 주변의 사람들을 살피고 돕는 마음가짐으로 정신적으로 힘든 사람들을 도와주는 것이 우리 사회에서 필요하다. 한번 뇌신경 세포가 파괴되어 죽고 나면 다시는 살아나지 않는다는(일반적으로 뇌신경 세포는 재생되지 않는다고 함) 사실을 염두에 두고 한 생명의 불씨를 꺼뜨리지 않도록 해야 한다.

우리가 평소 낮에 생활하는 동안 뇌 안에는 독성 물질(아드레날린 등)들이 생성된다고 한다. 이러한 독성 물질은 밤에 수면을 취하는 동안에 제거되어 아침에 일어나면 머리가 상쾌해진다. 수면은 건강을 지키는 데 필수 요소이다. 옛날부터 건강하려면 쾌식, 쾌면, 쾌변, 이 세 가지가 필요하다고 했다.

좋은 수면은 뇌 안에 남아 있는 독성 물질을 제거하고 단기 기억을 장기 기억으로 저장하는 등 많은 기능을 한다. 만일 불안이나 고민, 걱정 등으로 잠을 못 자는 날이 많아지면 우리 뇌는 더욱더 복잡한 상황으로 엮이게 되고 피로는 더욱 누적되어 뇌가 잘 작동하지 못하게 되면서 머리가 아프게 된다. 이것으로 끝나는 것이 아니다. 뇌 안에 남아 있는 독성 물질이 뇌신경 세포를 파괴하는 일이 벌어지면 걷잡을 수 없는 일이 발생할 수 있다. 이는 뇌신경 세포의 괴사로 이어지면서 기억력, 판단력, 이해력 등 여러 방면으로 뇌 이상이 일어나 병으로 발전하게 된다. 뇌를 보호하기 위해서라도 항상 하루에 적정 수면 시간을 꼭 지키는 습관이 중요하다.

수면

　학생들이 좀 더 많은 공부를 하기 위해 잠을 줄이는 경우가 있는데, 줄어든 수면 시간 때문에 낮에 졸리는 현상이 일어나고 이에 따라 낮에 정상 활동을 하지 못함으로써 전체적으로 손실을 입는 하루를 보내는 일이 잦다. 나는 고등학교 1학년 2학기 중간고사 기간이던 어느 날, 새벽 1시까지 공부를 하고 잠을 잤는데 다음 날 몸 상태가 좋지 않았다. 특히 머리가 맑지 않았다. 2교시 수학 시험 시간에 아무리 수학 문제를 풀려고 해도 머리가 띵해서 잘 풀리지 않아 시험을 완전히 망친 경험이 있다. 그 결과 평소 실력보다 현저하게 낮은 결과를 얻게 되었다. 그 이유는 단지 시험 전날에 수면을 제대로 취하지 못했기 때문이다. 이 아픈 경험을 마음속에 담아 놓고 앞으로는 절대로 시험 전날에 공부하기 위해 잠을 줄이는 실수를 하지 않겠다고 다짐했던 기억이 생생하다.

　고등학교 3학년 때 학력고사가 있기 1주일 전부터 평소 잠자는 시간보다 1시간 일찍 잠자는 연습을 실시하여 수면을 충분히 취한 상태로 학력고사를 보았는데 정말 놀라운 결과를 얻게 되었다. 다른 학생들은 평소 점수보다 20~30점씩 내려갔는데 나는 평소 실력 그대로 점수를 얻었다. 이날의 기쁨은 예전의 실수를 바탕으로 얻은 것이어서 평소 실수를 억울해하지 않고 반성의 기회로 삼은 나 자신이 약간은 자랑스러웠다.

그 이후에 평소보다 큰 시험 하나가 있었다. 그것은 카이스트 입학시험이었다. 그때도 1주일 전부터 1시간 이상 수면 시간을 늘려서 준비하였다. 시험 당일 문제를 푸는데 정말 어려운 20점짜리 문제가 있었다. 이리저리 풀다 보니 어느 순간 문제가 풀리면서 해답을 얻게 되었다. 그 순간 아, 입학시험에 합격했구나 하는 느낌이 들었다. 왜냐하면 그 정도로 어려운 문제는 머리가 아주 맑은 상태가 아니고서는 도저히 풀 수 없는 것이었기 때문이다. 역시 예상대로 면접 시간에 합격했다는 의미의 이야기를 듣게 되었다. 발표 당일에는 정문 앞에 가서 확인해야 하지만 가지 않고 친구들에게 내 이름이 있는지 확인해달라고 부탁했다.

정말 수면은 우리 일상생활에서 매우 중요한 의미가 있다. 나는 내가 담임을 맡고 있는 학생들에게 자신의 적정 수면을 찾고 그 수면 시간을 지키면서 평소 생활을 하고, 정말 중요한 시험이 있으면 수면 시간을 늘려 실천해보라고 이야기한다. 직접 경험해보지 못한 학생들이 얼마나 따라 줄지는 미지수다. 직접 경험한 것일수록 값어치가 크다. 하지만 간접 경험을 통해 깨닫는다면 그것 또한 훌륭한 일이다.

10여 전에 3학년 학생을 상대로 수면 임상 실험을 해보고자 했다. 평소 잘 알고 지내던 학생 1명에게 수능 일주일 전부터 수면 시간을 1시간 이상 늘려 잠을 자는 연습을 하라고 말하고 실천하도록 부탁했다. 내가 경험했던 일을 다 들려주고 나서 과연 어떤 결과가 나올지 무척 궁금했다.

수능이 끝난 다음 임상 실험을 한 학생은 평소 모의고사 성적보다 약 10점이 올랐다고 했다. 반면에 동료 학생은 평소 모의고사 성적이 같은 점수대였는데 수능에서 약 10점이 적게 나왔다고 했다. 나는 내가 경험한 것이 나뿐만 아니라 다른 사람에게도 작용한다는 것을 이 학생을 통해 간접적으로 알 수 있었다.

2017년에는 3학년(12학년) 대표 어드바이저(담임)를 맡아서 모든 학생들에게 능동적 학생이 되라고 주문했다. 농사를 지을 때 하늘에서 비가 오면 농사를 짓고 비가 오지 않으면 농사를 못 짓는 농부를 수동형 농부라고 한다면, 비가 오든 안 오든 항상 준비를 해놓고(양수기 준비) 언제든 농사를 지을 수 있는 농부를 능동형 농부라고 정의했다. 학생들도 이와 다를 바 없다고 이야기하면서, 학생부 전형으로 수시로만 대학 가는 방법에 의지해 손 놓고 있는 학생은 수동형 학생이며, 학생부가 아니더라도 수능을 준비해 정시로도 갈 준비를 하는 학생은 능동형 학생이라고 한 뒤, 나는 가능하면 능동형 학생들이 되어주면 고맙겠다고 당부했다.

이 이야기를 들은 학생들이 열심히 해주어서 고마웠다. 그리고 수능 일주일 전부터 나를 믿고 수면 시간을 1시간 이상 늘려 잠을 충분히 자두면 분명히 수능에서 좋은 결과가 있을 것이라는 이야기를 나의 경험과 선배 1명의 예를 곁들여 하면서 꼭 실천해 달라고 부탁했다. 수능 결과가 전체적으로 매우 만족스럽게 나와서(수능 만점도 나옴) 다시 한번 수면 건강 실험의 효과를 간접적으로 경험하여 정말 기뻤다.

수면에는 렘수면과 비렘수면이 있다고 한다. 수면 시간에 따른 호르몬 분비의 변화를 나타낸 그림 (『인생을 바꾸는 숙면의 기술』에서 인용)을 보면, 수면의 처음 단계에서는 비렘수면 시간이 길어지고 뒤로 갈수록 렘수면 시간이 길어진다. 비렘수면과 렘수면은 무엇인지 간단하게 알아보자. 먼저 렘(REM)은 Rapid Eye Movement(빠른 안구 운동)의 약자이다. 비렘수면은 안구가 움직이지 않는 수면을, 렘수면은 빠른 안구 운동이 수반되는 수면을 말한다.

일반적으로 비렘수면 시간에는 육체의 피로가 풀리고, 렘수면 시간에는 뇌의 피로가 풀리고 단기 기억이 장기 기억으로 전환되면서 대뇌의 신경 세포 능력이 다시 깨끗하게 되살아난다. 수면은 육체적 피로도 풀어주고 뇌(정신적)의 피로도 풀어주는 아주 중요한 역할을 하는 셈이다. 사람들이 가끔 꿈을 꾸었다고 이야기하는 시간이 바로 렘수면에서 일어나는 현상인데, 그림에서 보듯이 깨어나기 직전에는 렘수면 시간이 대부분인 것을 알 수 있다.

잠에서 한번 깨어나면 그 시간에 바로 일어나는 것이 상쾌한 하루를 열어가는 지름길이다. 좀 더 잠을 자야지 하고 다시 렘수면과 비렘수면으로 들어가면(보통 비렘수면+렘수면=1시간 30분) 중간에 일어나는 상황이 발생하여 잠을 덜 자고 난 듯한 기분으로 일어나기 때문에 기분이 썩 좋지 않다. 가장 바람직한 기상은 렘수면이 끝나는 시간에 눈을 뜨면서 일어나는 것이다.

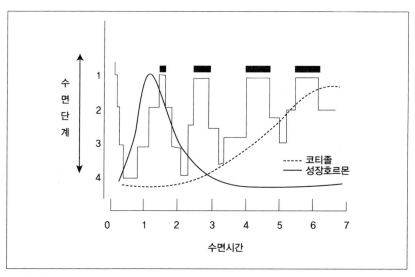

그림. 수면과 호르몬

지금까지 뇌신경에 대하여 많은 것을 이야기하고 알아봤다. 뇌는 우리의 정신 작용이 일어나고 마음이 형성되는, 그야말로 형언할 수 없는 무한한 일을 하는 기관으로서 정말 받들어 모셔야 한다고 나는 가끔씩 생각한다. 뇌에서 일어나는 모든 기능은 우리에게 우주만큼 넓고 바다보다 깊은 세계를 만들어주기 때문에 경외스러울 따름이다.

농부가 밭을 갈고 논을 경작하는 것처럼 우리가 뇌를 어떻게 경작하느냐에 따라 그 생산물은 무궁무진할 정도로 탁월한 결과를 보여줄 것이다. 각 개인마다 우주 같은 거대한 뇌의 세계를 가지고 있으니 모두가 존경스럽고 존경받아야 하는 소중한 존재라는 사실을 깨닫기 바란다. 한 개인을 무시하는 행위는 뇌의 위대함을 모르는 사람들의 잘못이라고 생각한다.

03
뇌의 구조

뇌는 크게 대뇌, 소뇌, 간뇌(시상, 시상 하부), 뇌줄기(중간뇌, 뇌교, 연수)로 구분한다. 대뇌는 이성적 판단과 기억 등을 관장하고, 소뇌는 몸의 자세와 균형을 유지한다. 간뇌는 시상과 시상 하부로 이루어져 있으며 시상은 외부에서 들어오는 모든 신호를 모아서 대뇌로 전달하고 시상 하부는 자율 신경, 내분비, 체온 조절 그리고 물질 대사에 관여한다. 뇌줄기는 호흡, 심장 활동, 소화 활동 조절을 담당한다. 뇌에서 대뇌, 소뇌, 뇌줄기는 본연의 임무를 항상 수행하는 곳이다. 우리가 좀 더 신경 써야 할 일은 이렇듯 소중한 뇌가 잘 작용하도록 뇌를 잘 보호하고 관리하는 것이다.

나는 우리의 신체와 정신에서 아주 중요한 역할을 담당하는 시상과 시상 하부, 즉 간뇌에 관심을 두어야 한다고 생각한다. 우리 몸에서 일어나는 변화를 시시각각으로 체크하고 반응하는 곳이 바로 시상과 시상 하부이므로 둘은 우리의 생존에서 절대적 위치에 있다고 볼 수 있다. 우리 몸에서 벌어지는 일을 일일이 확인하여 문제가 있는지 없는지를 즉각적인 반응과 느린 반응으로 구분하여 대응하는 곳이 바로 간뇌(시상과 시상 하부)이다. 시상은 자율 신경, 체온 조절, 수분 조절 등의 역할을 하고, 시상 하부는 내분비 호르몬 분비를 관할한다.

앞에서 이야기했듯이 즉각적인 반응이 필요하다는 것은 생존의 결정이 매우 위급한 상황임을 암시한다. 만약 산속에서 갑자기 호랑이를 만났다면 어떻게 대처해야 하는지 자명하다. 느리게 대처했다가는 바로 목숨이 위태로울 뿐이다. 이러한 위급 상황에 맞게 우리 몸도 그런 대응 체계를 갖추고 있다. 그 부분이 바로 자율 신경이다.

자율 신경에는 교감 신경과 부교감 신경 두 가지가 존재한다. 교감 신경은 위기 상황에서 작동하는 신경으로, 혈관이 수축되고 심장 박동이 빨라지면 근육들에 빨리 대응할 수 있도록 준비시키는 역할을 한다. 매우 신속하게 명령이 내려지면 전체 몸은 그에 맞추어 위기 상황을 극복할 수 있는 체계로 빠르게 움직인다. 우리가 생각하고 판단하고 결정해서 행동한다면 아마도 시간이 걸리고 그만큼 위험이 더 커질 수 있는 상황에서 우리의 의지나 판단도 필요 없이 움직이는 신경이 있어서 위기 상황에 재빨리 대응하기 때문에 생존 확률을 높일 수 있다.

시상 하부에는 이러한 자율 신경을 조절하는 기능도 있고 그 외에 체온 조절과 수분 조절 기능도 있다. 앞으로 7장에서 살펴보겠지만 내분비 호르몬을 분비하여 혈액에 있는 많은 물질의 항상성을 조절하는 기능도 있다. 우리 몸에서 조화와 균형을 이루어주는 핵심 부위로 보인다. 시상이라는 말 자체는 눈으로 보아서 상이 맺히는 것이라고 생각되며, 실제 눈의 위치와 거의 같은 높이에 존재한다.

눈으로 빛이 들어오면 거기에 맞추어 하루의 생활을 준비하기 시작한다. 낮에는 교감 신경이 우위에서 활동하고 밤에는 다시 부교감 신경이 우위에서 휴식을 취하여 조화와 균형을 이룬다. 혈액 중의 포도당 농도나 각종 콜레스테롤 농도 등이 일정한 범위 안에서 항상 유지될 수 있도록 항상성을 유지하는 역할도 시상 하부가 담당한다.

대뇌에는 대뇌 피질과 대뇌변연계가 있고, 변연계에는 해마와 편도체가 있다. 해마는 뿔처럼 생긴 두 개의 곡선으로 이루어진 조직으로 그 끝에 편도체가 있다. 해마는 학습과 기억을 담당하고, 편도체는 공포, 분노 등의 감정(공격 행동)을 담당한다.

공포에 대한 대응은 동물의 생존에 중요한 요소다. 공포에 싸인 감정은 편도에 기억되지만, 해마는 공포 반응의 배경을 기억한다고 한다. 편도체는 즉각적인 자동 반응과 무의식적인 본능적 반응을 신속하게 만드는 반면에 조금 더 지연된 시상에서 신피질의 경로는 숙고된 인지적 반응을 만들어서 행동에 유연성을 높인다고 한다. 편도체는 공포를 유발하지만 이내 시간이 지나면서 해마가 공포를 누그러뜨리며 다시 평온함을 찾을 수 있도록 돕는다. 그런데 극심한 스트레스 상황이 지속되면 이 해마와 편도체의 균형이 무너지면서 상황이 완전히 달라지고, 편도체 우위로 전개되면 두려움에 떨게 된다고 한다. 이렇게 되면 한 개인은 생존을 위해서 자신만의 세계로 꽁꽁 숨어버리고 오로지 생존을 위한 행동만을 하게 된다고 한다.

이러한 개인의 행동은 포유류에서 파충류 수준의 뇌 활동으로 돌아가 생존만을 위한 뇌 활동이 진행되는 데 따른 결과이므로, 주변에서는 이를 인지하고 그 사람을 다시 안정을 찾을 수 있도록 도와주고 서서히 주변이 안전하다고 인식할 수 있도록 도움의 손길을 뻗쳐주어야 생존을 위한 자신만의 세계에서 빠져 나와 전체 사회에서 활동할 수 있는 뇌의 구조를 회복할 수 있다고 한다. 뇌의 구조와 작동 원리를 조금 더 깊이 이해하면 우리는 왜 뇌가 힘든 상황에 빠진 사람을 구하기 위해 자신만의 생존을 위한 구조로 적응하는지 알 수 있다. 가능하면 주변 사람들이 해마에 손상을 입지 않도록 많이 도와주어야 한다고 생각한다. 해마와 편도체가 조화와 균형을 이룰 수 있도록 자신이 노력하든 주변에서 도움을 주든 각 개인이 건강한 정신을 가질 수 있도록 뇌를 잘 보호하기 위해 노력하자.

스트레스 호르몬인 코르티솔에 의해 단백질과 지방이 분해되어 포도당이 많아지면 혈당이 확 높아진다. 혈당이 높아지면 해마가 영향을 받아 해마에 있는 시원 세포가 파괴된다고 한다. 그래서 장기간 스트레스를 받으면 기억력이 저하되고 혈당이 계속 높은 상태가 되어 해마의 시원 세포들이 소멸됨으로써 해마의 크기가 축소된다고 한다. 줄어든 해마는 회복이 어렵고 해마의 위축은 장기적인 기억 장애를 초래한다고 한다. 극심한 스트레스나 장기간의 스트레스는 피하고 휴식을 취하면서 자신의 뇌를 보호하도록 노력해야 한다. 더불어 주변에 그러한 사람들이 있으면 도와주기 바란다.

04
신경 전달 물질

우리 뇌에만 신경 세포가 약 1000억 개(우리 은하에 존재하는 별의 수) 존재한다. 각 신경 세포(뉴런)는 가지 돌기, 신경 세포체, 축삭, 축삭 돌기로 구성되어 있다. 운동 신경이나 감각 신경은 사슬처럼 연결되어 있는 반면에 연합 뉴런은 서로 병렬로 연결되어 있어서 복잡한 시냅스를 형성한다. 각 신경 세포마다 시냅스가 1000~10000개 정도 있다고 하니 우리 뇌에는 시냅스가 총 100조~1000조 개가 있는 셈이다.

이것은 어마어마한 숫자로 정말 다양한 학습과 기억 기능을 수행할 수 있는 구조이다. 이를 모방하여 만든 것이 인공 지능이라고 하니 인공 지능의 역할도 상상할 수 없다고 생각된다. 뉴런과 뉴런 사이는 아주 짧게 일정한 간격으로 벌어져 있고 이 공간 사이로 신경 전달 물질(화학 물질)이 정보를 전달하는 역할을 맡고 있다. 이 신경 전달 물질에 따라 우리의 마음과 감정이 달라지며, 반대로 마음이 달라지면 신경 전달 물질이 분비되는 양방향으로 영향을 미치는 것으로 보인다. 뇌 과학에서는 이러한 관계를 밝히고 있으며 앞으로 더 많은 발전이 있을 것으로 기대된다. 아주 오래전에는 신비한 정신세계로 인식되어 왔던 뇌 속의 세계를 과학적으로 규명해 나가는 현대 뇌 과학은 정말 흥미롭고 도전해볼 만한 분야이다.

신경 세포의 축삭 돌기에서 신경 전달 물질이 분비되면 다음 신경 세포의 수상 돌기의 수용체에서 받아들임으로써 정보가 전달된다. 신경 세포와 신경 세포 사이의 아주 가깝게 떨어진 공간을 화학 물질, 즉 신경 전달 물질이 연결하는 역할을 함으로써 정보가 전달되고, 뇌 안에서는 각종 생각과 마음, 감정이 일어나게 된다. 우리 신경 세포에서 신경 전달을 하는 물질은 밝혀진 것이 많으며, 앞으로도 얼마나 더 밝혀질지 모른다. 그중에서 우리 정신(마음)에 크게 영향을 미치는 대표적인 신경 물질을 중심으로 알아보기로 한다.

먼저 티로신이라는 아미노산에서 합성되는 도파민, 노르아드레날린 그리고 아드레날린을 살펴보자. 도파민은 의욕, 성취감, 쾌감 등 긍정적 감정을 보인다. 반면에 도파민에서 합성되는 노르아드레날린은 불안, 공포 등 부정적 감정(격한 감정)을 나타내며, 더 나아가 노르아드레날린에서 만들어지는 아드레날린은 일반적인 긴장, 불안 등을 나타내는 스트레스성 물질로 알려져 있다.

이렇게 긍정과 부정의 감정을 담당하는 신경 전달 물질에 따라 우리 몸은 상황에 맞게 행동을 일으킨다. 도파민 같은 경우는 쾌감을 나타내

티로신

아미노산

도파민

독성이 있음
성취욕,
동기 유발

노르아드레날린

독성이 강함
공포나 분노
극심한 스트레스

아드레날린

독성이 강함
공포나 분노
극심한 스트레스

는 특징이 있어서 어떤 사람들은 쾌락을 탐닉하기 위해 마약을 복용해 환상의 기쁨을 누리는 것을 즐기기도 한다. 하지만 이들 도파민, 노르아드레날린 그리고 아드레날린은 독성이 있어서 뇌에 너무 오래 머물러 있으면 뇌신경 세포를 파괴하는 특성이 있으므로 주의해야 한다.

도파민은 행동과 인식, 동기 부여, 처벌과 보상, 수면, 학습 등 전반적인 역할에 영향을 미치는 다양한 기능이 있다. 삶에 의욕을 불어넣고, 삶에서 흥미가 생기고 성취감을 느끼는 등의 순기능과 함께 긍정적 감정을 가지도록 한다. 만약 도파민이 너무 많으면 의욕이 넘치고 쾌감이 증가하는 반면에 도파민이 결핍되면 주의력 결핍, 행동 장애, 심하면 파킨슨병에 걸리기도 한다고 한다. 건강한 생활을 하기 위해서는 적절한 도파민이 뇌 안에서 분비되고 유지되어야 한다. 일부 마약은 도파민을 많이 증가시켜 쾌감을 유발하는데, 많은 양의 도파민이 뇌에 너무 오래 머무르면 뇌신경 세포를 파괴하여 정상에서 벗어날 수 있다. 마약은 중독성이 있어서 위험하다.

수면은 우리 일상생활에서 매우 중요한 의미가 있다. 나는 내가 담임을 맡고 있는 학생들에게 자신의 적정 수면을 찾고 그 수면 시간을 지키면서 평소 생활을 하고, 정말 중요한 시험이 있으면 수면시간을 늘려 실천해보라고 이야기한다. 직접 경험해보지 못한 학생들이 얼마나 따라 줄지는 미지수다. 직접 경험한 것일수록 값어치가 크다. 하지만 간접 경험을 통해 깨닫는다면 그것 또한 훌륭한 일이다.

도파민 이야기

도파민은 우리 생명체가 생존하는 데 도움이 되면 분비되는 신경 전달 물질로 기쁨, 행복, 성취, 만족감을 느낄 때 분비된다. 맛있는 음식을 먹을 때도, 일에 성공하였을 때도, 기분이 좋을 때도, 사랑을 할 때도 분비되는 물질이다. 하지만 이는 일시적이고 그리 오래 가지 않는다는 특징이 있다. 그런데도 도파민은 우리 삶에서 분명하게 집중력과 동기를 부여하는 등 활력소를 제공하는 측면이 있다. 우리는 행복을 얻기 위해 노력하고, 또한 성공을 위하여 많은 어려움을 이겨내고 노력한다. 이렇듯 노력하게 되면 뇌에서는 그 대가로 도파민을 분비하여 보상해주는 원리라고 설명하기도 한다. 내가 원하는 것을 얻었을 때 행복감에 젖는 것도 바로 도파민이라는 신경 전달 물질의 덕택인 셈이다. 하지만 이 모든 것을 얻었다고 해도 그 행복감이 절대 오래 가지 않는 것은 바로 도파민의 특성에 있다.

사랑도 무척 어렵다고 한다. 왜냐하면 사랑을 하면 도파민이 분비되는데 도파민 자체가 독성이 있어서 너무 오래 지속되는 것은 바람직하지 않으므로 일정한 시간이 지나면 도파민의 분비가 점차 줄어들고 사라지기 때문이다. 그래서 사랑도 처음에는 강하지만 점차 그 강도가 약해지다가 약 3개월쯤 지나면 시들해진다고 한다.

앞에서도 이야기했지만 마약을 복용하면 자신이 별로 노력하지 않는데도 약물에 의해 도파민이 많이 분비되어 황홀한 행복감에 빠질 수 있다. 일반적으로 많은 노력을 기울여 얻은 성공과 성취 등에 대한 보상으로 뇌에서 도파민을 분비해주어 행복감을 느끼게 되는데, 마약은 아무런 노력을 하지 않았음에도 아주 큰 행복감을 느끼게 해주는 특성이 있다. 여기에 문제가 있다. 도파민이 적당히 분비되면 적절한 행복감을 주지만, 마약과 같은 약물에 의해 지나치게 많은 양이 분비되면 뇌의 신경 세포를 파괴하는 독성을 보이게 된다. 그래서 마약은 중독되면 매우 위험한 물질로 우리 뇌를 비정상으로 만들 수 있다. 한번 망가진 뇌는 영원히 회복할 수 없기에 각별히 주의를 기울이고 마약 같은 것은 반드시 피하는 것이 좋다.

노르아드레날린은 도파민에서 합성되는 신경 전달 물질로 공포나 분노를 나타내고 부정적 감정을 담당한다. 이것은 감정상 극심한 분노나 공포를 느낄 때 분비되는 것으로 위험 상황에서 벗어나고자 하는 신체 반응으로 볼 수 있다. 어떤 이유로 생존에 위협을 당하거나 느낄 때 몸에서 살기 위한 방어 수단으로 대응하는 것일 수도 있다. 다음에 이야기하겠지만 노르아드레날린이나 아드레날린 신경 전달 물질은 교감 신경이 활성화시키는 것으로 알려져 있다. 하지만 너무 오랫동안 이러한 물질에 노출되면 뇌신경에 안 좋은 영향을 미치고 잘못하면 뇌세포가 파괴될 수도 있으므로 분노나 공포가 지속되는 것은 바람직하지 않다. 위기 상황일 때만 필요한 것인데 위기 상황이 아닌데도 지속되는 스트레스로 계속 노르아드레날린을 분비하는 것은 결코 좋지 않다. 제2장 공기 편에서 '한 번 화를 내면 한 번 더 늙어간다'고 했는데, 가능하면 화를 내지 않도록 마음의 수양을 쌓는 것이 바람직할 것이다.

아드레날린은 노르아드레날린에서 합성되는 신경 전달 물질로 뇌나 부신에서 동시에 분비되는 특징이 있지만, 사실 두 신경 전달 물질은 아주 유사한 작용을 한다. 뇌의 교감 신경에서 분비되는 노르아드레날린이 아드레날린보다 많은 데 비해 부신 수질에서 분비되는 노르아드레날린과 아드레날린의 비는 20:80이다. 이 두 물질은 잘 사용하면 용기를 주지만 잘못 사용하면 분노만을 유발하므로 마음을 잘 조절해야 한다.

신경 전달 물질로 도파민과 노르아드레날린도 독성이 있지만 아드레날린이 더 강한 맹독성을 가지고 있다. 『생명의 신비 호르몬』의 저자 데무라 히로시의 말에 따르면 두 호르몬의 독성은 자연계에 있는 복어와 뱀의 독 다음으로 강력하다고 한다. 예를 들면, 우리가 격렬하게 화를 낸 후에는 두통, 심장의 두근거림, 식은땀, 호흡 곤란이 뒤따르는 것은 물론 두려움이 극한에 다다르면 현실감이 없어져서 자기 자신을 인식하지 못하게 되고 질식감과 발작을 일으키기도 한다.

반드시 밤에 수면을 취해서 이러한 독성 물질을 제거해 주어야 다음 날에 다시 맑은 정신으로 생활할 수 있는데, 며칠 동안 수면을 취하지 못하는 극심한 스트레스 상황에 노출되면 우리 뇌는 아주 심각한 상황으로 내몰리게 된다. 이럴 때는 충분한 휴식을 강제로라도 취해주어야 정상으로 돌아올 수 있다는 사실을 명심해야 한다.

이러한 메커니즘을 이해하지 못함으로써 소중한 뇌에 손상을 일으킨다면 돌이킬 수 없는 사태를 맞이하게 되어 불행한 인생을 만들 수도 있다. 낮 동안에 생성되는 독성 물질이나 극심한 스트레스에 의해서 생기는 뇌속 독성 물질을 가볍게 여기지 말고 잘 대처해 나가야 한다는 점을 직시하자. 뇌는 우리 신체만큼 소중하고 또 소중한 우리의 마음을 만드는 곳이기에 아주 잘 관리하여야만 한다.

마지막으로 세로토닌에 대하여 살펴보자. 세로토닌은 트립토판 아미노산에서 합성되며 이는 다시 밤에 멜라토닌으로 변한다. 뇌 속 세로토닌은 약 5퍼센트이고, 나머지 중 5퍼센트는 혈소판에 있으며, 약 90퍼센트는 장에서 생성된다고 한다. 세로토닌은 장에 많을수록 속이 편안하고 연동운동이 잘 일어나며, 뇌 안에서는 행복감을 주고, 혈소판에서는 피의 응고를 돕는다고 한다. 뇌에서 세로토닌은 긍정의 도파민과 부정의 노르아드레날린이 조화롭게 균형을 이루도록 오케스트라의 지휘자와 같은 역할을 한다고 한다. 노르아드레날린은 격한 각성을 보이는 반면 세로토닌은 조용한 각성을 보이기 때문에 명상이나 기도를 하면 잘 분비된다고 한다.

트립토판

↓

조용한 각성

행복 물질

세로토닌

↓

수면 물질

멜라토닌

제3장 빛의 편에서 말한 것처럼 빛이 눈을 통해 들어오면 세로토닌 신경이 자극을 받아 분비가 활성화되고, 그에 따라 혈압, 호흡, 심장 박동이 활발해지면서 눈이 뜨이고 의식이 뚜렷해진다. 세로토닌은 도파민과 노르아드레날린의 균형자 역할을 하면서 전체적으로 행복을 결정짓는다고 한다. 세로토닌은 진통을 완화하는 효과도 있고 항중력근을 활성화하기 때문에 자세가 좋아지고 표정도 밝아진다고 한다. 행복을 증진해주는 세로토닌이 많은 삶을 추구하려면 어떻게 해야 할까? 뇌 속 세로토닌을 증진

하려면 햇볕 쬐기, 하루 30분 정도 적절한 운동, 명상과 기도, 복식 호흡 등을 일상생활에서 실천하면 가능하다.

세로토닌 이야기

세로토닌은 트립토판이라는 아미노산으로부터 합성되는 물질로 이는 다시 밤에 일부가 멜라토닌으로 전환되어 수면에 도움을 주는 유익한 역할을 하고 있다. 위에서 살펴본 바와 같이 세로토닌의 약 90퍼센트는 장에서 만들어지는데 특히 유산균들의 유익한 균들에 의해서 만들어지므로 유산균 등 유익한 균들이 우위를 가질 수 있도록 장 건강을 평소에 각별히 챙길 필요가 있다. 장이 건강하면 장이 편안할 뿐 아니라 전반적으로 몸에서 느끼는 기분이 매우 상쾌해진다. 앞에서 도파민이라는 물질은 독성이 있고 그 작용이 일시적이고 지속적이지 않다는 특성이 있다고 했다. 반면에 세로토닌은 그 어디에서도 독성이 있다는 내용을 찾아 볼 수 없었을 뿐 아니라 세로토닌은 조용한 각성의 행복감을 우리에게 제공하면서 아주 오랫동안 지속되는 특성이 있다. 또한 전체적으 로 신경을 조화롭게 이끌어 가는 특성이 있다.

마음을 평화롭고 평온하게 가져가게 되면 우리 뇌 속에서 세로토닌이라는 신경 물질을 분비하여 잔잔한 행복감을 가져다준다. 마음공부를 하고 정신 수양을 통하여 평화롭고도 안정적인 마음 상태를 유지할 수 있다면 우리 뇌는 한없이 조용한 각성 상태의 행복감을 느끼게 될지도 모른다. 현대에 들어와 뇌과학이 많이 발전하면서 세로토닌적인 삶을 사는 것이 행복을 찾는 길이라고 주장하기도 한다. 좀 더 지속적이고도 오랫동안 행복감을 제공해주는 세로토닌적인 삶을 사는 것이 인류가 추구하는 궁극적인 삶의 목표일지도 모른다. 앞에서 살펴본 도파민적인 삶은 어느 일정한 시간 동안 행복감을 주지만 시간이 지나가면 언제 그랬냐는 듯이 이내 행복감이 감쪽같이 사라지고 만다. 도파민과 세로토닌 둘 다 행복감을 우리에게 주고 있지만 좀 더 지속성이 있는 세로토닌을 추구하는 삶을 살아간다면 건강에도 더 많은 도움이 될 것이다.

05

자율 신경

앞에서 살펴보았듯이 우리 몸에서 말초 신경은 체성 신경과 자율 신경으로 나누어진다. 체성 신경(뇌신경과 척수 신경)은 감각 신경과 운동 신경으로 이루어져 있으며 의지(대뇌)로 통제가 가능하지만, 자율 신경은 운동 신경만 있으며 우리의 의지(대뇌)로 조정이 가능하지 않다. 보통 우리가 감각 신경으로 느끼는 것은 시각, 후각, 청각, 미각, 촉각의 오감을 토대로 정보를 수집한다. 이렇게 수집된 정보는 뇌로 전달되어 수집된 다음 연합 뉴런에서 얻어진 정보를 바탕으로 적절한 방향으로 운동 신경을 통해서 대응하도록 명령을 내린다. 이렇게 대뇌를 통하여 의지대로 움직이는 곳은 얼굴·손·발 근육 및 사고이다. 그 외의 부분은 모두 자율 신경의 통제를 받고 있다. 자율 신경은 우리의 의지와 관계없이 자동으로 운동 명령을 내린다.

자율 신경은 교감 신경과 부교감 신경으로 구성되어 있다. 앞에서 신경 전달 물질을 살펴보면서 노르아드레날린이 부정적 감정과 관련 있다는 이야기를 했다. 이 노르아드레날린이 자율 신경 중 교감 신경의 신경 전달 물질로 작용하고, 부교감 신경의 신경 전달 물질로는 아세틸콜린이 사용된다. 교감 신경은 심한 운동을 하거나 위험한 상황(공포, 긴장)에 처했을 때 심장 박동과 호흡을 빠르게 하고 근육을 긴장 상태로 전환하여 에너지를 사용하는 역할을 한다. 이때 에너지 사용이 급하지 않은 소화 작용을 막아 에너지 사용의 극대화를 추구하기도 한다. 부교감 신경은 긴장이 완화되었을 때 심장과 호흡이 느려지고 근육이 휴식 상태에 놓일 뿐 아니라 소화와 흡수처럼 에너지를 저장하는 역할을 한다. 자율 신경의 교감 신경과 부교감 신경이 시소처럼 양쪽이 조화와 균형을 이루며 움직여 주어야 우리 몸이 건강을 유지할 수 있다. 지나치게 어느 한쪽으로 치우친 생활을 하면 우리 몸에 어떤 문제가 생기는지 그 이유를 알아보자.

어떤 이유로 스트레스를 받으면 우리 몸은 교감 신경을 활성화하여 긴장 상태에 돌입한다. 뇌에서는 노르아드레날린 신경 전달 물질이 분비되고 그에 따라 자율 신경의 영향을 받는 심장은 좀 더 빠르게 움직이고 혈관은 수축되며 근육은 잔뜩 긴장하게 된다. 이러한 긴장이 잠시 동안 진행되고 위험이나 위기 상황이 지나면 다시 부교감 신경이 활성화된다.

이때 휴식이나 수면을 취하면 이완이 일어나고 다시 에너지를 충전하는 시간을 갖게 되지만, 스트레스가 지속되는 상황이 일어나면 우리 몸은 계속 긴장 상태를 유지해야 한다. 그에 따라 교감 신경 우위의 상황이 계속되면서 뇌, 심장, 폐, 근육 등이 모두 지치고, 더 이상 견딜 수 없는 지경에 이르면 사람이 쓰러지고 만다. 다시 말하면 각종 질병이 발생하고 심지어 사망에 이를 수도 있다는 것이다.

스트레스는 만병의 근원이라고 한다. 다 그럴 만한 이유가 있다. 스트레스로 자율 신경이 무너지고 그에 따라 활성 산소가 대량으로 발생하면 온몸에 염증이 창궐하여 만성 염증이 일어나고 그에 따라 각 세포가 정상적인 활동을 하지 못함으로써 결국 우리 몸은 질병이라는 고통의 늪으로 빠지고 만다. 그러니 스트레스 관리를 잘해야 하고 그래야 건강을 얻을 수 있다.

정신적으로 스트레스를 해소하지 못하면 두통, 어지럼증, 불면증, 우울증 등의 증상이 나타난다고 한다. 직장 등지에서 상사(또는 주변의 위험을 가하는 모든 것)의 화풀이가 시작되면 불안해지기 시작하고 가슴이 두근거리며 긴장이 지속되면서 자율 신경의 균형이 무너지는 자율 신경 실조증이 일어난다. 그 결과 무서운 질병의 나락으로 떨어지는 일이 발생할 수 있다.

반복해서 이야기하지만 스트레스가 우리 몸에 가해진 뒤 해소되지 못하고 쌓이게 되면 다음과 같은 각종 정신적, 신체적 증상이 나타나게 되므로 이러한 증상이 자신에게 일어나는지 주의해서 살펴보아야 할 것이다.

-혈압이 높아지고 맥박이 불규칙하다
-가슴이 답답하고 통증이 있다
-두통 증상과 어지럼증이 있다
-이명 증상이 있다

−평소보다 스트레스를 자주 느낀다

−식욕 부진, 소화 불량 증상이 있다

−더위와 추위를 잘 탄다(온도 감각 이상)

−어깨와 목에 담이 잘 결린다

−권태감, 불안감이 있다

−손발 떨림이 있다

−불면증이 있다

자율 신경의 균형을 무너뜨리는 가장 큰 원인은 스트레스와 긴장감이므로 평소에 스트레스를 만들지 말고 운동이나 여행, 여가(노래, 영화 등), 취미 생활(등산, 낚시 등), 휴식, 수면 등을 통해 스트레스(피로나 과로도 포함)나 긴장을 풀려고 노력해야 한다. 그리고 규칙적인 식사와 건강식을 하고 술, 담배 등을 하지 않는 생활을 하는 것이 좋다. 건강은 한번 잃으면 다시는 되돌릴 수 없기에 인생에서 가장 소중한 자산이다. 그렇다. 천하를 얻은들 건강을 잃으면 무슨 소용이 있겠는가?

자율 신경이 무너지게 되면 면역 체계가 무너지는 일이 일어나 각종 질병이 발생하게 된다는 설명도 있다. 이와 관련된 책을 보면 면역력이 떨어지면 효율적으로 세균이나 바이러스 등을 제거할 수 없게 되고 그에 따라 각종 질병이 발생하게 된다는 내용이 나온다.

스트레스나 위험 상황에 놓이게 되면 우리 몸의 혈액 중에서 백혈구의 분포가 달라진다. 백혈구는 크게 과립구, 림프구, 대식 세포로 구성되어 있다. 교감 신경이 우위에 있을 때는 과립구가 더 많아져 활동을 하다 다치거나 위험해진 상황에 대처할 수 있도록 한다. 과립구는 생존 기간이 2~3일밖에 되지 않으며 죽을 때 많은 양의 활성 산소를 내놓으므로 그에 따라 염증이 발생하게 된다. 이런 염증이 전신을 돌아다니며 문제를 일으킨다.

만성 염증이 만병의 근원이라는 말의 근거가 여기에 있다. 교감 신경이 오랫동안 우위에 있고 잠을 자지 못하고 휴식을 취하지 못하는 만성 스트레스를 겪게 되면 과립구가 늘어나는 대신에 림프구(면역 세포)는 적게 생성되기 때문에 휴식이나 수면을 취하는 동안에 적(세균이나 바이러스, 잘못된 세포들)을 제거해야 하는 역할을 제대로 못 하게 된다. 이러한 생활이 지속되면 신체에 심각한 증상(질병, 암)이 나타날 수 있다.

신체가 나빠지는 이유를 설명하는 또 다른 이론도 있다. 이 이론에 따르면, 교감 신경과 부교감 신경 중 어느 한쪽으로 지나치게 치우친 생활을 하게 되면 건강이 안 좋아지게 되는 이유가 저체온에 있다고 한다. 체온이 낮아지면 각종 면역 활동도 떨어지고 대사 기능도 떨어짐으로써 세포들에 이상이 생기고 질병에 노출된다.

교감 신경과 부교감 신경이 조화와 균형을 이루어 항상 긴장과 이완이 교대로 일어나야 건강한 삶을 살 수 있는데 어느 한쪽으로 치우친 생활을 하면 저체온증을 일으킨다. 만약 교감 신경 우위의 생활이 지속되면 혈관이 수축되고 이 상황이 지속되면 혈액의 흐름이 느려져서 결국에 저체온으로 진행된다고 한다. 마찬가지로 부교감 신경 우위의 생활이 지속되면 혈관이 확장되고 그 상황이 지속되면 혈액의 흐름이 느려져서 결국 저체온으로 진행된다고 한다.

이렇게 너무 긴장된 생활을 오래 하는 것도, 너무 게으른 생활을 오래하는 것도 우리 건강을 위해서 바람직하지 않다. 손발이 차가운 수족 냉증이 있는 사람들은 한 번쯤 자신이 자율 신경 중 어느 한쪽으로 치우친 생활을 하고 있지는 않은지 점검해 보기 바란다. 몸이 차가운 부분의 세포들은 면역력도 약하고 신진대사도 잘 이루어지지 않기 때문에 세균과 바이러스에 약하고 암도 잘 걸릴 수 있다고 한다. 저체온을 극복할 수 있는 방법은 제4장 온도 편에서 다루었으니 다시 한번 잘 살펴보기 바란다.

06
경추와 척추(신경 통로)

　우리는 지금 신경이 우리 몸 전체에 퍼져 있는 60조 개의 세포들이 조화롭게 균형을 이루도록 하는지 살펴보고 있다. 체성 신경은 어떤 자극 신경에 대하여 대뇌에서 판단한 뒤 다시 운동 신경을 통하여 대응하도록 하는 시스템이다. 손과 발 그리고 머리(얼굴) 근육들(오목 포함), 복근, 허리 근육 그리고 피부 근육 등은 이런 감각 신경을 통해 대뇌에서 수집된 감각 신호를 분석하고 판단하여 적절하게 의식적으로 대응하게 한다.

　대뇌를 거치지 않고 신속한 대응이 필요한 것으로 척수에서 바로 대응하는 무조건 반사도 있다. 우리 의지로 통제가 가능한 것은 마음으로 비교적 쉽게 조정되지만 우리 의지로 통제되지 않는 자율 신경 또한 우리 건강에 중요한 영향을 미친다. 건강을 이야기하려면 자율 신경을 제대로 이해하여야 한다. 앞에서 우리는 자율 신경의 특징, 작용, 대책 등에 대해 충분히 이야기했다.

우리 몸 구석구석 어디에도 신경이 뻗어 있고 모세 혈관들이 지나가고 있다. 신경과 혈관들을 통하여 온 세포가 화합을 이루어 아름다운 생명의 하모니를 연주하는 거대한 장을 만들고 있다. 우리는 신경과 혈관에 대하여 관심을 별로 안 두고 살아가다가 어느 날 갑자기 아프면 그 이유는 모른 채 약으로만 아픈 증상을 해결하려고 한다.

이것은 일시적인 해결책이지 근본적인 해결책이 아닐 수 있다. 제4장 온도 편에서 뭉친 근육을 풀면 혈관이 다시 보이고 혈액이 정상적으로 이동함으로써 발뒤꿈치 각질이 없어지는 등의 결과를 얻은 건강 실험을 이야기한 적이 있다. 혈관뿐 아니라 우리의 신경도 전신에 퍼져 있으므로 이 신경들이 원활하게 전달되고 있는지 점검해볼 필요가 있다. 무심코 지내온 많은 시간 속에서 신경이 길이 막히고 구부러지고 눌리는 현상으로 제대로 흐르지 못한 상태에 있을 수도 있다.

사실 아무리 근육이 있고 뼈가 제대로 있고 혈액이 흐른다 하여도 신경이 끊어지면 그 근육은 더 이상 움직일 수 없다. 신경은 우리 몸 곳곳에 연결되어 우리의 동작 하나하나에 영향을 미치고, 우리의 의지와 관계없이 자율 신경들이 쉬지 않고 많은 장기를 조정하고 있다.

나는 신경을 생각하면 루게릭병으로 움직이지 못하던 스티븐 호킹 박사를 떠올리며 그분이 얼마나 장수하는지에 무척 관심이 많았다. 2018년 7월경에 76세를 일기로 세상을 떴는데, 들리는 말에 따르면 체성 신경은 마비되었지만 자율 신경은 정상이었다고 한다. 그는 인간적으로 정말 존경스러운 분이었다. 호킹 박사는 자신은 못 움직이지만 그 대신에 생각하는 시간이 늘어나 우주를 상상하는 일이 매우 흥미 있고 행복하다고 말했다. 그는 신체적 활동은 제한되었지만 뇌신경은 무궁무진하게 활용한 사람이었다.

신경 중에서 뇌신경 12쌍이 우리 신체에 영향을 미치는 부분은 대부분 안면 부분과 목 뒤쪽에 집중되어 있고, 뇌신경 10번 미주 신경(자율 신경)은 내장 기관에 영향을 준다.

뇌신경 3번 동안신경은 눈을 움직이는 신경으로 부교감 신경으로 분류되는데, 눈동자가 움직이면 휴식을 취하는 효과가 나타나는 것으로 보아 부교감 신경이 맞는 것 같다. 렘수면 동안에도 눈이 빠르게 움직이면서 뇌의 단기 기억이 장기 기억으로 정리되는 등 뇌의 피로를 풀어준다. 잠자는 동안 이외에 우리의 의식이 있는 동안에도 의지를 가지고 눈을 감은 상태에서 눈동자를 굴리면 호흡이 느려지고 뇌의 피로가 빠르게 풀리는 것을 경험할 수 있다. 제2장 공기 편에서 이야기했듯이 내가 고등학교 다닐 때 교감 선생님이 가르쳐 준 렘수면 방법으로 피로를 풀 수 있었고 지금도 그와 같은 건강 실험을 계속하고 있다. 눈은 낮 동안에는 많은 것을 보고 배우고 읽히는 과정에서 피로를 양산하고 밤에는 피로를 풀어주는 긴장과 이완을 주기적으로 반복하는 기관이다.

그다음 뇌신경 9번 설인 신경은 음식의 맛을 인식하고 즐기는 곳으로, 부교감 신경이 작용하여 이완 작용을 하는 휴식을 제공하는 곳이다. 우리는 스트레스가 있을 때 음식을 먹으면 시원하게 스트레스가 풀리는 경험을 하곤 한다.

12쌍의 뇌신경 중 눈 관련 신경과 설인 신경, 안면 신경(입 꼬리를 올리면 기분이 좋아짐) 그리고 미주 신경은 우리에게 편안한 휴식을 줄 수 있는 부교감 신경으로 활동하고 있다는 점을 눈여겨보기 바란다.

뇌신경 외에 척수 신경 31쌍이 경추와 척추를 통과하면서 각각 좌우로 빠져 나오는 것을 볼 수 있다. 척수 신경 31쌍은 목신경 8쌍, 흉추 신경 12쌍, 요추 신경 5쌍, 천추 신경 5쌍, 미추 신경 1쌍으로 구성되어 있다. 각 척수 신경관은 감각 신경(전근), 자율 신경(중간), 운동 신경(후근)으로 형성되어 있으며, 척수 신경은 안면과 목 뒤 부분을 제외한 몸통과 손발 등 전신으로 뻗어 있다.

이러한 신경들이 60조 개의 세포들이 조화롭게 균형을 이루도록 하는 역할을 담당하며, 이 신경 세포들이 잘 활동할 수 있도록 가까운 위치에 혈관들이 분포하여 영양소와 산소를 공급하여 에너지를 생산할 수 있도록 한다. 우리 몸의 세포들이 각자 자신의 일을 잘 수행할 수 있도록 서로 아주 긴밀한 유대 관계를 맺고 있음을 알 수 있다. 이러한 신경 분포와 흐름 그리고 혈액의 원활한 흐름이 잘 되도록 노력하는 것이 우리 건강에 반드시 필요하다.

신경통으로 고생하는 사람들을 주변에서 종종 볼 수 있다. 신경의 막힘, 눌림, 절단 등의 이유 때문에 신경이 원활하게 흐르지 않아 여러 가지 신경통이 일어난다. 신경 흐름에 문제가 생기면 각 세포의 활동에도 문제가 발생하여 각종 통증과 질병이 발생할 수 있다.

현대에 들어와 편리해진 생활 이면에 자세가 올바르지 못하여 발생하는 경추 틀어짐과 척추 틀어짐이 또 다른 신경 왜곡을 일으킨다. 물론 신경이 눌리면 통증이 일어나는 부위도 문제지만 신경 흐름이 차단된 세포들이 더 큰 문제를 던진다. 목 경추와 허리 척추를 올바르게 세우는 것이 건강에서 매우 중요한 요소다. '척추가 바로 서면 만병이 해결된다'는 이야기가 있을 정도다.

아주 오래전 1996년에 내가 연구소에서 근무하고 있었을 때, 평소 잘 알고 지내던 연구소 부장은 허리가 너무 아파서 의자에 앉아 있는 것 자체가 힘들 정도였다. 정형외과에 가서 물리 치료를 받았지만 차도가 없자 한방 병원에 3개월 정도 입원하여 치료를 받았는데도 별다른 차도가 없었다. 그래서 주변에서 들은 이야기를 참고하여 요가 동작 중 세 가지 정도의 동작을 꾸준히 한 결과 허리 통증이 완전히 사라지고 허리 자세도 정상으로 회복되었다.

세 가지 요가 동작 중 첫째는 똑바로 누운 상태에서 다리를 쭉 뻗고 바닥에서 5센티미터를 들어 버틸 수 있을 만큼 견디는 것이다. 처음에는 대단히 힘들지만 점차 다리를 들고 버틸 수 있는 시간이 늘어난다. 이 동작을 하면 엉덩이 윗부분 허리 부분이 들어가는 모양이 나오는데 이것이 정상적인 허리 모양이다. 이 동작만 꾸준히 해도 웬만한 허리 모양은 바로 잡힌다고 한다. 그다음 다른 동작은 똑바로 누운 상태에서 양다리를 직각으로 세우고 허리를 들어 올려 무릎에서 머리까지 일직선이 되게 하는 것이다. 이 동작도 오랫동안 버틸 수 있는 데까지 하면 복근이 생기면서 허리 모양을 개선하는 데 도움을 준다. 마지막 세 번째 동작은 호랑이나 고양이처럼 기어 다니는 동작을 취한다. 보통 네발짐승들은 허리가 아프지 않다. 그 이유는 네발로 기어 다니면 자연스럽게 허리가 휘는 모양이 나와 정상적인 허리 모양을 갖추기 때문이라고 한다.

허리 척추가 아프고 자세가 안 좋은 사람들은 한번 건강 실험을 해보면 괜찮을 것이다. 나는 기회가 되면 학생들이나 주변 지인들에게, 전해

들은 이야기이긴 하지만 확실히 옆에서 본 사실이기 때문에 자신감을 가지고 이야기해준다. 만약 건강 실험을 하는 데 무리가 따르면 정형외과 의사를 찾아가 상담하는 것도 좋다.

07
신경과 마음-신경 전달 물질, 자율 신경, 자세와 신경

　현대에 들어와 뇌 과학이 발전하면서 신경과 마음의 관계를 풀어내려는 노력을 많이 하고 있다. 전에는 상상할 수도 없었던 내용들이 쏟아져 나오고 연구되고 있다. 아주 오래전에 마음의 문제는 주술사들이 담당했지만, 현대에 이르러 좀 더 정교한 마음에 대한 연구는 심리학으로 발전하고 있다. 프로이트는 정신 분석을 통해서 과거의 일이 현재의 일을 결정한다는 인과 결정론을 주장하였고, 요즈음 인기리에 팔리고 있는 『미움 받을 용기』라는 책의 근간을 이루는 아들러 심리학은 과거의 일이 현재의 일을 결정하는 것이 아니라 과거의 일은 얼마든지 바로잡을 수 있고 극복할 수 있다는 목적론을 주장하였다. 나는 개인적으로 프로이트 이론보다는 아들러의 목적론을 더 의미 있게 보고 싶다. 우리가 노력하면 과거보다 나은 세계를 열어나갈 수 있다는, 변화시킬 수 있다는 적극적인 자세로 나아가는 사람이 되어야 한다고 믿기 때문이다.

1900년대 초에 활동한 두 거대 심리학자의 견해를 보면 세상을 바라보는 시각이 사뭇 달랐다는 점을 알 수 있다. 21세기에 들어와 뇌 과학이 급격히 발전하면서 우리의 뇌는 무궁무진한 가능성을 가지고 있다는 사실이 속속 확인되면서 아들러의 심리학이 좀 더 과학적으로 탄력을 받고 있지 않나 생각한다. 과거에 어떠한 일을 겪었든지 우리는 사실 새롭게 변하고 새로운 인생을 살아갈 수 있는 능력 있는 뇌신경을 가지고 있다.

심리학은 마음을 중심으로 연구하고 뇌 과학은 뇌 속의 물질을 중심으로 연구하므로 서로 방향이 다르다. 정신과는 현대 과학을 바탕으로 하고 있으므로 뇌 과학에서 이야기하는 뇌 속의 물질을 중심으로 마음을 바라본다. 그래서 뇌 속 물질을 통제함으로써 정신(마음)의 문제를 치료할 수 있다는 원칙이 있다. 실제로 약을 사용하여 뇌 속 물질의 분포를 변화시킴으로써 많은 정신 질환자들을 치료하고 있고 그것은 성공적이라고 말할 수 있다. 앞으로 뇌 과학이 더욱 많이 발전하면 훨씬 획기적인 정신 치료 방법이 등장할 수 있을 것이다. 정신 문제를 심리 상담을 통해서 해결하고자 하는 노력도 기울이고 있고, 정신과에서는 약물을 통하여 정신 문제를 치료하려는 노력을 기울이고 있다. 지금은 심리와 정신과 양쪽 모두 정신 문제 해결을 위해 함께 노력하고 있다.

나는 뇌 과학에서 밝혀진 각종 신경 전달 물질이나 호르몬이 뇌 안에서 어떤 작용을 하는지 알아냈다는 것에 놀라워하고 있다. 어떻게 우리 뇌 속을 그리 속속들이 연구하고 파악했는지 정말 탄복할 일이다. 많은 뇌 과학자들의 연구 노력에 힘입어 더욱 많은 발전이 기대되기도 한다. 앞에서도 살펴보았듯이 현대는 스트레스에 많이 노출되어 있다. 그에 따라 뇌 속 신경 물질들이 영향을 받음으로써 많은 질병이 나타난다. 그중 특히 정신 질환을 더욱 주목해야 한다. 신체는 조금 잘못되었다가도 다시 회복되는 일이 많지만 뇌신경 세포는 한번 죽으면 다시는 되돌릴 수 없기에 더욱 각별한 주의를 기울여야 한다. 혹시라도 정신적으로 문제가 심각하게 발생하면 즉시 정신과에 가서 의사의 진찰을 받고 치료에 응하는 것만이 정신 문제를 슬기롭게 해결하는 길이다. 설마하다 지체하다가는 돌이킬 수 없는 상황을 맞을 수 있기에 더더욱 주의가 필요하다.

우리 뇌 속의 분비 물질은 우리 마음에 따라 달라질 수도 있고, 뇌 속에서 분비된 물질에 따라 마음이 달라질 수도 있다는 양방향의 가능성을 나는 믿는다. 전자는 심리학에서 이야기하는 논리이고 후자는 뇌 과학이나 정신과에서 이야기하는 내용일 것이다. 정신 문제가 급하면 정신과를 통해서 빨리 치료하는 것이 우선이고, 정신 문제가 약간 있다면 그 문제를 심리학이나 마음공부를 통해서 해결하려는 노력이 필요하다.

우리가 분노를 일으키면 뇌 속에서 노르아드레날린이라는 신경 전달 물질이 많이 분비되고 그에 따라 교감 신경 우위의 상황이 진행되면서 활성 산소가 많이 발생하고 염증이 잘 생기며 면역력이 약해짐으로써 우리 몸에 해를 끼친다. 뇌 속에는 두 가지 각성 물질이 있다. 분노는 격한 각성 물질인 노르아드레날린을 분비시키고 명상이나 기도는 조용한 각성을 이끄는 세로토닌을 분비하게 함으로써 행복감을 증진한다고 한다. 그러므로 가능하면 마음공부를 하여 분노를 자제하고 평온하고 평화로운 마음 상태로 이끌려고 노력하는 것이 필요하다. 이 점에서 각 개인의 마음속에 조용한 각성을 일으켜 행복으로 이끌어주는 종교의 역할은 매우 중요하다고 생각한다. 어찌됐든 우리 모두 마음공부를 하여 마음을 다스리고 그로 인해 뇌 속에 좋은 신경 전달 물질들이 많이 분비되고 유지될 수 있도록 노력해야 한다.

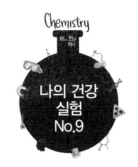

경추(목뼈) 교정

    나는 살이 잘 찌지 않는 허약한 마른 체질로 살아왔다. 오른쪽 편두통도 있고 설사도 자주 하는 편이며 소화도 잘 안 되고 과민성 대장 증상도 있어서 스스로 생각해도 건강이 그렇게 썩 좋지 않은 사람이었다. 2014년부터 건강 실험을 꾸준히 하면서 건강 서적을 많이 읽었다. 그러던 중 『김철의 몸살림 이야기』를 읽다가 '모든 건강의 문제는 허리 및 엉덩이 고관절이 틀어져서 오는 것이다'는 내용을 접하고 나의 자세에 대하여 생각해보았다. 편두통이 자주 생기는 이유가 혹시 목(경추)이 틀어진 데 있는 것은 아닐까 하고 의문을 품어보았다.

    사진관에 가서 개인 사진을 찍을 때면 항상 사진사가 나에게 고개를 오른쪽으로 좀 돌리라는 이야기를 하였다. 나는 사진 찍을 때 분명히 정확히 정면을 바라본다고 생각하는데 왜 고개를 돌리라는 것인지 도대체 이해되지 않았다. 그럴 때면 사진사가 직접 앞으로 와서 내 고개를 돌려주고 그대로 있으라고 한 뒤 사진을 찍었다. 나는 고개를 돌린 상태로 사진을 찍지만 정면이 아닌 것 같다고 느끼면서도 사진사가 자세를 바로 잡아준 상태 그대로 사진을 찍곤 했다. 이런저런 경험으로 헤아려 보니 나의 경추(목)에 문제가 있는 것으로 판단되었다.

나는 김철 선생님이 제시한 경추와 척추를 바로잡는 방법인 '걷기 숙제'로 건강 실험을 하였다. 먼저 턱을 당기고 가슴을 편 상태에서 열중 쉬어 자세를 만든 다음 앞을 보면서 걷는다. 이런 자세로 틈만 나면 걷기 숙제를 약 2개월쯤 하니까 틀어진 경추가 제자리를 잡아 가는 것을 느꼈고 전에 비해 고개가 약간 오른쪽으로 돌아온 것을 알았다. 거울을 보면 정말 고개가 똑바로 좌우 균형이 맞추어진 상태로 변해 있었다. 그 이후로 시간 나는 대로 너무 고마운 나머지 걷기 숙제를 계속하며 지내고 있다. 김철 선생님이 제시한 '걷기 숙제' 덕분에 경추를 바로 잡은 사람으로서 정말 고맙고 감사한 마음을 전해드리고 싶다. 나는 이제 어깨를 당당히 펴고 아주 바른 자세로 걷게 되었다.

우리 몸을 지탱해주는 경추와 척추는 지지대로서 끝나는 것이 아니라 그 안을 통과하는 신경관이 있다는 사실을 간과해서는 안 된다. 다시 말해 경추나 척추가 틀어지면 그로 인해 신경들이 제대로 흐르지 못함으로써 수많은 세포의 조화와 균형이 깨져 건강에 심각한 문제를 일으킬 수 있다. 혹시라도 경추나 척추에 문제가 있는 사람들은 스스로 잘못된 자세를 바로 잡으려는 건강 실험을 하여 경추와 척추가 바르게 잡힌 사람으로 거듭나기 바란다. 이렇게 바른 경추와 척추를 유지하여 건강한 삶을 살면 행복함을 느낄 수 있을 것이다. 신경의 흐름을 자연스럽게 흐르도록 해주는 것이 우리가 해야 할 일이다.

제 7 장

호르몬

01

호르몬(HORMONE)의 이해

　제6장에서 조화와 동적 균형에 영향을 미치고 중요한 작용을 하는 신경에 대하여 알아보았다. 우리 몸은 외부 환경이 변하더라도 신경계와 내분비계의 작용에 의해 체내 상태를 일정하게 유지할 수 있다. 우리 몸의 조화와 동적 균형을 위해 노력하는 것에는 신경 외에도 혈관을 타고 흐르는 호르몬이 있다.

　호르몬은 어떤 물질이 항상 일정한 범위 안에서 움직이도록 조절하는 역할을 한다. 우리 몸에서 일어나는 이러한 작용을 항상성이라고 한다. 항상 일정한 범위 안에서 움직이도록 활성 인자와 억제성 인자가 서로 균형을 이루게 하는 시상 하부는 우리가 의식이 있거나 없거나 관계없이 잠을 자는 동안에도 언제나 쉬지 않고 항상성을 유지하도록 한다.

신경 중에서도 우리 몸의 모든 세포가 조화와 동적 균형을 유지하도록 하는 것은 자율 신경(교감 신경과 부교감 신경)으로 역시 시상 하부에서 관장한다. 신경과 호르몬의 가장 큰 차이는 신경은 빠른 대처 능력에 그 지속 시간이 비교적 짧고 작용 범위가 좁은 반면에 호르몬은 반응 시간은 느리지만 그 효과가 오랜 시간 지속되고 작용 범위가 넓다는 점이다.

호르몬의 발견 역사는 그리 오래되지 않았다. 1901년에 일본의 다카미네 조키치 박사에 의해 처음으로 아드레날린이 발견된 이후로 많은 호르몬이 발견되었고 계속 새로운 호르몬들이 발견되고 있다. 표 6에서 연도별로 발견한 호르몬을 살펴보면 지속적으로 새로운 호르몬이 발견되어 온 사실이 확인된다.

호르몬은 아주 정교하게 길항 작용과 피드백 작용을 하여 혈액 내 물질들의 항상성을 유지한다. 혈액 내에서 물질들이 항상성을 유지함으로써 우리가 건강하게 살 수 있다. 표 6에서 보는 것보다 더 많은 호르몬이 존재하며, 이 호르몬들은 모두 혈액 중에 녹아 이동한다. 만약 혈액 중에 수분 함량이 부족해지면 호르몬을 비롯하여 각종 영양소와 적혈구(산소 운반), 호르몬, 백혈구(면역 기능 포함) 등 다양한 물질을 녹이고 운반하는 데 많은 어려움이 생길 수 있다.

제1장에서 물의 중요성을 강조하였듯이 우리 몸에 있는 60조 개 이상의 세포들에 필요한 물질을 효율적으로 공급하는 혈액이 원활하게 순환하는 데 물은 아주 중요한 역할을 한다. 호르몬의 기능을 향상하기 위해서는 충분한 수분을 섭취하여 호르몬이 원활하게 혈액을 타고 흐르며 제 기능을 할 수 있도록 해주어야 한다.

표 6. 호르몬의 발견 연도와 종류

발견 연도	호르몬	발견 연도	호르몬	발견 연도	호르몬
1901년	아드레날린	1955년	가스트린	1980년	일산화질소
1902년	세크레틴	1957년	글루카곤	1980년	GLP−1
1911년	히스타민	1958년	멜라토닌	1982년	GHRH
1914년	티록신성장 호	1959년	부갑상선호르몬	1984년	ANP
1920년	르몬	1960년	DHEA	1988년	BNP
1921년	인슐린	1968년	칼시토닌	1980년	엔도텔린
1929년	에스트로겐	1969년	TRH	1990년	CNP
1933년	프로제스토젠	1970년	프로락틴	1993년	아드레노메둘린
1935년	테스토스테론	1971년	LHRH	1994년	렙틴
1935년	프로스타글란딘	1973년	소마토스타틴	1996년	아디포넥틴
1940년	코르티솔	1975년	엔케팔린	1997년	클로토
1942년	ATCH	1976년	리포트로핀	1998년	오렉신
1953년	알도스테론	1977년	레닌	1999년	그렐린
1953년	바소프레신	1977년	GnRH	2000년	FGF23
1953년	옥시토신	1979년	류코트린(LT)		

호르몬은 크게 아미노산으로 만들어지는 단백질 호르몬과 콜레스테롤로 만들어지는 스테로이드 호르몬의 두 종류로 분류된다(『뭐든지 호르몬』). 단백질 호르몬은 입으로 섭취하면 단백질이 소화되어 분해되기 때문에 호르몬으로서 효과가 없어지므로 반드시 주사로 맞아야 하며, 그 효과는 빠르지만 그리 길지는 않다고 한다. 반면에 스테로이드 호르몬은 안정하기 때문에 입으로 섭취하거나 피부에 발라 흡수시켜도 되며, 그 약효는 느리지만 오랫동안 지속되는 특성이 있다고 한다. 스테로이드 호르몬은 효능이 뛰어나지만 너무 장기간 오래 사용하면 심각한 스테로이드 부작용을 일으킬 수 있으므로 사용을 제한해야 한다. 일부 만능 치료약처럼 처방하여 치료가 된 듯이 일시적으로 효과가 있을 수 있으나 그 후유증은 상상을 초월할 정도이므로 스테로이드 호르몬은 사용할 때 매우 주의해야 한다.

호르몬은 세포나 장기에 정보를 전달하는 수단으로 이용되며, 각 세포나 장기에는 해당 호르몬을 인식하는 특별한 수용체가 달려 있다. 마치 라디오의 주파수를 정확히 맞춰야 방송을 들을 수 있는 것처럼 호르몬도 수용체와 일치해야 호르몬 작용이 일어난다. 다세포의 생명체에서 많은 세포들이 모여 하나의 생명체를 만들어 살다 보니 각 부분의 세포들이 다른 역할을 하게 되었고 이들이 서로 유기적으로 연결되어야 전체 조화와 동적 균형을 이룰 수 있다. 이 연결 고리로 호르몬이라는 소통 수단을 이용한다.

생명체는 생존을 위해 필요한 물질을 일정한 범위 내에서 유지하는 호르몬을 분비하고 어떤 때는 위기 상황에서 위험을 극복하기 위해 호르몬을 분비하기도 한다. 호르몬도 세포들이 생존하기 위해 서로 돕고 협력하는 수단이 된다고 할 수 있다. 어느 한 부분의 기관이나 세포가 잘못되어도 전체 세포(생명)에 위험이 뒤따를 수 있으니 서로 아주 긴밀하게 역할을 수행할 수 있도록 조화와 동적 균형을 이루는 호르몬과 신경의 소통이 절대적으로 중요하다. 호르몬은 종류가 너무 많아서 우리가 여기서 전부를 살펴보는 것은 무리이므로 주위에서 쉽게 접하는 중요한 몇몇 호르몬을 중심으로 살펴보기로 하자.

02
글루카곤과 인슐린(췌장)

　우리 몸에서 포도당은 모든 세포의 에너지원으로 사용되며, 특히 뇌신경 세포는 포도당만 에너지로 사용한다. 아미노산이나 지방산은 뇌혈관 벽을 통과할 수 없어 에너지로 이용되지 못한다. 그래서 세포들이 포도당을 항상 사용할 수 있도록 혈중 포도당 농도가 일정하게 유지되도록 하는 역할을 호르몬들이 한다.

　포도당 농도가 떨어지면 췌장의 알파 세포에서 글루카곤 호르몬이 분비되어 포도당이 증가할 수 있도록 간에 있는 글리코겐을 분해해서 포도당으로 전환하는 역할을 한다. 그리고 근육에 필요한 에너지원을 공급하기 위해 지방을 분해한다. 공복 시간이 길어지고 간에서 글리코겐이 고갈되면 단백질 분해로 생기는 아미노산이나 지방 분해로 생기는 글리

세롤로부터 포도당을 합성하는 포도당 형성 과정에 의해 포도당이 생성된다. 공복 시간이 더욱 길어지면 지방산은 간에서 글루카곤의 작용으로 케톤체로 전환되며, 에너지원의 절반 정도를 이 케톤체에 의존하게 된다. 이러한 메커니즘은 근육 파괴로 생기는 아미노산을 더 이상 에너지원으로 사용하지 않게 해서 장기간의 공복으로 인한 근육의 손실을 억제해 준다.

인슐린은 글루카곤과 길항 작용을 하는 것으로, 혈중에 포도당 농도가 높아지면 간에 흡수된 포도당, 아마노산, 지방산을 글리코겐이나 지방으로 저장한다. 포도당 농도가 높을 때는 지방 분해가 억제되어 혈중 지방산의 농도가 낮아지는 현상이 일어난다. 인슐린은 남는 포도당을 세포로 들어가게 하여 에너지로 사용하거나 지방으로 저장하게 하는 작용을 한다.

아주 오래전 사냥하고 살던 옛날에는 먹을 것이 귀해 남는 포도당이 있으면 지방으로 저장해 두었다가 먹을 것이 없을 때 꺼내 사용하곤 했었다. 그런데 최근에는 먹을 것이 넘쳐서 자꾸 지방으로 많이 저장하다 보니 비만인이 늘어나고 있다. 아무리 많이 먹어도 살이 찌지 않는 사람은 인슐린 기능이 떨어지거나 글루카곤 기능이 강하거나 하여 두 호르몬 사이의 균형이 이루어지지 않는 것으로 이상이 있다고 볼 수 있다. 우리 몸 안에서 혈중에 포도당이 많으면 인슐린이 분비되어 낮추어 주고 포도당이 낮으면 글루카곤이 높여 주여 서로 길항 작용을 하는 것처럼 서로 조화롭게 균형을 이루도록 잘 맞추어 주면 건강하게 잘 살 수 있다.

하지만 인슐린에 문제가 생겨 혈중에 포도당이 많이 존재하는 당뇨병이 문제가 된다. 근본적으로 췌장에서 인슐린 분비 자체가 잘 안 되어서 생기는 당뇨병을 I형, 인슐린은 충분히 분비되는데도 혈중에 포도당이 많은 경우를 인슐린 저항성이 있는 당뇨병 II형이라 하여 서로 구분한다. 당뇨병 I형의 경우 인슐린 주사를 맞아 해결해야 하지만 당뇨병 II형의 경우는 적절한 식이요법과 운동을 하면서 노력하면 극복해 나갈 수 있다.

평소에 지나치게 혈당을 높이는 음식, 특히 설탕이나 단 음식을 줄이는 습관이 중요하고, 췌장에서 인슐린을 생산하는 베타 세포들이 너무 피로하지 않는 삶을 사는 것이 당뇨병 예방에 중요하다. 혈당이 지나치게 높아지는 일이 자주 있으면 아주 많은 인슐린을 짧은 시간에 많이 생산해야 하는 췌장의 세포들이 힘이 들 것이고, 이런 일이 자주 일어나면 세포들이 지치게 되어 인슐린 생산이 저하된다는 이론도 있으니 주의해야 한다. 현대인들은 평소 식습관과 생활 습관을 바르게 잡아나가려는 노력이 필요하다.

03
그렐린(위)과 렙틴(지방)

위에서 그렐린 호르몬이 분비되면(소장이나 시상 하부에서도 일부 분비됨) 시상 하부에서 공복감을 느끼면서 식욕을 증진시키고, 배가 부르면 지방 세포에서 렙틴이 분비되어 시상 하부에서 포만감을 느끼게 하여 식욕을 억제한다. 이 두 호르몬은 우리가 적절한 시기에 식사를 하고 멈추도록 하는 기능을 한다.

그런데 너무 빨리 식사를 하면 지방에서 렙틴이 분비되어 시상 하부에서 느끼기도 전에 식사를 다 마치게 된다. 이러면 식사량이 많아도 알아차리지 못하고 과식하는 경우가 생기게 된다. 식사를 천천히 여러 번 씹어서(다작) 하는 습관이 들면 어느 정도 식사를 하고 나서 포만감이 느껴지므로 과식을 막을 수 있다. 비만 상태에 있거나 단 음식을 많이 먹는 경우 렙틴 저항성이 생겨 포만감이 잘 일어나지 않고 식욕이 억제되지 않아 과식하게 됨으로써 더욱 살이 찌는 악순환이 계속된다고 하니 비만이나 과당을 주의해야 한다.

수면 부족이나 스트레스는 그렐린의 분비를 증진하는 효과가 있어서 식욕을 증진하여 과식을 유도하므로 비만의 원인이 된다. 다시 말해서 적절한 그렐린이 분비되도록 하려면 적절한 수면과 운동 그리고 스트레스 관리가, 적절한 렙틴이 분비되도록 하려면 비만과 단 음식을 주의하는 것이 필요하다는 것이다.

04

티록신(갑상선 호르몬)

티록신은 갑상선에서 분비되는 호르몬으로 에너지 대사를 조절하는 기능이 있다. 적절한 범위의 티록신은 우리 몸의 기초 대사 에너지부터 모든 에너지 관련 일까지 전체적으로 조율한다. 만일 티록신의 양이 적으면 에너지 대사가 적어져 몸에서 쓰는 에너지가 적어지기 때문에 점점 에너지 저장이 많아지므로 살이 찌는 갑상선 기능 저하증이 나타난다. 반대로 티록신의 양이 많으면 에너지 대사가 많아져 몸에서 쓰는 에너지가 많아지기 때문에 점점 사용하는 에너지가 많아지므로 살이 빠지는 갑상선 기능 항진증이 나타난다. 이렇게 티록신의 양이 너무 적거나 많아지지 않도록 피드백 시스템이 작동하면서 항상 일정한 범위의 갑상선 호르몬(티록신)양을 유지해 준다. 참고 사항으로, 갑상선에서 중요한 작용을 하는 것으로 요오드(I) 이온이 있다. 미역이나 해조류에 많이 들어 있으므로 가끔 보충해주는 것이 필요하다.

아드레날린과 코르티솔과 DHEA(부신 호르몬)

긴급하고 위험한 스트레스 상황에 노출되면 뇌에서 신경 전달 물질로 노르아드레날린과 아드레날린이 분비되는데, 부신 수질에서도 아드레날린과 노르아드레날린이 80:20의 비율로 분비된다고 한다. 아드레날린은 심장을 빨리 뛰게 하고 혈관을 수축시키며 근육의 수축을 이끌어 위험 상황에 대처한다. 긴급하고 위험한 상황이 아니면 부신 피질에서 코르티솔 호르몬이 분비되어 스트레스 상황을 극복해나간다.

만일 스트레스 상황이 오랫동안 지속되면 부신에서 코르티솔 호르몬을 지속적으로 분비해야 하고, 이렇게 되면 부신에 과부하가 걸리게 되어 부신이 피로해져 부신 기능 저하로 이어진다고 한다. 만성 피로로 부신 기능에 이상이 생기면 소화 불량, 두통 등의 자율 신경 기능 장애, 잦은 감기 및 알레르기 등의 면역 기능 이상, 집중력 감소 등 스트레스 저항력 감소가 일어난다고 한다.

코르티솔 호르몬은 스트레스를 이겨내는 스트레스 호르몬이라고 불리며, 혈당을 높이고 항염 작용을 하고 면역력을 낮추는 기능이 있다. 코르티솔은 간에서 포도당을 글리코겐으로 저장하고 세포들이 포도당을 이용하지 못하도록 하여 혈중 포도당 농도를 높이고, 근육 단백질을 풀어 아미노산으로 만들어 간으로 보내어 포도당으로 전환하며(심하면 당뇨병이 되기도 한다고 함), 지방을 분해하여 생성된 지방산을 세포에서 에너지원으로 사용하도록 하는 등의 작용을 한다. 심지어 우선 당장 에너지를 확보한다는 차원에서 면역 세포인 림프구 단백질을 해체하여 에너지원으로 전환하고, 위기 상황에 대처하기 위해 혹시 있을지 모르는 상처를 치유하기 위해 백혈구 중의 과립구를 증가시킨다고 한다.

이 모든 것이 스트레스에서 기인하므로 가능하면 스트레스 상황에서 빨리 벗어나는 것이 좋다. 스트레스와 그 대처 방법에 관한 내용은 제8장에서 더 자세하게 알아보도록 하자. 만약 스트레스를 이기는 데 절대적으로 중요한 부신 기능이 저하되어 있다면 이를 회복시키기 위해 비타민과 마그네슘, 오메가3 등의 영양소를 섭취하고 스트레스를 더 만들지 않도록 하며 충분한 휴식과 수면을 취해야 한다.

부신에서 분비되는 DHEA(dehydroepiandrosterone)는 부신성 안드로겐으로 자연 성호르몬 전구체이다. DHEA는 코르티솔로 인한 몸의 변화를 안정화시키는 역할을 하고, 인슐린 분비를 조절하고 혈당을 낮추고, 항노화 기능이 있어서 청춘 호르몬이라는 별명이 있으며, 면역력을 관장하는 등 그 기능이 다양하다. 안정 호르몬 DHEA와 스트레스 호르몬 코르티솔이 서로 균형을 이루면 피로를 극복할 수 있고 적정 체중을 유지할 수 있다.

그런데 만성 피로 상태가 되면 코르티솔 분비량이 더욱 증가하고 DHEA 분비량 급격히 감소하여 균형이 무너지면서 비만과 함께 건강 악화가 일어나게 된다. 일반적으로 스트레스가 많으면 과식하게 되는데 이로 인해 비만이 되는 경향이 있다. 스트레스가 더 많아지면 사람이 부신 탈진 상태가 되어 코르티솔도, DHEA 호르몬도 제대로 분비되지 않아 기력이 떨어지고 식욕 감퇴, 무력감, 면역력 저하가 일어나며, 심하면 사망할 수도 있다. 적당한 운동을 하면 DHEA 호르몬 생성이 증가한다고 하니, 운동을 하고 스트레스를 피하는 생활을 하고 수면 등 휴식을 충분히 취하는 것이 소중한 부신을 보호하고 건강하게 살 수 있는 길이다.

06
옥시토신과 바소프레신(시상 하부)

옥시토신과 바소프레신 호르몬은 9개의 아미노산으로 이루어져 있고, 7개의 아미노산이 같은 형제 사이다. 옥시토신은 출산 시에 자궁을 수축시켜 분만을 원활하게 하며 수유하는 동안 유방에서 젖이 나오게 한다. 또한 애정 호르몬으로 친밀감과 신뢰 관계를 증진하는 기능이 있다. 옥시토신의 효능에는 스트레스 감소, 자폐증 개선, 수면의 질 향상, 자신감 향상, 부성애 강화, 공감 능력 향상 등이 있다. 맛있는 음식을 먹을 때, 운동, 칭찬, 격려, 위로, 명상을 할 때도 옥시토신이 분비된다고 한다.

시상 하부에서 분비되는 바소프레신(ADH)은 생물학적 반감기가 16~20분이며, 혈관을 수축시켜 혈압을 높이고 세뇨관으로부터 수분을

재흡수하는 항이뇨 작용을 하며 혈액 응고 인자를 증가시킨다. 바소프
레신은 혈청의 염분이나 포도당 같은 물질의 삼투질 농도를 유지하고
세포를 둘러싼 세포 외 액인 체액의 물을 유지하는 데 중요한 역할을 한
다. 뱃맨겔리지 박사는 탈수 증상에 빠졌을 때 바소프레신 호르몬의 수
분 보충 역할을 강조한 바 있다. 바소프레신은 통증을 완화하고 기억력
을 증진한다고도 한다. 또한 누군가를 보호하려는 남성적 애정 호르몬
의 역할도 있다.

그 외에 혈관을 타고 다니는 여러 물질 중에 항상성이라는 시스템에 의
해 중독 현상을 일으키는 담배, 술, 커피가 있다. 담배를 피우면 니코틴
이 혈액 중에 흐르게 되는데 처음에는 시상 하부에서 그냥 일시적인 것으
로 넘긴다. 그렇지만 지속해서 니코틴이 혈액 중에 돌게 되면 어느 순간
시상 하부에서 우리 몸에 반드시 필요한 물질로 인식하게 되고, 그러면
항상성 원칙에 따라 항상 일정한 양을 유지하도록 한다. 이때부터 일명
중독 증상이 나타난다. 니코틴 함량이 혈중에서 떨어지면 시상 하부에서
바로 니코틴을 보충하라는 명령이 떨어지고, 내부에서 공급처를 찾지 못
하니까 별 수 없이 담배를 피우게 만들어 혈중 니코틴을 보충하게 되는
원리이다.

담배에 중독된 사람들은 자신의 의지와 관계없이 뇌에 따라 혈액의 항
상성을 유지하기 위하여 부지런히 담배를 피우지 않으면 안 된다. 처음에
는 멋모르고 재미로 피우지만 어느 순간 뇌가 인지하게 되면 더 이상 벗
어나기 어려운 덫에 빠지고 만다. 담배를 피우는 동안에는 니코틴보다도
훨씬 해로운 물질들이 호흡기를 통해 흡입됨으로써 신체에 많은 해를 끼
치므로 금연하는 것이 건강에 좋다.

이와 비슷한 원리로, 술을 마심으로써 생기는 혈중 알코올 농도와 커피를 마심으로써 생기는 혈중 카페인 농도도 뇌가 인지하는 순간부터 벗어나지 못하는 상태에 이르러 중독 증상에 걸리게 되어 있다. 일종의 마약과 똑같은 원리로 뇌가 혈중 농도를 일정하게 유지하려는 항상성의 지배를 받게 되는 것이다. 가능하면 이러한 덫에 걸리지 않도록 술, 담배, 커피를 적절하게 조절하는 것이 좋고 아예 손을 대지 않는 것도 현명한 방법이다.

병원에 환자로서 가면 의사들이 '가능하면 술, 담배, 커피를 끊는 것이 좋다'고 말한다. 나는 술이 약해서 술을 못 마시고 담배는 아예 피우지 않으며 커피를 마시면 속이 더부룩해서 안 마신다. 다행인지 불행인지 알 수 없지만 술, 담배, 커피를 하지 않고 살고 있다. 나는 인간들이 즐거움을 위해 기호 식품으로 술, 담배, 커피를 찾아내어 즐기고 있다고 생각하는데 즐거움 뒤에 고통이 숨어 있다는 사실을 알 필요가 있다. 원래 자연 속에 있으면 건강을 위해 섭취하지 않았을 물질들인데 인간들은 자신들의 쾌락을 위해 화학 물질들을 찾아내어 즐기는 것이다.

텔레비전에서 방영되는 '나는 자연인이다'라는 프로그램에 나오는 사람들은 모두 산속에 들어가 자연에서 얻어지는 식품으로 생활하면서 건강을 찾고 지내는 것을 자주 본다. 건강해지기를 바란다면 술, 담배, 커피 등 인간들이 자신의 쾌락을 위해 찾아낸 화학 물질을 다시 한번 되돌아보았으면 좋겠다. 특히 담배는 백해무익하기 때문에 피우지 않아야 하고 피우는 사람들도 당장 금연하는 것이 좋다.

술은 각 개인마다 차이가 있어서 자기 주량을 넘기지 않으려고 노력하는 것이 좋을 것이다. 커피의 경우 건강이 좋지 않은 사람들은 일단 커피를 끊고 건강 실험을 해 본 다음 결정하는 것이 현명할 것으로 보인다. 커피를 마시는데 건강에 별 문제가 없다면 커피를 즐기는 것도 괜찮다. 하지만 술과 커피는 이뇨 작용이 있어 많이 마시면 탈수 현상을 보일 수 있고 그에 따라 건강을 해칠 수 있으므로 주의를 기울여야 한다.

평소에 지나치게 혈당을 높이는 음식, 특히 설탕이나 단 음식을 줄이는 습관이 중요하고, 췌장에서 인슐린을 생산하는 베타 세포들이 너무 피로하지 않는 삶을 사는 것이 당뇨병 예방에 중요하다. 혈당이 지나치게 높아지는 일이 자주 있으면 아주 많은 인슐린을 짧은 시간에 많이 생산해야 하는 췌장의 세포들이 힘이 들 것이고, 이런 일이 자주 일어나면 세포들이 지치게 되어 인슐린 생산이 저하된다는 이론도 있으니 주의해야 한다. 현대인들은 평소 식습관과 생활 습관을 바르게 잡아나가려는 노력이 필요하다.

Chemistry
part 3.

제3부

조화와 동적 균형을 위한 우리의 노력

우리는 음악회에 참석하여 오케스트라 연주를 감상할 때 웅장함과 함께 진한 감동을 느낀다. 각기 다른 악기를 연주하는 단원들이 하나같이 일사불란하게 지휘자의 지휘를 따라 조화롭게 움직여 아름다운 음률을 선보일 때 경이로움을 느끼는 것과 함께 아낌없는 찬사를 보낸다. 한 국가의 국민들이 각자 자신이 맡은 일을 성실히 수행하고 전체가 조화를 이룰 때 아름다운 나라와 사회로 거듭나서 보기에 좋은 것도 마찬가지다. 개개인은 미약하지만 모두 일사분란하게 움직이면 하나의 거대한 조직과 사회로 태어나 큰 힘을 발휘하게 된다.

우리 몸의 세포 하나하나는 미약하지만 그 하나하나가 자신이 맡은 일을 성실히 수행하고 움직임으로써 하나의 아름다운 생명체로 살아 움직인다. 우리 몸에 있는 60조 개의 세포를 하나의 거대한 오케스트라처럼 일사불란하게 지휘하는 시상 하부에서 신경과 호르몬이 조화롭게 동적 균형을 이루도록 이끌어 주기에 가능한 일이다. 그래서 제6장 신경 편과 제7장 호르몬 편에서 미약하지만 그 조화를 일으키는 일면을 살펴보았다. 이렇듯 조화와 동적 균형이 잘 이루어지도록 하려면 우리는 어떠한 노력을 해나가야 하는지를 몇 가지 측면에서 알아보도록 하자.

01

스트레스를 만들지 않는 삶, 만드는 삶

　스트레스라는 말은 1936년에 캐나다의 생리학자 한스 셀리에가, 일정한 자극을 받았을 때 몸에서 발생하는 '뒤틀림' 또는 '개인에게 의미 있는 것으로 지각되는 외적, 내적 자극'이라고 정의했다. 현재 우리가 흔히 말하는 '스트레스'의 의미로 정착된 지는 그리 오래되지 않았다. 아주 옛날에는 스트레스라는 단어가 물리에서 '응력'으로 사용되었지만, 요즈음 중국에서는 '압박'이라는 자국어로 사용되고 있다. 스트레스를 우리말로 무엇이라고 표현하면 좋겠느냐고 물어보면 모두 약간 당황한다. 일본이나 우리나라는 외래어를 그대로 사용하다 보니까 '스트레스가 스트레스지'라며 오히려 의아해한다. 보통 사람들이 말하는 스트레스란 무엇일까?

나는 매 학기 초에 담임으로서 학생들과 개인 상담을 진행한다. 그때 물어보는 것 중의 하나가 건강관리에 대한 것이다. 자신의 신체적 건강과 정신적 건강을 위해서 무슨 노력을 하고 있는지 물어본다. 그러면 학생들은 대부분 약간 당황한다. 평소에 건강에 별 관심을 두지 않고 살아왔기 때문이기도 하고, 실제로 그냥 건강한데 굳이 건강이 왜 중요한가라고 생각하는 것 같다. 사실 나도 고등학생 때는 건강에 별로 관심이 별로 없었던 것 같고, 이제 나이가 들어가면서 건강의 소중함을 느끼고 있으니 이해되기도 한다. 하지만 건강은 일찍 생각하고 준비하고 살아가는 것이 좋다고 생각해서 학생들에게 건강 관련 질문을 항상 하면서 건강에 신경을 쓰라고 당부한다. 그래도 많은 남학생들은 축구, 농구 등을 하거나 달리기를 하는 등 나름대로 신체적 건강을 위해 노력하고 있지만 여학생들 중에는 신체적 건강을 위해 달리 하는 것이 없는 학생도 몇몇 있다. 나는 학생들에게 어떤 움직이는 운동이든지 신경 써서 하라고 당부한다. 간단한 스트레칭이든 걷기든 움직이는 것은 모두 신체에 도움이 되니 하면 좋다고 말이다.

신체적 건강 다음으로 정신적 건강을 위해 무슨 노력을 하고 있는지 학생들에게 물어본다. 학생들은 신체적 건강에 비해 정신적 건강에 대해 훨씬 더 생각을 하지 않으며 무엇을 해야 되는지도 모르고 있다. 최근 들어 학생부 종합전형에서 성적으로 대학을 가느냐 못 가느냐가 갈리게 되면서 동료 친구들을 경쟁자로 인식하고 보이지 않는 무한 경쟁을 하면서 마음으로 많이 힘들어하는 학생들이 늘었다. 신체가 아무리 건강하더라도 정신(뇌)에 문제가 생기면 심각한 문제가 아닐 수 없다. 정신(뇌) 건강을 위해 음악, 영화, 휴식, 여행, 수다(소통), 수면 등을 활용하여 노력해 달라고 당부한다. 학생들이 지식을 쌓는 것도 중요하지만 자신의 건강을 스스로 챙기는 노력도 더불어 중요함을 일깨워주고 있다. 지금은 잘 이해하지 못하더라도 먼 훗날 되돌아보았을 때 어떤 담임 선생이 건강에 대해 이야기를 해주었는데 살아가는 데 도움이 되었다고 말하는 학생들도 더러 있을 것이다.

그다음에 학생들에게 '스트레스란 무엇인가?'라고 질문한다. 그러면 각자 생각한 다음 '스트레스는 긴장'이지 않느냐고 답변하는 학생들이 많다. 그렇다면 스트레스는 '받는 것'이 맞는지 물어본다. 대부분 그렇다고 답변한다. 과연 스트레스는 받는 것일까? 사람들은 스트레스를 받아서 쌓아 놓는다고 한다. 학생들에게 혹시 그동안 쌓아 놓은 스트레스가 많이 있으면 그중 50퍼센트만 떼어서 나에게 달라고 한다. 그러면 모든 학생들이 갑자기 왜 이게 불가능하지 하며 짓는 표정이 눈에 선하게 들어온다. 우리는 은연중에 스트레스를 주고받는 물건처럼 생각하는 습관이 생겼다. 그래서 무의식중에 스트레스를 받았다는 말을 하곤 한다. 받으면 줄 수도 있어야 하는데 막상 주려고 하면 방법이 없어서 당황한다. 스트레스는 주고받을 수 있는 것이 아닐 수 있다. 그러면 무엇이란 말인가?

한스 셀리에가 정의한 것처럼 "스트레스란 일정한 자극을 받았을 때 몸에서 발생하는 '뒤틀림'"이라는 말에서 답을 찾을 수 있다. 스트레스란 자극에 대해 몸에서 발생하는, 즉 만들어지는 것(뒤틀림)이지 않을까? 다시 말해 스트레스란 우리 몸이 생존을 위해 스트레스(뒤틀림)를 만들어낸다는 것이다.

이렇게 이야기하면 학생들은 어느 정도 '스트레스는 내가 만드는 것'이라며 이해된다고 한다. 사람들은 무의식중에 스트레스는 남이 나에게 주어서 힘든 것이지 내가 만든 것이 아니라고 항변한다. 나는 이러한 모습을 보면서 '남 탓'으로 돌림으로써 위안을 얻을 수는 있겠지만 스트레스를 만드는 나의 잘못(내 탓)을 부정하는 것은 아닌지 질문해본다.

나는 스트레스가 만들어지는 과정을 이해함으로써 가능하면 스트레스를 만들지 않는 삶을 살고자 노력하고 있다. 누가 얼마든지 나에게 스트레스를 준다고 해도 내가 스트레스를 만들지 않으면 그 상황은 아무런 의미도 없어지고 말 테니까 말이다. 같은 외부 자극이 가해지더라도 각자 스트레스를 만들어내는 양은 각양각색일 수밖에 없다. 아주 많은 스트레스를 만들어내는 사람이 있는가 하면 전혀 스트레스를 만들지 않는 사람도 있으니 다양할 수밖에 없다. 스트레스의 의미를 정확히 이해하고 나면 같은 상황에서도 왜 스트레스 생성량이 사람마다 다를 수밖에 없는지 이해할 수 있을 것이다.

스트레스란 생존을 위해 존재하는 하나의 대응 시스템이다. 스트레스 자체가 나쁘거나 좋은 것은 아니다. 단지 그 양에 차이가 있을 뿐이다. 스트레스가 전혀 없는 것보다 적당히 있을 때 우리 몸은 그에 대응하면서 삶에 의욕이 생기고 행복을 찾을 수 있다. 어떤 목표를 정하고 그것을 달성하고자 하는 노력이 약간의 스트레스가 될 수 있다. 다시 말해서 약간의 욕심을 부려 무언가를 하고자 하는 의지가 지나치지만 않는다면 우리 삶에 활력소가 될 수 있다. 하지만 스트레스가 지나치게 많아지면 우리 몸은 감당할 수 없는 지경에 이르게 되고, 결국 온갖 질병을 불러일으키며 심지어 암으로까지 진행되는 경우도 있다. 각종 건강 서적을 보면 만성 스트레스가 만병의 근원이라고 한다. 스트레스란 내 탓이며 내가 결정해야 하는 것으로 인식해야 잘 해결해나갈 수 있다. 남 탓으로만 돌리고 내가 할 수 있는 일은 없다고 말하는 것은 너무 무책임하다. 스트레스는 내가 만드는 것이므로 내가 얼마든지 해결해나갈 수 있는 영역에 있다는 사실을 알아야 한다. 가능하면 스트레스를 만들지 않는 생활 방식을 찾아 나가야 할 것이다. 어떤 때는 스스로 스트레스 상황을 만들어 삶의 의욕을 불러일으키고 도전하는 삶을 살아가야 할 것이다.

신체적 스트레스 측면에서 보면 무리하게 힘든 일을 하거나 격렬한 운동을 하게 될 때 많은 스트레스가 몸 안에서 만들어진다. 이 스트레스를 이겨내기 위해서 부신에서 스트레스 호르몬이 분비되어 대응하게 되어 있다. 무리하게 힘든 일을 하거나 격렬한 운동을 하고 난 후에 적절한 휴식을 취하면서 스트레스가 몸 안에서 생성되는 것을 줄여나가는 것이 건강에 이롭다.

『스포츠는 몸에 나쁘다』라는 책을 보면, 격렬한 스포츠는 백해는 있을 망정 한 가지 득도 없다고 한다. 지나친 스트레스를 만들지 않는 적당한 중강도 운동을 하든지, 격렬한 운동을 일시적으로 했다면 반드시 충분한 휴식을 취하여 스트레스를 해소해 주어야 한다. 신체적 스트레스는 물리적 작용으로 일어나므로 비교적 인지하기가 쉽다. 하지만 정신적 스트레스는 인지하기도 어려우며 어떻게 스트레스를 줄여야 하는지도 알기가 쉽지 않다. 그래서 사람들은 신체적 스트레스보다 정신적 스트레스에 대처하는 방식을 잘 모르고 힘들어한다.

아들러 철학에 기초한 『미움받을 용기』라는 책을 보면 '지금 여기'에 집중하라는 말이 있다. 과거를 후회하고 미래에 대한 걱정으로 스트레스를 만드는 사람들이 의외로 많고 그로 인해 고민하는 사람들도 많다. 어차

피 과거는 지나간 것이기에 아무리 노력해도 돌아가서 되돌릴 수 없고, 미래 또한 앞서서 걱정한들 문제가 해결되지 않는다. 과거는 그대로 인정하고 미래는 우리의 영역이 아니니 미리 걱정하고 고민할 필요가 없다. 오로지 우리가 할 수 있는 영역은 '지금 여기' 현재의 삶이라는 것이다. 그러니 현재의 삶에 집중하고 열심히 살면 그것으로 족하다.

이러한 내용과 유사한 내용을 담은 고사가 있다. 새옹지마다. 새옹지마에 나오는 할아버지는 자신에게 일어나는 일을 모두 받아들이고 과거나 미래를 이야기하지 않으며 오로지 현재의 삶에 집중한다. 비슷한 한자 성어로 '진인사대천명'이 있다. "자신이 최선을 다하고 결과는 하늘에 맡긴다."라는 뜻이다. 이 모두 현재의 삶에 최선을 다하자는 내용인 것을 보면 우리 삶의 방향은 좀 더 명확해진다. 지금 우리가 할 수 있는 영역에서 최선을 다하는 삶을 살고 스트레스(과거의 후회나 미래의 걱정)를 지나치게 만들지 않는 인생을 살아가자는 것이다. 다만 현재의 적절한 목표를 달성하기 위해 적당한 스트레스를 만드는 것은 충분히 즐길 만한 것으로 우리가 감내할 수 있다.

우리 몸은 스트레스에 대항하는 시스템을 갖추고 있다. 사람이 화를 내거나 긴장하면 뇌에서 노르아드레날린이 분비되고, 공포감을 느끼면 아드레날린이 분비된다. 긴급한 상황에서 일정한 시간 동안 발생하는 스트레스에 대하여 우리 몸은 적응 시스템을 가동하여 물리치지만 지나친 스트레스에 처하면 우리 몸에서 부작용이 일어난다.

화를 자주 내거나 스트레스를 많이 만들면 우리 몸 안에서 발생하는 노르아드레날린의 양이 증가하고 그것의 독성 때문에 노화가 촉진되거나 질병에 걸리게 된다. 제2장 공기 편에서 말한 '일소일소 일노일노'처럼 한 번 웃으면 한 번 젊어지고 한 번 화내면 한 번 더 늙는다는 사실을 명심하고 스트레스 관리에 철저를 기해야 한다. 긍정적이고 좋은 생각을 많이 하여 스트레스를 적게 만드는 삶을 지향해야 할 것이다.

혹자는 그럼 아무런 스트레스가 없는 삶이 최고로 좋은 삶이 아니냐고 반문할 수도 있다. 그러나 이 또한 심각한 문제를 불러일으킨다. 스트레스는 교감 신경 우위의 삶을 가져오고 스트레스가 전혀 없는 삶은 부교감 신경 우위의 삶을 가져오게 된다. 교감 신경과 부교감 신경이 서로 조화롭게 동적 균형을 유지해야 우리 몸이 아주 건강한 상태를 유지할 수 있다. 스트레스가 만성적으로 되든지 극단적으로 아예 스트레스가 없는 상태가 되면 교감 신경과 부교감 신경을 너무 한쪽 상황으로 치우치게 하여 저체온을 불러일으키고 수많은 질병을 일으키는 원인이 된다. 가장 이상적인 방향은 스트레스에 의한 교감 신경과 휴식에 의한 부교감 신경이 서로 조화롭게 교차하는 삶이다.

오랜 생물의 역사에서 몸이 겪는 최대의 스트레스는 먹을 것이 없는 것과 적에게 습격 받는 상황이었다. 이 두 가지 스트레스를 피하고자 생겨난 것이 바로 부신이라는 내분비 장기다. 부신 수질에서는 노르아드레날린과 아드레날린이 분비되고, 부신 피질에서는 코르티솔이라는 스트레스 호르몬이 분비되어 스트레스를 극복할 수 있도록 도움을 준다.

우리 몸에는 자체적으로 스트레스를 극복할 수 있는 시스템이 있으므로 적당한 스트레스는 문제가 되지 않는다. 다만 우리가 주의해야 할 점은 지나친 스트레스로, 만성 스트레스로 나아가지 않는 삶의 자세를 갖추어야 한다는 것이다. 그래야 건강한 삶을 약속받을 수 있다. 우리 모두 지나친 스트레스를 만들지 않고 스트레스를 잘 관리하는 건강 실험을 해보자.

"스트레스를 받는다."라는 말의 진정한 의미

사람들은 자주 "스트레스를 받는다."라고 말한다. 심지어 어떤 사람은 스트레스를 받아서 쌓아 놓고 있다고 말하기도 한다. 그 스트레스 때문에 고통을 받고 견딜 수가 없다고 이야기한다. 심하면 스트레스로 인해 각종 질병이 생겨서 힘들어한다.

그러면 왜 사람들은 "스트레스를 받는다."라는 말을 은연중에 할까? 문제는 스트레스가 그렇게 좋은 것이 아니라는 점이다. 그러니 이러한 스트레스를 본인이 스스로 만들고 있다고 생각하면 왠지 '내 탓'이 되는 것이다. 가능하면 좋지 않은 스트레스는 다른 사람이나 외부 조건(상황)이 나에게 주는 것으로 돌리면 모두 '네 탓'으로 돌릴 수 있어서 마음이 한결 가벼워질 수 있다. 모든 것은 내가 문제가 아니고 '네 탓'이라는 것이다.

이렇게 생각하는 한 스트레스 문제는 풀리지 않을 뿐 아니라 더욱더 복잡한 양상으로 발전할 수밖에 없다. 왜냐하면 진짜 외부에서 주어지는 것이 아닌데도 원인을 외부로 돌리는 한 스트레스 문제는 전혀 풀리지 않기 때문이다. 용서는 모든 것을 이겨낼 수 있다는 말이 있다. 용서는 나의 잘못을 스스로 인정하고 마음의 안정을 찾아갈 수 있는 길을 제시한다. 잘못된 생각을 스스로 인정하고 그 길에서 벗어나려는 노력은 자신밖에 할 수 없으니 자신의 잘못을 인정하는 용서를 과감히 할 수 있는 용기가 필요하다.

또한 좋지도 않은 스트레스를 스스로 만들지 않도록 노력하는 삶을 살아가야 하나. 어떤 건강 관련 책에서는 "만병의 근원은 스트레스다."
라고 주장하기도 한다. 앞에서도 이야기했지만 무의식적이든 의식적이든
스트레스를 만들면 우리 몸은 즉각적으로 교감 신경으로 전환되어 그
스트레스를 극복하기 위하여 여러 가지 신체 반응을 보이고 그에 따라
저체온 상태로 나아가며, 그 결과 몸은 36,000가지 이상의 갖가지 질병
을 유발하기도 한다.

그러니 가능하면 좋지도 않은 스트레스를 스스로 만들지 않으려고 노
력해야 한다. 생명의 소중함을 알고 그 생명을 지킨다는 생각으로 몸 안
에서 좋지 않은 스트레스가 생기지 않도록 마음공부를 하고 마음 수양
을 하도록 하자. 종교를 통하든 개인적으로 노력하든.

스트레스와 유사한 말로 "열 받는다."라는 말이 있다. 다른 사람이 나
에게 정말로 "열을 주는 걸까?" 그렇지 않다. 자신이 열을 만들고 화를
낼 뿐이다. 『화내지 않는 기술』이라는 책에 나와 있듯이, 사람들은 자신
이 할 수 없는 영역(신의 영역)의 일을 자신의 의지대로 하려고 하다가 안
되니까 화를 내고 열을 낸다. 가능하면 자신이 할 수 있는 영역의 일만
하려고 하면 화도 내지 않고 열도 내지 않을 수 있다. 이것 또한 스트레
스처럼 모두 '남 탓'이 아니고 '내 탓'이라는 말이다.

'화병'에 대한 이야기

'화병'은 우리나라에만 있는 병이라고 한다. 평소 화가 날 일이 있는데도 불구하고 겉으로 드러내지 않고 속으로 참는 가운데 속으로 형성되는 병이 '화병'이라고 한다. 다른 나라 사람들은 안 그런데 우리나라 사람들에게 유독 이것이 심한 이유는 무엇일까? 나름대로 이유가 분명 있을 것이다. 그 이유는 다양하겠지만 조선 시대(봉건 시대, 왕을 중심으로 한 신분 제도)에 강조되어온 유교 문화의 영향이 대단히 크게 영향을 미쳤을 것으로 생각된다.

유교 문화에 좋은 것도 많고 그것이 우리 삶에 좋은 영향을 준 것도 사실이다. 그러나 몇몇 도덕적 기준은 사람들을 무척 힘들게 하고 병으로까지 발전하게 하는 측면이 있는 것 같다. 예를 들어 남자들은 울지 말아야 하고, 여자들은 어떤 일이 있어도 자신의 의사를 드러내지 말고 참아야 한다("암탉이 울면 집안이 망한다" 등의 속담)고 하며, 장유유서 정신에 따르지 않으면 어른들은 무조건 '젊은 놈들이 말을 안 듣는다'는 생각 등으로 속으로 화를 키우는 문화가 '화병'을 키워왔지 않나 생각한다.

어떤 철학이나 문화도 좋은 것만을 가질 수 없다. 언제나 진실을 향한 비판적 자세를 견지하고 올바른 가치관을 갖추고 있어야 세상을 바르게 살아갈 수 있다. 앞에서 말한 것처럼 조선 시대의 유교 문화는 좋은 면도 많지만 남존여비 사상이나 장유유서 정신 그리고 참아야 한다는 심리적 압박 등은 현대에 들어와 비판적으로 접근해서 옳고 그름을 판단해서 행동해야 하는 측면이 있다.

무조건적인 강요는 약자인 상대를 고통으로 몰아 정신적으로 견딜 수 없는 '화병'을 키우게 할 수도 있는 악한 측면이 있다. 무례하고 도덕성이 결여된 사람들이 착한 사람들을 괴롭히는 일이 우리 사회에서 종종 일어난다. 실제로 선한 사람들이 마음고생을 하다 병이 나서 일찍 사망하는 것을 본다. 이런 일이 주변에서 일어나는 것을 보면 어찌 이런 일이 일어나는지 도무지 이해되지 않을뿐더러 신을 원망하기도 한다. 도덕적으로 보면 가해자들이 먼저 죽어야 하는데 선하고 도덕적인 사람들이 병을 얻는다는 사실을 받아들이기 힘들다.

이제는 우리나라에서 점차 유교적으로 나쁜 관습들이 하나둘씩 사라지는 것을 학교에서 학생들을 가르치면서 실감하고 있다. 과거 20년 전에는 학생들이 선생님 말씀이면 무조건 따르고 잘못을 이야기하지 못했는데 최근의 학생들은 무조건적으로 선생님 의견을 따르지 않고 비판적으로 옳고 그름을 가리고 직언하는 모습을 보면서 우리 사회도 빠르게 변해가고 있다고 느낀다.

아마 우리 사회에서 어른 세대에게 있었던 '화병'이라는 것이 점차 사라져 갈 것으로 기대된다. 다행스러운 일이다. 무조건 약자에게 참으라고 강요하는 관습들이 사라지는 것이 미래 세대들에게는 매우 좋은 일로 보인다. 누구나 한 생명으로 태어난 순간 법적으로 평등하다는 사실을 인정하고 타인을 존중하고 배려하는 아름다운 사회로 거듭남으로써 '화병'이 사라지기를 바란다.

도덕적으로 착한 삶을 살면서 마음이 강하지 못하여 병으로 발전하는 것을 막을 방법은 없을까? 나는 좋은 사람들이 힘들어하는 것을 극복할 수 있는 길을 찾기 위해 책을 보면서 공부도 하고 생각도 많이 해보았다. 무례하고 도덕성이 없는 사람들이 오히려 건강하게 지내는 모습은 아이러니하지만 실제로 계속 존재한다.

이 차이는 어디에서 오는 것일까? 『화를 내지 않는 기술』이라는 책에서는 내가 할 수 없는 것과 할 수 있는 것을 인정하는 데서 해답을 찾는다. 즉, 상대를 변화시키는 일은 상대가 할 수 있는 것이지 내가 할 수 없다는 것을 인정하는 것이다. 좀 냉정해 보이지만 화를 내는 것도 내가 하는 것이고 화를 내지 않는 것도 내가 할 수 있는 것이다. 가능하면 화를 내지 않는 편이 좋다는 말이다. 상대가 화를 내더라도 나는 화를 내지 않고 이성적으로 행동할 수 있다는 뜻이다. 제2장의 '일소일소 일노일노 이야기'에서 말했듯이 화를 내는 사람이 빨리 노화하고 더 빨리 죽는다는 사실을 알고, 내 앞에서 화를 내는 사람을 가련한 존재라고 생각하면 좋을 것이다.

다른 예로, 우리에게 도움이 될 만한 이야기가 있다. 어떤 도인과 젊은 제자가 함께 길을 가고 있었다. 갑자기 모르는 사람이 다가와 욕을 하고 화를 냈다. 그 모습을 보고 도인은 미안하다고 말하고 가던 길을 계속 갔다. 그런데 제자는 도저히 화가 나고 이해가 되지 않아 도인에게 왜 방금 전에 상대를 나무라지 않았느냐고 물었다. 그러자 도인은 다음과 같은 이야기를 들려주었다. "만약 상대가 선물을 나에게 주려고 하는데 내가 그 선물을 받지 않는다면 그 선물은 누구의 것인가?"라고 제자에게 질문하였다. 그랬더니 제자는 당연하다는 듯 다음과 같이 대답하였다. "당연히 선물을 받지 않았으니 그 물건은 상대방의 것이지요." 그러자 도인은 "상대가 화를 나에게 내었는데 내가 받지 않았으니 그 화는 상대의 것이지 않느냐."라고 말했다.

바로 그렇다. 상대가 화를 내어도 대응하지 않으면 그 화는 상대의 것으로 남아 있게 된다. 부디 화를 내지 말고 마음의 평온을 유지할 수 있는 마음 자세로 세상을 살아나가면서 건강을 유지하자. 누가 뭐라고 해도 내가 할 수 있는 것을 열심히 하면서 이 사회에 도움이 되는 삶을 살아가면 분명 이 사회는 밝고 아름다운 모습으로 변할 것이다. 우리 모두 그런 노력을 기울여야 한다.

02

신진대사 – 물질과 에너지 대사

식사도 건강에 영향을 미칠 수 있다. 우리 몸은 물질(신체)과 정신(마음)으로 이루어져 있으며 물질은 음식물을 섭취하는 데서 얻어진다. 데모크리토스가 이야기했듯이 음식물의 원자들이 우리 몸속에 들어와 재배열되는 것이다. 또한 히포크라테스는 "내가 먹는 것이 나다."라는 유명한 말을 했다. 이렇게 먹는 음식물이 우리 몸속에 들어와 다양한 화학 물질을 합성하여 생명 현상을 일으킨다. 값비싼 음식물이 우리 몸에 좋은 것이 아니고, 맛있는 음식물만이 우리 몸에 좋은 것도 아니다. 우리 몸에 좋은 것을 섭취하는 데에 모든 것의 해답이 있다고 생각한다. 우리 몸은 음식물의 값에 따라 좋은 것을 구분하지 않으며 맛이 있느냐 없느냐에 따라 좋은 것을 구분하지도 않는다. 오직 필요한 영양소를 적절히 공급하는 것을 원한다. 어떤 과일이 좋다, 어떤 식재료가 좋다, 어떤 약재가 좋다, 어떤 보양식이 좋다 등, 정말 몸에 좋다는 음식물들이 텔레비전이나 책자에 나오는 모습을 보면 머리가 아플 지경이다.

예전에 양파가 몸에 좋은 이유를 38가지 이상 나열해 놓은 것을 본 적이 있다. 읽다 보니 나중에 머리에 기억도 되지 않고 정말 좋은 성분이 많이 들어 있다는 정도만 알았을 뿐이다. 이와 마찬가지로 다른 음식물에도 좋은 성분이 많이 들어 있다는 사실을 다 기억하기는 불가능하다. 감자에는 무엇이 들어 있어 좋고, 사과에는 무엇이 들어 있어 좋고, 도라지에는 무엇이 들어 있어 좋고, 노니에는 무엇이 들어 있어 좋고, 파프리카에는 무엇이 들어 있어 좋다고 하는데, 이 모든 음식물에 좋은 것이 많이 들어 있다는 사실을 다 알고 먹더라도 그것을 모르고 먹을 때보다 효과가 더 탁월한 것은 아니다. 우리 주위에서 구할 수 있는 여러 가지 식재료를 감사하게 여기고 적절히 섞어서 적당히 섭취하면 되며, 가능하면 입맛 좋게 만들어 먹으면 금상첨화일 것이다.

제5장 음식물 편에서 소식과 다작을 말한 바 있다. 음식물의 종류가 중요한 것이 아니라 음식물이 어떻게 소화되고 흡수되는지를 더 신경 쓰고 관리하는 것이 중요하다. 어떤 음식물이든 입으로 섭취하여 항문으로 나올 때까지 소화되어 흡수되지 않은 것은 모두 그냥 배설되어버리고 마는 것으로 그냥 우리 장을 한번 통과하는 것에 불과하다.

소식하면 과식할 때보다 적은 소화액으로 충분히 소화시킬 수 있으므로 소화액을 만드는 장기에 과부하를 주지 않아 에너지 사용을 줄일 수 있다. 이는 부교감 신경 상태에서 과도한 에너지를 사용하지 않음으로써 그 나머지 에너지를 면역 활동이나 세포 재생 활동 등에 사용하도록 해

줄 수 있다.

소식과 더불어 다작을 하면 소화가 더욱 잘되도록 도와주므로 효과적이다. 이렇게 소화 활동을 원활하게 하여 몸에 부담이 되지 않게 하면 우리 몸은 남는 에너지를 전체 몸의 조화와 동적 균형을 이루는 데 효율적으로 사용함으로써 건강에 많은 도움을 줄 수 있다.

추가하면, 소화에 도움을 주는 방법 중에는 발효 식품을 섭취하는 것이 있다. 발효 식품은 미리 밖에서 미생물들이 음식물의 화학 결합을 끊어 주어 우리 장에서 쉽게 소화하도록 도와주는 효과가 있다. 오랜 옛날부터 인류는 이러한 발효 식품을 개발하여 먹어 왔고 현재에도 이용되는 음식으로 자리 잡고 있다.

콩을 바로 익혀 먹는 것과 된장이나 청국장(일본의 낫토)으로 발효시켜 먹는 것은 소화에서 차이가 있다. 발효시킨 된장이 훨씬 건강에 이롭다는 사실은 과학적으로 이미 입증되었다. 발효 식품에는 원래 콩 속에 없지만 미생물들이 발효시키면서 만들어낸 유익한 성분이 들어 있다.

마지막으로 장에 살고 있는 4000여 종, 100조 마리 미생물의 역할을 주목해야 한다. 장을 건강하게 하는 방법은 바로 유익균의 분포를 늘리는 것이다. 장에 있는 유익균들이 생성하는 물질들(단쇄 지방산, 비타민 B군 등)이 장을 튼튼히 할뿐더러 우리 몸 전체 건강에 영향을 크게 미친다는 사실은 과학적으로 입증되어 발표되었다. 장의 유익균을 늘리는 방법은 프로바이오틱스(유산균)와 프리바이오틱스(유산균 먹이)를 섭취하는 두 가지가 있다. 이 두 가지를 적절하게 잘 활용하여 장을 개선한다면 건강을 회복할 수 있다.

우리가 음식물을 섭취할 때 우리 몸에 필요한 영양소들만 섭취하게 되면 우리와 공생하며 장에 살고 있는 미생물의 식사를 외면하는 셈이 된다. 우리에게 정말 좋은 물질을 생산해 우리 건강을 책임지고 있는 미생물들의 먹이를 항상 공급해주어야 할 의무가 우리에게 있는데 이를 외면하는 일이 종종 발생한다.

장의 개선은 한 차례만으로 가능한 것이 아니라 지속적으로 좋은 식습관과 생활 습관을 유지하여야 가능한 것이다. 특히 장의 유산균들이 좋아하는 식이섬유(이눌린, 펙틴, 베타글루칸 등)와 올리고당(갈락토 올리고당, 플락토 올리고당)을 섭취할 수 있는 좋은 식단(치커리, 양파, 돼지감자, 우엉, 아스파라거스, 사과 껍질, 현미 등)을 생활화하는 것이 중요하다. 약 3개월 정도 식단을 획기적으로 채식과 과일 위주로 꾸리는 식생활을 실천하여 얼마나 건강이 좋아지는 직접 건강 실험을 해보자.

물질과 에너지 측면에서 건강을 생각한다면 첫째, 화학 반응의 용매인 물을 충분히 하루에 2리터 정도 나누어 마시고, 둘째, 소화와 흡수에 도움이 되도록 소식하고 다작하는 식습관을 기르도록 하며, 셋째, 우리 몸과 공생 관계에 있는 장에 존재하는 미생물들을 위해 그들이 좋아하는 식이섬유와 올리고당을 충분히 공급할 수 있는 음식물을 섭취하도록 노력해야 한다. 그 외에 음식물을 섭취할 때 편식하지 말고 여러 가지를 골고루 혼합한 균형 잡힌 식단을 마련하도록 노력해야 한다.

03
신경 흐름과 혈액 순환

    세포의 신진대사를 원활하게 하는 것이 바로 신경 흐름과 혈액 순환이다. 60조 개의 세포들이 화학 반응을 잘 일으키도록, 움직일 수 없는 각 세포에 필요한 영양소와 산소, 호르몬 등을 공급하는 통로가 바로 혈관이다. 이 혈관들이 막히지 않고 잘 흐를 수 있어야 영양소와 다른 모든 물질이 제대로 공급되며, 혈액 중에 세포에 필요한 영양소 등을 항상 일정하게 유지하기 위해서 호르몬이 조화와 동적 균형(항상성)을 이루도록 활동하고 있다.

    또한 생존을 위해 감각 신경과 운동 신경이 가동되고 있으며, 특히 우리의 의지와 관계없이 항상 교감 신경과 부교감 신경의 자율 신경을 통해 모든 세포의 움직임을 통제함으로써 조화와 동적 균형을 이루고 있다. 제6장 신경 편과 제7장 호르몬 편에서 살펴보았듯이, 우리 몸에 있는 60조 개의 세포들은 일사분란하게 조화와 동적 균형이라는 원칙에 따라 움직일 수 있도록 조절되고 있다.

우리의 건강을 위해 가장 신경 써야 할 부분은 바로 혈액 순환이 원활해지고 자율 신경이 균형(마음 조절 등)을 이루도록 노력하는 것이다. 신경의 원활한 흐름을 위해서는 뼈의 자세를 올바르게 하려는 노력을 기울여야 하고, 특히 경추와 척추의 자세를 바르게 해야 한다. 물리적으로 중요한 신경이 지나는 경추와 척추의 바른 자세는 우리 건강에 아주 중요하다.

신경 측면에서 특별히 주의 깊게 다루어야 할 부분은 자율 신경으로, 교감 신경과 부교감 신경이 조화를 이루는 생활을 해야 한다.(뒤에 마인드 컨트롤이나 복식 호흡, 명상 등에서 도움을 받을 수 있다.) 조화롭고 원활한 신경의 흐름은 우리 몸 전체 건강에 대단히 중요하므로 신경이 막히거나 차단되는 일이 없도록 생활에서 주의를 기울여야만 한다.

신경 다음으로 우리가 신경 써야 할 부분은 혈액 순환이 원활해지도록 하는 것이다. 원활한 혈액 흐름을 위해서 중강도 운동을 하고 체온을 올리며 복식 호흡을 하고 수분을 충분히 섭취하려는 노력이 필요하다. 또한 혈관과 신경이 잘 흐를 수 있도록 뭉친 근육을 풀어 주어서 혈관과 신경이 막히지 않도록 노력하는 것도 필요하다.

'나의 건강 실험'에서 직접 실행하여 얻은 결과를 보면 신경 흐름과 혈액 순환이야말로 대단히 중요하다는 것을 알 수 있다. 우리가 아기였을 때는 신경과 혈액 흐름이 매우 원활했을 테지만 어른이 되어 나이가 들어감에 따라 자신도 모르게 각 부분의 근육이 뭉치고 단단해지면서 근육

사이를 통과하는 혈관과 신경이 눌려 흐름이 방해를 받게 되고 그와 더불어 통증과 각종 질병이 나타나기도 한다.

그렇지만 특별히 통증이 없는데도 건강이 좋지 않은, 소위 미건강이라는 상태로 지내는 경우가 허다하다. 이 미건강 상태에 있을 때부터 자신의 몸 각 부분에서 발생하는 문제점을 찾아내고 개선해나가는 노력을 기울여야 건강을 회복할 수 있다. 먼저 뭉친 근육을 눌러보면 아픈 증상이 나타나는데 그 아픔이 느껴지는 정도가 근육이 뭉친 정도를 나타내는 지표가 된다.

내가 종아리 근육을 풀 때는 통증이 매우 심했고 심지어 이마에 땀이 송골송골 맺힐 정도였다. 이 경험을 통해 근육이 얼마나 심하게 뭉쳐 있었는지 실감했다. 근육을 풀고 나면 아무리 눌러도 아픈 증상이 없고 근육이 말랑말랑하다는 느낌을 받게 된다. 근육을 눌러보고 통증이 느껴진다면 눌러서 반드시 풀어주고 그 사이로 지나는 신경과 혈액이 잘 흐르도록 해주어야 한다.

나는 건강 실험을 하면서 종아리 근육과 다리 근육을 풀어 주었더니 발뒤꿈치 각질이 생기지 않았고, 목 운동(도리도리)을 지속적으로 실시하였더니 감기 등이 걸리지 않았고, 손톱 위 피부 근육을 풀어주었더니 손아귀 힘이 살아나고 손이 더 따뜻해지는 것을 경험했다. 이처럼 뭉친 근육(특히 간과하기 쉬운 5목, 곧 목 하나+손목 둘+발목 둘)을 풀어주어 신경과 혈관이 막히지 않고 잘 흐를 수 있게 해준다면 우리 몸 세포들은 매우 건강한 모습으로 살아갈 수 있을 것이며 그에 따라 우리 건강도 더불어 얻어질 것이다.

마인드 컨트롤

육체적 노동이나 격렬한 운동을 하면 이러한 외부 자극에 대하여 우리 몸 안에서 스트레스를 만들어낸다. 그리고 어떤 신체적, 정신적 자극이 주어지면 우리 몸 안에서 이를 극복하기 위한 메커니즘(스트레스 호르몬 코르티솔 분비)이 작동된다. 이런저런 이유로 우리 몸에서 스트레스를 만들어내는데 이 스트레스를 조절하는 방법 중 하나가 마인드 컨트롤(마음 조절)이다. 같은 상황에 놓여 있다 하더라도 어떤 사람은 심한 스트레스를 만들어내는 반면에 어떤 사람은 아주 태연하게 대처하는 경우를 볼 수 있다. 이러한 차이는 마음 조절 능력의 차이로 설명할 수 있다. 어떤 사건이나 상황에 대하여 우리가 받아들이는 태도에 따라 스트레스를 만들어내는 양이 달라진다.

우리는 자기의 마음을 스스로 알 수 없다. 또한 한 길 물속은 알아도 사람의 마음은 헤아릴 수 없다. 마음에 대한 이야기들을 보면 마음은 참으로 넓고 깊어서 감히 우리가 어떻게 해볼 수 없는 거대한 빙산으로 그려진다. 빙산은 윗부분이 약 10퍼센트, 바다에 가라앉아 있는 부분이 약 90퍼센트로 이루어져 있는 것처럼, 우리의 마음은 의식(생각, 이성) 10퍼센트와 나머지 무의식(감정)으로 이루어져 있다고 할 수 있다.

마음이란 무엇인가? 옷이나 신발을 살 때, 이것을 사려는 당사자에게 물어보는 말이 "네 마음에 드니?"다. "네 생각에 드니?"라고 물어보는 경우는 볼 수 없다. 생각과 마음은 단어가 다르듯이 분명히 뜻도 다를 것이다. 그래서 나와 같은 학교에 근무하는 국어 선생님에게 단어 뜻의 차이가 어떻게 나는지 물어보았다. 선생님은 마음과 생각의 정의를 딱 잘라서 말하기가 쉽지 않고 중복되는 부분도 있다고 대답하였다.

나는 나름대로 그 차이를 생각하여 보았다. 생각의 이성은 현재 일어나는 의식을 중심으로 하고, 마음의 감정은 과거로부터 형성된 무의식의 영역(감정)이 강한 데서 차이가 있는 것으로 보고 둘을 구분해보았다. 많은 사람들이 어떤 결정을 현재의 생각으로 내린다고 하지만, 물건을 살 때 사용하는 단어를 보면 무의식의 마음(감정)이 더 중요하게 작용한다고 생각한다.

마음은 무의식 속에서 많이 일어나 우리의 삶과 생활을 결정하므로 정신 바짝 차리고 의식 속에서 바라보지 않으면 마음을 이해할 수 없게 된다. 마음공부는 어렵고 힘든 분야여서 마음을 이해하는 일도 힘들다. "평생을 두고 마음공부에 정진하고 있는 사람들(스님, 성직자 등)은 얼마나 힘들까?" 미루어 짐작된다.

마음=의식(10%, 좋은 생각, 나쁜 생각)+무의식(90%, 좋은 감정, 나쁜 감정)

『법구경』제1장 '쌍요품' 1: 나쁜 생각을 마음에 품은 채 말하고 행동하면 재앙과 고통이 그가 지은 대로 좇아온다.

『성공하는 가족의 7가지 습관』이라는 책을 보면, 어떤 자극이 가해질 때 곧바로 반응을 보이는 것은 동물들이 하는 것과 유사하고, 사람은 자극이 주어지면 생각이라는 단계를 거쳐 반응을 보이는 것이 좋다고 한다. 이를 달리 해석해보면 자극이 올 때 바로 행동하는 반응을 보이는 것은 감정적 대응이어서 후회와 실수를 일으킬 수 있기 때문에 반드시 어떤 자극이 주어지면 생각이라는 의식을 거쳐 지혜롭게 행동 반응을 보이는 것이 좋다는 것이다.

우리 마음에 의식의 생각과 무의식의 감정이 있다고 보면 무의식의 세계(감정)를 의식의 세계(생각)가 들여다보고 조절하는 노력을 통해서 마인드 컨트롤이 가능하지 않을까 생각한다.

마음을 완전히 다스려 마음이 전혀 흔들리지 않을 정도까지 도달하는 것은 성인들이나 가능하지 일반인들은 대단히 어려울 것이다. 그렇다고 마음공부를 게을리 할 수는 없다. 하는 데까지 나아가는 자세로 끊임없이 노력에 노력을 거듭해야 할 것이다.

나는 『화를 내지 않는 기술』이라는 책에서 화를 내지 않는 방법으로 "내가 할 수 있는 영역에서 일을 하는 것이 화를 내지 않는 기술이다."라는 것을 배웠다. 내가 할 수 없는 것을 하려다 보면 화가 나게 되고 그로 인해 마음도 상하고 몸도 병이 들게 된다는 것이다. 내가 할 수 없는 것은 신의 영역으로 남겨두고 욕심을 내려놓고 자신이 할 수 있는 부분만 하면 된다. 그렇다. 앞에서도 이야기한 것처럼 '진인사대천명(사람으로서 할 수 있는 일에 최선을 다하고 결과는 하늘에 맡긴다.)'의 자세로 살아가는 것이 필요하다.

여러 사람이 모여 사는 사회에서 자기중심적인 것을 조금 내려놓고 서로 협력할 수 있는 길을 모색하면서 공조하며 살아가는 아름다운 세상을 만들면 좋을 것이다. 조금 더 긍정적인 마음으로, 타인을 사랑하는 마음으로, 감사하는 자세로 매사를 처리한다면 스트레스를 덜 만들고 행복해질 것이다.

이렇게 우리는 마음공부를 하며 수련하면 조금 더 발전한 모습으로 마인드를 조절할 수 있게 된다. 마음을 스스로 다스리지 못하면 결국 원시 동물과 다를 바 없게 되고 그러면 사회는 엉망이 되고 말 것이다. 화가 나는 것도 나 때문이므로 내 마음을 잘 들여다보고 마인드 컨트롤을 할 수 있다면 우리의 마음을 평온하고 평화로운 상태로 이끌 수 있다.

마음은 무의식의 세계에 많이 있기 때문에 지금 당장 생각으로 마음을 변화시키는 것은 힘들다. 현재 의식의 생각을 긍정적으로 반복하고 반복하다 보면 조금씩 무의식(감정)이 변화되어 가다가 결국 완전히 긍정적으로 변하는 것을 알 수 있다.

나는 그래서 최면이라는 것을 매우 긍정적으로 활용할 수 있다고 생각한다. 최면에는 자가 최면과 타인 최면이 있다. 자가 최면은 스스로 암시하는 생각을 반복하다 보면 무의식의 자기 마음이 어느 순간 변화되는 것을 말한다. 타인 최면은 내가 타인에게 좋은 생각을 반복적으로 불러

일으켜주어 무의식이 변화될 수 있게 하는 것이다.

설기문 최면술사(설기문 마음연구소, 학교를 방문해 강의함)가 최면술을 사용하여 어떤 사람이 오이를 먹지 못하는 것을 고치는 모습을 텔레비전에서 본 적이 있다. 이런 전문가들은 무의식 세계에 직접 접근하여 무의식 영역을 직접 바로 잡아주므로 빠른 효과를 볼 수 있다. 비록 우리는 무의식의 마음을 당장은 바꾸지 못하더라도 오랜 시간에 걸쳐 노력한다면 충분히 마음을 바꿀 수 있다는 것을 믿고 자신의 마인드 컨트롤 능력을 함양해 나갔으면 좋겠다.

나는 초등학교를 다닐 때 교실에 붙어 있는 "나는 할 수 있다"라는 문구를 자주 보았다. 지나면 읽고 또 읽으면서 "나는 할 수 있다."라는 말이 내 마음속에 은연중에 들어왔다고 생각한다. 삼국유사에 나오는 서동요는 어린이들이 이 노래를 반복해서 부름으로써 선화 공주가 궁에서 나오는 일이 일어났고, 선화 공주가 만든 "단풍나무 아래에 선화 공주가 있다"는 노래를 어린이들이 부르게 함으로써 서동을 만나게 되었다는 이야기를 텔레비전에서 본 일이 있다. 어떤 일이든지 반복해서 노력하면 이루어지는 예를 우리는 주위에서 자주 본다. 이런 일은 앞으로도 계속 일어날 것이다.

우리는 살아가면서 자신이 평소에 생각한 것이 현실에서 이루어지는 것을 경험한다. 평소에 어떤 생각이 처음에는 별것 아닌 것 같지만 오랜 시간이 흐르면서 무의식 속으로 잠재해 들어가면 우리의 마음으로 형성되고 그에 따라 습관과 행동도 변함으로써 결과가 달라진다.

나는 미션 고등학교를 다니면서 일주일에 3시간씩 성경을 배우고 목요일에는 전체 예배를 강당에서 1시간 보았다. 이때 배우고 부른 성경 내용과 찬송가들이 내 마음속에 들어와 인생을 살아가는 데 긍정적으로 좋은 영향을 주었다고 본다. "범사에 감사하라", "낮은 데로 임하옵소서", "내게 강 같은 평화, 내게 바다 같은 평화" 등 보배 같은 문구를 생각하고 있으면 내 마음이 평온해지고 평화로워지는 것을 느낀다. 이런 생각을 자주 함으로써 내 마음이 좋고 긍정적인 방향으로 바뀌었다고 생각한다. 나는 이 모든 것을 고맙게 여기고 있다.

제5장 음식물의 소화, 흡수 부분에서 스트레스 때문에 소화가 안 되는 신경성 위염을 마인드 컨트롤로 극복한 나의 건강 실험을 이야기했다. 내가 대학원 박사 과정에 있을 때 몇 년간 실험이 원하는 대로 진행되지 않자 마음이 초조해지고 긴장이 많아지면서 신체 내에서 스트레스가 생기는 바람에 소화가 잘 안 되는 신경성 위염에 걸려서 6개월간 약을 먹었다. 그때 의사 선생님에게 "약을 평생 먹든지, 마음을 고쳐먹든지 둘 중에 하나를 선택하라."는 말을 듣고 나서 마음을 고쳐먹음으로써 신경성 위염을 완전히 극복했다. 그 당시에는 그것이 마인드 컨트롤인지 모르고 스스로 행했는데 나중에 공부해 보니 마인드 컨트롤을 통해 나의 부정적 마음을 점진적, 긍정적으로 바꾸어 모든 신경성 문제를 해결한 예였다.

처음에는 좋은 추억을 많이 떠올리려고 노력하여 뇌의 상태를 긍정적으로 이끌었고, 이러한 과정을 계속 반복하다 보니 어느 날 이런 노력을 더 하지 않고도 스트레스가 생기지 않는 상황이 되었다. 그 이후 스트레스가 더는 만들어지지 않고 부정적인 마음이 형성되지 않으면서 마음이 항상 긍정적으로 작동하게 되었다. 그 결과 주위에서 내 얼굴이 밝아지고 긍정적으로 바뀌었다는 말을 듣는 횟수가 증가하였다. 한번 마음을 바꾸기가 어려워서 그렇지 꾸준히 노력해서 마음을 바꾸고 나면 그 상태가 지속된다. 가능하면 긍정적 마음을 형성하려고 노력하여 평온하고 평화로운 생활을 하기 바란다.

우리의 마음에 따라 교감 신경과 부교감 신경이 나타나며 이것은 곧바로 건강에 영향을 미친다. 교감 신경과 부교감 신경이 자연스럽게 물 흐르듯 조화와 동적 균형을 이룰 수 있도록 마음을 평온하게 유지하는 긍정적 마음을 가져야 한다. 긍정적 마음(생각과 감정)을 형성하는 것이 우리의 의식적 생각으로 가능하다는 사실을 모든 사람이 실험에 참여하여 보여주기 바란다. 그래서 일명 나의 건강 실험 이야기를 작성하기 바란다.

'플라세보 효과'와
'마음 효과'에 대한 이야기

환자들에게 진짜 약과 가짜 약을 그들 모르게 투여한 후 임상 결과를 비교하여 보면, 가짜 약을 진짜 약으로 인식한 결과 가짜 약을 먹었음에도 증상이 호전되는 현상을 '플라세보 효과'라고 말한다. 실제로 많은 실험에서 이러한 플라세보 효과가 나타나는 것이 입증되었다. 왜 이런 플라세보 효과가 나타날까? 우리 몸이 마음에 따라 영향을 받는다는 것을 간접적으로 플라세보 효과를 통해서 알 수 있다.

이번 '마인드 컨트롤' 편에서 우리의 마음이 어떻게 우리 신체 건강에 영향을 미칠 수 있는지 알아보았다. 나는 긍정적인 생각을 하면 무의식적으로 작동되는 자율 신경에 영향을 줄 수 있고, 이러한 메커니즘을 통하여 마음을 고쳐먹으면 건강도 좋아질 수 있다는 것을 알았다. 서양에서 이야기하는 '플라세보 효과'에 견주어 '마음 효과'는 가짜 약을 사용하지 않고 마음만으로도 충분히 우리의 신체 건강을 회복시킬 수도 있다는 것을 보여준다.

　나는 실제로 건강 실험을 통하여 6개월간 지속된 만성 신경성 위염을 마음을 고쳐먹고 말끔히 치유한 경험이 있다. 아마 이러한 '마음 효과'는 나에게만 일어나는 것이 아니고 다른 사람들 모두에게도 일어날 수 있는 것이라고 믿고 싶다. 왜냐하면 과학은 자연 현상의 일부분으로 객관적이고 광범위하게 일어나는 것을 다루기 때문이다.

　과학을 공부한 사람으로서 나에게 일어난 대부분의 현상은 다른 사람들에게도 일반적으로 일어날 수 있는 것으로 알고 있다. 건강이 안 좋은 사람들은 마음을 고쳐먹고 노력하여 자신의 신체 건강이 어떠한 영향을 어떻게 받는지 알아보기 위해 건강 실험을 해보는 것도 매우 의미 있는 일이라고 생각한다.

　다만, 현재 심각하게 아픈 환자들은 우선 의사의 지도를 받고 그 말을 따르기 바란다. 건강 실험을 할 수 있는 사람들은 아직 심각한 상태는 아닐 테니까 건강하지 않은 상태(일명 미건강)일 때 실시하는 것이 바람직하다. 건강 실험을 직접 실시하여 '마음 효과'가 얼마나 강력한지 느껴보기 바란다. 건강 실험을 한 뒤 좋은 결과가 나오면 서로 인터넷에서 만나 토의하고 내용을 공유하기 바란다.

05

복식 호흡

　아기일 때는 모두 복식 호흡을 한다고 한다. 점차 어른이 되어가면서 흉식 호흡을 하는 사람이 늘어가고, 의식적으로 노력하지 않는 한 일반적으로 어른들은 낮 동안에 흉식 호흡을 하게 된다. 어른들도 모두 밤에 잘 때는 복식 호흡을 한다. 아기의 배를 한번 만져보면 숨을 쉬는 동안 배가 계속 오르내리는 것이 보인다. 잠을 자고 있는 어른들의 배도 숨을 쉬면 오르내린다. 숨을 쉴 때 배가 오르내리는 것이 바로 복식 호흡이다. 문제는 어른들의 경우 낮에 흉식 호흡을 하면서 긴장을 하고 교감 신경 우위의 생활을 한다는 것이다. 아기들은 아무 걱정도 없이 편안한 상태로 있다 보니 낮에도 밤에도 부교감 신경이 우위인 평온한 삶을 사는지도 모른다.

앞에서 마음에 대하여 살펴보았듯이, 마음을 우리 마음대로 조절하는 일은 짧은 시간에는 불가능하다. 하지만 생각이라는 의식을 통해 지속적으로 노력하면 우리의 무의식이라는 마음 영역도 점차 변화하여 완전히 우리가 원하는 마음으로 돌려놓을 수 있다. 이것이 이른바 마인드 컨트롤이다. 생각이라는 의식을 사용하여 무의식의 세계를 점진적으로 변화시켜나가는 방법이 있지만 여기에는 상당한 시간이 요구된다.

마음을 다스리는 다른 수단으로 호흡이 있다는 것은 다행스러운 일이다. 짧은 시간이라 할지라도 우리 마음을 평온한 상태로 돌아가게 하는 효율적인 수단이 복식 호흡이다. 혹시 화가 나거나 분노가 일더라도 잠시 호흡을 가다듬어 일부러 복식 호흡을 하게 되면 빠른 시간 내에 평온을 되찾을 수 있다. 숨을 천천히 들이쉬고 다시 숨을 더 천천히 내뱉는 과정을 반복해서 복식 호흡을 하다 보면 이내 마음이 차분해지면서 평온을 찾아가는 것을 느낄 수 있다.

나는 고등학교를 다닐 때 교감 선생님이 어느 날 알려준 호흡법을 계속 실행하다가 나중에 그것이 복식 호흡이라는 것을 알았다. 그 덕분에 피로도 덜 생겼고, 생겼던 피로도 눈을 감고 복식 호흡을 하면 훨씬 더 빨리 풀리는 것을 체험하였고, 지금도 체험하고 있다.

엎어져서 잠을 자는 것보다 똑바로 앉거나 약간 뒤로 젖히고 누운 상태에서 복식 호흡을 하면 훨씬 더 피로가 잘 풀리고 머리가 맑아진다. 이는 말로 해서는 알 수 없고 직접 체험해보면 금방 알 수 있다. 복식 호흡을 할 때 눈을 감은 상태에서 눈알을 굴리면 일종의 렘수면 상태를 일부러 만들 수 있어 머리의 피로가 더 빨리 풀리는 것을 경험할 수 있다.

나는 학생들이 피곤해하면 피로를 푸는 방법으로 내가 배우고 실행하는 방법을 알려준다. 하지만 많은 학생들이 크게 기대하지 않는 것 같다. 학생들 중 몇 명이라도 가상 렘수면 상태로 피로를 풀면서 일생을 살아간다면 나중에 고마움을 알리라고 생각하면서 평소 학생들에게 이 방법을 들려준다.

복식 호흡을 하면 이완 상태로 유도되면서 부교감 신경 우위로 전환되어 우리 몸이 휴식 상태에 들어가 면역력도 좋아지고 피로도 풀리는 효과를 볼 수 있다. 살아가면서 복식 호흡을 사용하여 더 행복한 삶을 살아가기 바란다. 직접 자신의 건강 실험 이야기를 쓰면서 건강 실험을 해 보기 바란다.

06

기도, 명상 – 조용한 각성

조용한 가운데 마음을 가다듬고 간절히 기도함으로써 자신의 마음속에 있는 소망을 이루기 바란다. 아주 오랜 옛날부터 아침 일찍 일어나 청정수를 떠다 놓고 정결한 마음으로 자신의 소망을 기원하는 어머니들이 있었다. 그들은 가슴속에 간직한 소망이 이런 식으로 빌고 빌면 이루어질 수 있다는 것을 믿었다. 조용히 기도를 하고 나면 마음속에 간직하고 있던 미래의 불안감 같은 것이 약해지며 마음의 평화를 얻을 수 있다.

우리가 알 수 없는 미래의 세계에 대해 불안감을 안고 세상을 살아가면 마음의 불안이 겹쳐 일이 제대로 안 될 수도 있다. 이럴 때 알 수 없는 더 큰 힘을 가진 존재에게 의지하여 기도하면서 불안감을 맡겨놓고 현실에서 좀 더 평화롭게 생활한다면 마음에 행복이 찾아올지도 모른다. 정신적으로 평화로운 마음이 드는 상태에 들면 우리 뇌에서 각성 물질인 세로토닌이 조용히 분비된다고 한다. 이럴 때 행복을 느낄 것이다. 혹시라도 불안감이 밀려오면 조용히 마음속으로 기도하여 그 불안감을 맡겨놓고 마음의 평화를 찾으려 노력해보자.

최근에는 미국 등지에서 명상이 유행한다고 한다. 조용히 눈을 감고 명상을 하면 마음의 평화가 얻어진다는 것이다. 사실 명상은 아주 오래전 고대부터 이어져온 정신 수양법 중의 하나이다. 불교에서는 선(禪)불교가 바로 명상을 하면서 마음의 수양을 한다.

서양에서는 자신들이 하는 명상은 누구나 할 수 있고 종교와는 관계없는 것이라고 이야기한다.(좀 더 자세한 내용에 대해서는 독자 여러분이 직접 공부하기 바란다.) 그리 복잡하지도 어렵지도 않은 명상을 통해서 마음의 평화와 안정을 얻을 수 있다면 누구나 실제로 도전해서 실천해 보는 것도 좋을 것이다. 마음에서 조용히 각성을 일으키는 세로토닌의 분비를 촉진하면서 행복을 느껴보기 바란다.

우리의 마음이 정신과 신체에 막대한 영향을 미친다는 사실을 알고 마음의 안정과 평화를 얻을 수 있는 방법을 찾고 실천하는 자세가 요구된다. 마음은 뇌를 통해 나오며 뇌는 우리 신체를 종합 관리하는 오케스트라의 지휘자 같은 역할을 하기 때문에 신체와 정신 건강에 크게 영향을 미친다. 마음(뇌)의 안정과 평화를 가능하게 하는 생활을 하여 우리 모두 건강한 삶을 살아가도록 하자.

웃음과 슬픔과 마음의 평화

혹자는 웃음이 좋고 슬픔은 나쁘다고 이야기한다. 우리는 슬퍼도 울고 너무 우스워도 울게 된다. 슬픔과 웃음의 양극단은 통한다는 이야기일까? 어쨌든 슬픔이든 웃음이든 영원히 지속될 수는 없다. 만약 정말 좋은 것이라면 평생 웃고 있어야 하지 않을까?

하지만 평생 웃고 있는 사람은 어디에도 없다. 평생 슬퍼하는 사람도 없다. 대부분의 시간이 평온한 가운데 하루를 지내고 일생을 보낸다. 왜일까? 평온한 상태, 평화로운 상태가 가장 이상적이기 때문일 것이다. 자연의 호수 표면을 보면 무척 잔잔하다. 어떤 때는 파동이 일면서 물이 위로 올라가기도 하고 아래로 내려가기도 한다. 그러나 이내 잔잔한 호수로 돌아와 그 상태를 유지한다.

우리의 마음도 슬픔과 웃음이 일시적으로 있다가 이내 평온한 상태로 돌아오는 것이 정상적이다. 슬픔과 웃음(기쁨)의 중앙은 평온과 평화로운 마음이 아닐까 생각한다. 중앙에서 중심을 잡을 때 세상 모든 자연의 이치는 평형을 찾아간다. 때로는 슬픔도 있을 수 있고 기쁨도 있을 수 있다, 하지만 이런 상태도 호수의 물결처럼 일었다 사라져야 마음의 평화를 다시 찾을 수 있다는 것을 알아야 한다.

다시 말해 평온하고 평화로운 마음을 유지하는 것이 최고로 좋은 것이니 이를 위해 노력해야 한다는 것이다. 기도를 하든 명상을 하든 마음의 평화를 얻기 위해 노력해야 한다는 말이다. 부드러운 각성을 일으키는 세로토닌이 분비되는 행복을 찾을 수 있는 마음가짐을 갖도록 노력하자. 나는 '참으로 어려운 일이 마음의 수양이 아닐까?'라고 생각한다. 평생 하여도 그 끝을 알기 어려운 것이 마음 수양이라고 할 수 있다. 그렇다고 아무런 노력도 하지 않고 포기하는 것은 어리석은 짓이다. 조금이라도 나아지려고 노력하면서 사는 것이 인생이라고 생각한다.

지금까지 제8장에서 건강과 관련된 다양한 이야기를 했다. 우리 몸에는 60조 개라는 헤아릴 수 없을 정도로 많은 세포가 존재한다. 이들 모두 자신이 맡은 일을 쉬지 않고 정말로 열심히 수행하고 있다. 이들 세포의 종류는 216가지나 된다고 한다. 심장 세포, 간세포, 뇌신경 세포 등 많은 세포들이 서로 도움을 주고받으면서 맡은바 자기 역할을 열심히 잘 하고 있으면 우리는 건강하다고 할 수 있다.

뇌는 이런 세포들의 의견을 모으고 조정하고 관리하는 최고의 종합 관리 센터로서 그 역할이 대단히 중요하다. 그중에서 우리의 의지와 관계없이 쉬지 않고 움직이는 자율 신경을 통해서 우리 몸은 조화와 동적 균형을 이루고 있다.

그렇지 않아도 바쁘고 힘든데 마음속에서 많은 스트레스를 만들어 과부하를 준다면 스스로 자연스럽게 이루어지는 조화와 동적 균형에 심각한 문제를 야기할 수 있다. 그러니 우리 몸의 세포들이 자연스럽게 조화와 동적 균형을 이룰 수 있도록 협조하고 도와주는 생활 자세와 마음 자세를 갖추어야 할 것이다.

우리 몸속에 있는 세포 모두의 조화와 동적 균형을 위해서 해야 할 일이 많겠지만, 그중 몇 가지를 들어보자. 먼저 충분한 휴식(수면, 여행, 산책 등)과 중강도 운동, 몸에 좋은 음식물 섭취, 적당한 체온 유지, 하루 30분 정도 햇볕 쪼이기, 평온하고 평화로운 마음가짐(자율 신경에 영향) 등을 실천해야 할 것이다.

생각해보면 우리 몸속에 있는 모든 세포에 무한한 감사를 느끼고 존경을 표해야 할 것이다. 생명이라는 힘찬 오케스트라 같은 대향연이 우리 몸 안에서 이루어지고 있다는 것을 느끼고 감사하며 도와주려는 자세로 하루하루를 살아가야 할 것이다. 혹시 나의 몸의 조화와 동적 균형에 문제(통증이나 이상 현상)가 느껴진다면 그냥 방치하지 말고 바로 대책을 세워서 '나의 건강 실험 이야기'를 쓰며 곧바로 건강 실험에 들어가 건강을 회복하기를 진심으로 바란다.

건강이 너무 안 좋은 상태라면 병원에 가서 의사의 치료를 받는 것이 우선이고, 미건강(아직 병이 생기지 않음) 상태라면 건강 실험을 통해 몸을 회복할 수 있도록 노력하는 것이 필요하다. 참고로, 미진하지만 내가 직접 건강 실험을 하고 그것을 기록한 내용을 부록에 실어 놓으니 모두에게 도움이 되었으면 좋겠다.

오목 이야기

우리 몸에는 목이 몇 개 있나요? 보통 진짜 목은 하나 있다고 하는데 사실은 우리가 말하는 목은 머리목이라고 볼 수 있다. 손목은 손을 연결해주는 목이고 발목은 발을 연결해주는 목이라고 할 때 머리를 연결해주는 목은 머리목이라고 할 수 있기 때문이다. 그래서 우리 몸에는 총 다섯 개의 목(오목=목+손목 2개+발목 2개)이 존재한다. 오목 게임이 있다. 오목을 모두 잘 연결하면 승리하는 게임이다. 오목은 모두 소중한 목으로서 어느 하나 간과해서 볼 수 있는 것이 아니다. 그중 특히 머리목(목)이 가장 중요하다. 왜냐하면 우리 건강을 총 지휘하고 관리하는 소중한 뇌신경 조직을 간직하고 있기 때문이다.

나는 오목의 중요성을 건강 실험을 통해서 직접 확인했다. 머리목(목) 운동을 하고 목 주위의 근육을 풀어 주면 혈액 순환과 신경 흐름이 원활해져 여러 가지로 건강에 도움을 준다는 것을 알았다. 매일 도리도리 운동을 좌우 각각 100개씩 하고 목운동을 하였더니 감기에 걸리지 않고 입안에 침이 마르지 않아 치석이 잘 생기지 않고 잇몸이 잘 붓지 않는 결과를 얻었고 또한 편두통이 사라지는 놀라운 경험을 했다. 이런 결과들이 얻어진 이유는 근육 사이를 통과하는 혈관과 신경의 흐름이 잘 일어나게 된 데서 찾을 수 있다. 직접 건강 실험을 해보면 자신의 머리 쪽에 문제가 있었던 것들이 어떻게 변화하는지 관찰하는 과정을 통해 알아볼 수 있다.

발목과 주위의 근육(종아리 근육과 발등)을 풀어줌으로써 혈관들의 흐름이 보이고, 눌러도 신경들의 아픔이 더 느껴지지 않는 것으로 혈관과 신경의 흐름이 좋아진 것을 알 수 있다. 특히 종아리 근육을 풀어 주는 데 매우 오랜 시간이 걸렸지만 완전히 풀어주었더니 확연히 혈액의 흐름이 좋아진 것을 느꼈다. 종아리가 따뜻해지고 다리 아래쪽으로 혈액이 잘 흘러갈 수 있게 되었다는 것과 혈액의 펌프 효과가 증진되어 전체적인 혈액 순환이 좋아져 손도 약간 따뜻해지는 효과도 보았다. 여기서 더 나아가 발목 부위와 발등의 근육을 풀어 주었더니 발바닥 쪽으로 혈액의 흐름이 좋아지면서 발바닥과 발뒤꿈치 부분이 확연히 매끄러워진 것을 확인하였다.

특히 10월 이후 가을을 지나 겨울에 들어서도 발뒤꿈치와 발바닥에 각질이 생기지 않고 매끄러운 상태를 계속 유지하였다. 이전에는 항상 발바닥과 발뒤꿈치에 각질이 생겨 온탕에 들어가 불린 다음 돌로 밀어 깨곳하게 하곤 했었다. 이제 혈액 흐름을 개선한 후에는 더는 각질 제거의 수고를 하지 않아도 되었다는 것이 기쁘다. 부수적으로 발가락 사이의 무좀 증상도 더는 생기지 않는다. 이 모두가 건강 실험을 하여 발목 주위의 혈액 순환이 개선된 덕택으로 생각된다.

손목과 손의 근육들을 풀어줌으로써 역시 혈액과 신경의 흐름이 개선되어 건강해지는 효과를 보았다. 손바닥이 더 따뜻해지고 손에 힘이 생기는 것을 느꼈다. 2019년 10월 중순에 우연히 손톱 위 살이 벌어지는 문제가 발생하여 그것을 해결하는 과정에서 나에게 아직도 건강 문제가 있다는 사실을 알게 되었었다. 그 문제를 해결하기 위하여 손톱 위 살을 2주에 걸쳐 자주 손으로 눌러가면서 근육들을 풀어주려고 노력하였다.

2주 후에 피부가 붓고 염증이 생기고 아프기 시작하여 근육 풀기를 중단하고 염증을 제거하려고 노력하였다. 3주 후에 손톱 위 살 벌어짐 현상이 말끔히 사라지고 정상적으로 회복되는 결과를 얻었다.(1주일 단위로 변화 과정을 사진으로 찍어 살펴보았더니 확연히 좋아지는 것을 알 수 있었다.) 이렇게 손톱 위 살 근육을 풀어 혈액 흐름이 좋아지게 하였더니 전보다 훨씬 더 손이 따뜻해지고 손아귀에 힘이 생기는 것을 느꼈다.

오목 건강 실험을 통하여 머리, 손과 발의 문제를 해결할 수 있었다. 혹시라도 손발이 차갑다거나 머리에 문제가 있는 사람들은 건강 문제를 인식하고 그 문제를 해결하기 위하여 직접 건강 실험을 실시하여 어떻게 문제들이 해결되는지 기록하면서 추이를 관찰하기 바란다. 이런 노력들을 바탕으로 건강이 회복된다면 한번 해볼 만한 도전이라고 생각한다. 아무쪼록 많은 사람들이 오목의 근육을 풀어 혈액과 신경의 흐름을 원활하게 함으로써 건강해지기를 바란다.

오문(五門) 이야기

우리 몸에는 오목뿐만 아니라 오문이 있으며, 그 역할 또한 대단하다. 입, 분문(위 윗부분), 유문(위 아랫부분), 괄약근(소장과 대장), 항문이라는 5개의 문이 존재한다. 입은 먹을 때에 열리지만 대부분 닫힌 상태로 있고, 항문도 변을 볼 때만 열리고 대부분 닫혀 있어야 좋다. 위의 분문과 유문은 음식물이 들어오고 나갈 때만 열리고 평소에는 닫혀 있어야 하고, 소장과 대장 사이의 괄약근도 소장에서 대장으로 물질이 내려갈 때만 열려야 한다.

이 다섯 개의 문은 필요할 때만 열려야지 평소에 열려 있게 되면 우리 몸에 좋지 않다. 특히 항문의 괄약근은 외부의 공기를 잘 차단해야지 그렇지 않고 느슨한 경우 공기가 대장으로 들어가게 되면 대장에 살고 있는 혐기성 세균들이 죽을 수 있어 대장의 환경이 열악해지고 몸에 문제를 일으킬 수도 있다. 입(가칭 '주문柱門')은 가능하면 닫고 있어야지 벌리고 있으면 수분의 증발이 심해져 입안이 마르고 그에 따라 각종 세균이 많이 증식하여 치아에 매우 안 좋은 영향을 미친다. 입안은 침(침샘에서 혈액으로부터 적혈구 등을 거르고 나오는 액체)이 항상 흐르는 상태로 있어야 세균의 증식을 억제할 수 있고 면역력이 증대될 수 있기 때문에 입안은 침이 잘 흐르도록 해주어야 한다.

기원전 5세기에 탈레스가 자연에는 질서가 존재한다는 사실을 이야기한 이후 자연의 질서를 찾는 길고 긴 여정이 시작된 이래로 과학이라는 방법을 통하여 수많은 질서를 찾아내어 방대한 지식을 쌓아왔다. 사실 처음에는 우리가 몰랐던 질서와 규칙을 찾아내어 보면 원래부터 자연에는 그러한 질서가 있었음을 알게 된다.

물리, 화학, 생물, 지구과학에서 그러한 질서에 관한 내용을 배운다. 나는 화학을 통해서 여러 가지 반응에 어떤 규칙성이 있음을 배웠고 그러한 화학 반응이 우리 몸 안에서도 일어난다는 사실을 바탕으로 건강 실험을 직접 내 몸으로 실천하여 관찰하고 느껴 보았다. 우리 몸에 이상이 있다는 사실로 건강에 문제가 있음을 파악하고, 우리 몸에는 우리가 알지 못하는 질서가 있으며 그 질서를 회복시키는 차원에서 문제를 풀어 나가려고 노력하면 분명히 긍정적인 결과가 도출될 수 있다고 믿고 여러분도 건강 실험을 하기 바란다.

우리 몸 안의 질서를 찾으려는 노력을 꼭 산속에서 해야 하는 것은 아니다. 도시에 살면서도 얼마든지 할 수 있으므로, 산속에 자연인이 존재하듯이('나는 자연인이다') 도시에서도 몸 안에서 자연의 질서를 찾고 건강을 회복하려고 노력하면 우리도 가히 '도시 자연인'이라 불릴 수 있다. 나는 도시에 살면서도 많은 사람이 건강을 회복하고 행복하게 살 수 있으며, 충분히 그렇게 되리라고 믿는다.

나의 건강 실험 이력

나의 건강 실험 이야기를 다 수록하기에는 지면의 제약이 있어서 현재까지 기록해온 내용 중에서 중요한 것을 중심으로 부록에 싣고 나중에 홈페이지에 전체 내용(번호가 없는 부분의 내용 모두 포함)을 올려놓을 예정이다.

1. 대학교 1학년(1982년) 때 맥주를 마신 후 설사가 나서 그것을 극복하는 방법으로 유산균 제제를 복용한 이후 대장이 개선되었는지 그 이후 맥주를 마셔도 설사를 하지 않았다.

   –사실 초등학교 3학년 여름방학 이후부터 마른 체질로 약 10년 동안 건강이 좋지 않았다.

3. 2007년에 역류성 식도염에 의해 생긴 성대 근처의 양성 혹을 제거한 후 역류성 식도염이 걸리지 않도록 물을 마시고 베개를 사용하였다.

4. 2013년까지 항상 정상치보다 중성 지방이 많았다. LDL은 정상치보다 많고 HDL은 정상치보다 적게 나오고 간수치도 정상치에서 벗어나는 문제가 있었다.

   2014년부터 꾸준히 걷기 운동을 한 후 2015년 건강 검진에서 중성 지방, LDL, HDL, 간수치(GOP, GTP)가 모두 정상화되었다.

5. 2016년 2월부터 계란 먹기를 중단한 후 2개월 만에 코 알레르기 증상이 크게 호전되었다. 신야 히로미가 쓴 책 『병에 안 걸리고 사는 법』에서 우유와 계란 먹는 것을 중단하면 장이 아주 깨끗해진다는 내용을 보고 실천한 것이다. 우유는 소화가 되지 않아 원래 먹지 않았다. 코가 뻥 뚫려서 코로 숨을 쉬니까 그렇게 행복할 수가 없었다. 코가 막혀 입으로 힘들게 숨을 쉬어보지 않은 사람은 결코 이해할 수 없는 경험이었다.

6. 2016년 12월(학교 유료 급식 시작)부터 고기 먹는 양을 대폭 줄이고 소식을 생활화한 결과 변이 크게 좋아졌다. 점심에만 식당에서 약간의 고기를 먹고 아침은 간단하게 먹었다.(처음에는 식빵을 먹고 주스를 마시다가 두유와 사과 1개로 변경) 그리고 저녁은 감자 1개, 양파 1개, 당근 반 개를 썰어 넣고 된장으로 간을 맞추어 끓인 후 밥을 말아 먹고 고기를 먹지 않는 식습관을 들였다.

7. 2017년 8월 1일부터 아침 식사를 마치고 2시간 후에 물을 머그컵으로 두 잔(500ml) 마셨다. 점심 식사 후 2시간이 지나면 두 잔, 저녁 식사 후 2시간 후에 두 잔을 마셔 모두 1.5L의 물을 매일 마시는 습관을 들였다. 그 결과 자주 발생하던 편두통이 거의 사라지

고 소변 색깔이 무색에 가까워졌다.

장이 좋아진 효과인지는 모르지만 발가락 사이에 무좀이 있었으나 2017년에는 아주 매끄러운 상태를 유지하고 무좀이 전혀 생기지 않았다. 그리고 손톱에서 살이 자주 위로 밀려 올라가는 증상이 있어서 마찬가지로 무좀약을 발라 원 상태로 되돌리고 했으나 8월 이후에는 양호한 손톱 살이 유지되었다. 2017년 11월경에 손톱 살이 엄지와 장지에서 밀려 올라가는 현상이 생겼다. 그래서 약을 발라 치료하고 있다.

– 2018년 1월 18일에서 1월 24일까지 집에서 식사를 하고 물도 거의 마시지 않았다. 운동도 거의 하지 않았으며 머리도 감지 않는 게으른 생활을 하였다. 그 결과 왼쪽 엄지발가락 사이에 무좀이 발생하였고 코 안의 점막도 일부 헐어 피가 나고 코딱지가 많이 생겼다. 머리에 비듬도 아주 많이 생겨 가려웠으며 1주일 만에 감기에 걸려 많은 고생을 했다. 다시 운동을 시작하고 식사도 개선하면서 물을 꾸준히 매일 1.5L 이상 마셨다. 그랬더니 감기도 1주일 만에 낫고(약 사용 안 함) 무좀(약 사용)도 없어지고 코 점막도 깨끗하게 회복되고 코딱지도 현저히 줄어들었으며 건강이 눈에 띄게 좋아짐을 느꼈다.(어성초와 삼백초에 소주를 섞어 숙성시킨 액으로 머리를 3번 정도 샴푸와 함께 감았더니 비듬이 거의 사라졌다.)

8. 2016년 10월부터 2017년 10월까지 1년에 걸쳐 침의 분비가 치아에 미치는 영향을 알기 위하여 실험을 하였다. 그런데 보통 치석을 제거하고 난 후 3개월 이내에 앞니 안쪽에 치석이 끼기 시작하고 5개월 이후에는 잇몸에 다시 약간씩 피가 나는 증상을 많이 겪었다. 침이 입안에서 마르지 않게 지속적으로 노력하는 실험을 한 후부터는 3개월이 지나고 거의 1년이 지나가는데도 앞니 안쪽에 치석이 생기지 않고 매우 매끈한 치아를 혀끝으로 느꼈다. 왜 이런 차이가 생겼을까? 침의 효능에 있다고 생각했다. 놀라운 실험이었다. 물을 충분히 섭취한 효과로 판단된다.

9. 환절기 알레르기 증상이 있다. (습도 조절이 어려운 가운데 생기는 증상)
2017년 5월경 송홧가루가 날릴 때 코가 간지럽고 재채기를 하였다.
2017년 9월경(9월 1일~9월 16일) 가을이 시작되자 코가 간지럽고 재채기를 하였다.

2017년 9월 20일부터 피부에 붉은 반점이 생겼다. 특히 허벅지 안쪽과 허리 부분 그리고 팔 위 안쪽 알통 부분.

가려움증이 있었다. 2016년 9월 20일경 등산을 한 후 고등어를 먹은 뒤부터 알레르기가 심해져 자연 치유를 기다리다가 1주일 후 심각해져서 도저히 참지 못해 병원에 두 번이나 가서 주사를 맞고 약을 복용하니 붉은 반점이 사라졌다. (해마다 거의 가을에 피부병이 생겼음)

9월 23일 저녁, 24일 아침과 점심 이틀 동안 알레르기 알약을 복용하여 효과가 있었다. 반점이 많이 없어지고 9월 26일쯤에는 붉은 것들이 거의 사라지고 가려움이 없어지는 것을 느꼈다.

2018년 9월경(9월 3일~9월 16일) 가을이 되자 코가 간지럽고 재채기를 하였다.

2018년 9월 21일부터 피부에 붉은 반점이 생겼다. 처음에는 허벅지 안쪽이 붉은색으로 변하고 열이 발생하였으며, 22일부터는 좀 더 확대되었고, 23일에는 다리 무릎 뒤쪽으로 내려가면서 붉은 반점이 생기고 가려운 증상이 약간 있었다. 이후 24일에는 위팔 안쪽에 붉은 반점이 생기고 약간 가려운 증상이 있었다. 26일부터 증상이 개선되어 좀 시원해지면서 낫는 느낌이 들었다. 27일에는 허벅지 부분의 붉은색이 많이 약화되었고 다른 부분들도 나아가는 것이 보였다. 약을 먹지 않았고 증상도 양호하였다. 여러 가지 운동(발끝 차기, 펭귄 걸음, 기마 자세, 댄스 동작 등)의 효과라고 생각되었다.

2018년 9월경 가을로 전환되는 시기에 비염 알레르기가 약간 있었고 이후 피부 알레르기가 생기면서 손톱에 있는 피부, 곧 손톱을 감싸는 부분에도 손상(몸이 적응하는 데 힘들어하고 있음)이 있음을 알았다.

2018년 붉은 반점이 고등어를 먹지 않았는데도 같은 시기에 발생하는 것을 보고 2019년 1월 3일에 같은 영양 돌솥밥 음식점에 가서 혼자서 고등어 반쪽을 먹었으나 아무런 문제가 생기지 않은 것을 보면서 고등어 알레르기는 아닌 것으로 확인되었다.

여름에서 가을로 전환되는 환절기에 공기 중의 수분이 감소하면 코의 점막에서 이상을 느끼고 면역 체계가 반응하면서 콧물과 재채기가 생겼다. 이후에 허벅지와 팔 위 안쪽 부분 피부에 수분이 적어지는 증상이 나타났다. 이것은 몸에서 히스타민(수분 조절제)을 대량 분비하여 알레르기 증상(열 발생)을 일으키며 방어 전략을 구사한 결과 붉은 반점과 열이 발생한 것으로 보였다.

11. 2017년 11월 18일에 건강 검진을 실시하여 얻은 결과를 보면, 위내시경 결과는 2015년 (가장 표면에 1개의 약한 염증 확인)보다 좋아졌다. LDL, HDL, 중성 지방 모두 정상이었고, 간수치(GPT)도 정상이었다. 그동안 꾸준히 운동을 하고 매일 오전과 오후 저녁 식간에 물 두 컵(500ml)을 마셨다.

그러나 당뇨 수치가 105mg/dl(100 미만 정상) 범위에 있다는 결과가 나와서 포도당 과잉으로 생각하고 과식을 줄이고 식사량을 조절하기로 하였다. 식빵과 주스(설탕 함유 식품) 1잔으로 하던 아침 식사를 2018년 2월부터 두유 250ml만을 먹고 점심과 저녁만 먹는 식습관을 유지하여 생활하고 있다. 3월부터 두유만 먹다가 추가로 사과 반쪽을 아침에 먹기 시작하였더니 좀 더 나은 것 같았다.

14. 2018년 4월 24일에 오른쪽 입술 쪽에 포진이 생겼다. 이유는 4월 21일에 한라산을 등반하면서 쌓인 피로 때문으로 보인다. 평소대로 물을 계속 마셨더니 스스로 부은 부위가 하루 만에 가라앉았다. 물이 우리 몸에서 아주 중요한 작용을 한다고 생각하며 건강 실험을 하는 중에 일어난 일이다. 앞에서 무좀이 생기지 않는 것과 연관 지어 볼 수 있다.

17. 2018년 8월부터 하루에 20분 이상 운동을 중강도(빠른 걷기, 계단 오르내리기. 참고 문헌: 『차라리 운동하지 마라』) 정도로 하고, 지근(지구력 근육, 적근, 미토콘드리아 풍부)을 키우기 위해서 노력했다. 스쿼트 등 근육을 버티는 시간을 늘리면서 에너지를 잘 만드는 몸 상태로 만들었다.(참고 문헌: 『몸이 젊어지는 기술』)

→ 우리 몸은 총 206개의 뼈로 구성되어 있다. 우리 몸의 뼈는 신생아일 때는 약 450개에 달하지만 자라면서 서로 뭉치고 합쳐져서 어른이 되면 206개가 된다. 몸의 뼈대를 이루는 등뼈, 머리뼈, 갈비뼈 등이 74개, 팔다리뼈가 126개(팔 64개+다리 62개), 귓속뼈가 6개이다. 이들 뼈는 골격근으로 연결되어 움직이는데 이 골격근 중 특히 지근(적근, 미토콘드리아)을 운동으로 발달시키는 것이 무엇보다 중요하다. 요가 동작이나 느린 동작을

이용하여 적색 골격근을 강화하는 훈련이 건강관리에 필요하다.

→ 발끝 차기 운동. 요가 운동(누운 상태에서 좌우로 허리 운동하면서 목도 함께 움직임. 똑바로 누운 상태에서 발끝을 10센티 정도 들어 오래 버티면서 발을 좌우 또는 위아래로 움직임. 이후 위아래로 움직여 100회 실시)을 하여 지근(적근)을 발달시키고, 일어나서 도리도리를 200번 실시하여 목근육의 지근을 발전시키고 스쿼트 및 기마 자세를 유지하면서 지근을 발전시킨다. 그리고 마지막으로 막춤으로 무릎 관절 및 팔다리 근육을 움직여 주고 펭귄 걸음을 300회 정도 한 후(땀이 나옴) 운동을 마친다.

→ 목을 좌우로 움직이기도 하지만 앞뒤로 움직여 스트레칭을 해줌으로써 목 주위의 전반적인 지근들을 풀어주고 발달시킨다. 이렇게 하면 소화가 잘 되고 머리가 시원해지며 입 안 상태도 아주 좋아진 것을 느꼈다. 소화가 잘된 것은 경추에서 소화 기관 신경 세포가 좋아져서 그런 것 같고(김철, 『김철의 몸살림 이야기』) 머리 윗부분이 좋아진 것은 목 주위의 혈관과 신경이 활성화되어 그 작용이 전반적으로 좋아짐으로써 일어난 결과로 보인다. 입안에서도 특히 잇몸이 튼튼해진 것 같다. 2018년 1월, 3월, 5월에 좋지 않았던 왼쪽 위쪽 어금니(2017년 10월에 피곤 때문에 잇몸이 부어 염증이 생기고 치조골이 많이 내려가 치과에서 이를 뽑자고 한 적 있음) 잇몸이 9월 말인 현재 매우 좋아진 것을 느꼈다.

매년 가을이 되면 발뒤꿈치에 각질이 생겼는데 발끝 차기 효과인지 혈액 순환이 좋아져서 그런 것인지 2018년 9월 말 현재까지 매우 깨끗한 상태이다. 전에 다른 부위에 있던 각질도 매우 깨끗하게 없어진 것으로 보아 무언가 변화가 생긴 것으로 보인다.

2018년 10월 17일에 발뒤꿈치 옆쪽에 약간의 각질이 생기고, 엄지발가락 아래쪽에 약간의 각질이 생기기 시작했다.

친구가 발뒤꿈치 운동을 하는데 발뒤꿈치에 각질이 생긴다고 하는 것으로 보아 허리 운동(니시 운동 응용─누운 상태에서 좌우로 약간씩 움직이는 동작 300회 정도 반복), 다리 들어 올리고 내리기(누워서 쭉 편 상태에서 다리만 위아래로 운동하기) 그리고 펭귄 운동, 막춤, 스쿼트 운동을 매일 아침마다 약 1시간가량 실시한 것이 전반적으로 영향을 준 것으로 보인다.

20. 2019년 2월 11일부터 14일에 걸쳐 겨울방학 동안에, 베란다에 둔 감자에서 약 1cm의 싹이 나고 감자 전체가 녹색을 띠고 있는 것을 보고 국으로 끓여 먹었다. 그런데 3일 이후부터 장딴지 아래쪽에 약한 아토피 증상이 나타나 가려움증이 있었고 입안이 허는 증상이 나타났다. 그 이유를 알아보니, 감자에 싹이 나면 솔라닌(열에도 파괴되지 않고 고온에 익혀도 제거되지 않음)이라는 독성 물질이 생성되는데 가능하면 먹지 않는 것이 좋다고 하였다. 그래서 더 먹지 않으니 바로 다음 날 아토피 증상이 사라지는 것을 알았다.

22. 2019년 2월 22일에 원주 이영호 치과에서 치아 스케일링을 받았다. 그런데 스케일링을 하는 치위생사가 이에 치석이 거의 없이 양호하다고 하면서 스케일링을 약 10여 분 만에 깨끗이 마쳤다. 다른 때와 달리 그리 아프지도 않았다. 전보다 치석이 훨씬 덜 생기고 스케일링할 때 아픔이 많이 덜하다는 것을 느꼈다. 이러한 좋은 결과는 생활 방식을 바꾼 덕택으로 생각한다. 일상생활에서 물은 2017년 8월부터 마시기 시작해서 2018년에 몸이 다소 좋아졌다고 말했고, 그 이후 2018년 5월부터 매일 도리도리 운동을 하루에 200회씩 실시하여 그 덕분에 잇몸이 붓지 않고 치석도 덜 생기게 되었다.

23. 2019년 3월에 『건강하게 오래 살려면 종아리를 주물러라』라는 책을 읽고 다리 종아리를 만져 보았다. 왼쪽 종아리는 가운데 다리뼈 있는 오른쪽 부분의 근육이 단단히 굳어 있는 것을 알았고, 오른쪽 종아리는 뒤쪽 부분의 근육이 단단히 뭉쳐 있다는 사실을 알았다. 뭉친 부분을 눌러가며 마사지하면서 근육을 풀어주었더니 서서히 풀리는 것을 확인하였다. 그 과정에서 손바닥이 더 따뜻해지는 것을 느낌으로 알았고, 머리 오른쪽 부분이 더 시원해지는 감각을 느꼈다. 특히 왼쪽 종아리 근육이 풀리면서 머리 오른쪽 부분이 시원하다고 느꼈다. 걸음걸이를 할 때 한결 더 가벼워지고 시원한 감을 느꼈다.

일본의 외과의사 이시가와 요이치가 병원에 온 환자에게 링거 주사를 놓았으나 팔 쪽으로 링거가 들어가지 않는 것을 보고 우연히 다리 종아리를 만져보니 차가워서 주물러주었다. 그랬더니 신기하게도 링거가 들어가는 것을 보았다. 이시가와 요이치는 그 이후 외과 의사를 그만두고 종아리 마사지(혈액 순환)를 통해 환자들을 치료해주었다고 한다. 종아리 근육은 혈액을 펌프질하는 데 아주 중요한 역할을 한다고 한다.

24. 2019년 3월 25일경 현재 약 3주일에 걸쳐 종아리 주무르기를 실시하여 종아리 근육이 뭉친 것을 어느 정도 풀어나가고 있다. 손으로 주무르는 것이 힘들어서 왼쪽 종아리 근육을 풀 때 오른쪽 무릎에 대고 누워서 중력을 이용해서 문지르면 좀 더 효율적으로 뭉친 근육이 풀어지는 것을 느꼈다. 왼쪽과 오른쪽 종아리 근육이 풀어졌을 때, 2015년부터 2017년까지 3년에 걸쳐 학생들을 데리고 강원도 월정사에서 열리는 템플스테이에 1박 2일 일정으로 다녀온 사실이 생각났다. 그때 아침 예불을 새벽 4시쯤 하러 가서 무릎을 꿇고 합장 자세로 앉는 동작이 여러 차례 있었다. 합장 자세를 하는데 무릎을 꿇으면 엉덩이를 발뒤꿈치에 붙이는 것이 무척 어렵고 매우 아프다고 느꼈다. 10대인 학생들은 잘 되는데 나는 잘 안 되는(외국인은 나보다 훨씬 못하고 자세도 안 좋아 보였다) 이유를 당시에는 몰랐다. 이번에 종아리 근육을 풀고 앉아보았더니 웬걸 아주 자연스럽게 자세가 나오고 아주 편안하지 않은가. 당시에는 종아리 근육이 뭉쳐서 합장 자세가 나오지 않았던 것이다. 종아리 근육이 뭉쳐 있는지 아닌지를 확인하려면 합장 자세가 제대로 나오는지 여부를 보면 된다.

종아리 마사지 후 손에 힘이 부쩍 생기는 것을 느꼈다. 아마도 혈액 순환이 잘되기 때문인 것으로 생각된다.

28. 종아리 마사지를 약 한 달간 지속한 결과 손에 힘이 생기는 것이 확실히 느껴졌고, 오른쪽 목에서 오른쪽 머리 부분의 통증 편두통이 거의 사라진 것을 알았다. 왼쪽 다리 종아리 뭉침을 풀었을 때 오른쪽 머리 부분도 함께 시원해지는 것 같았다. 확실히 왼쪽 종아리가 많이 뭉쳐 있었는지 예전에 쥐가 몇 번 났고, 오래전에 축구를 할 때 왼쪽 종아리 부분의 모세관(실핏줄)이 터져 푸른 멍이 번지는 경험을 여러 차례 했다.

29. 2018년 겨울에 뒤쪽 발꿈치에 각질이 약하게 생기긴 했으나 뒤쪽 발꿈치를 돌 수세미로 밀 정도는 아니었다. 그 전에는 항상 겨울철마다 각질이 두껍게 형성되어 목욕탕에 가서 불려서 미는 것이 일이었으나 2018년 겨울에 그런 현상이 사라진 것이다. 그 이유는 아마 물을 자주 마시고 특히 발끝 차기를 하루에 200회씩 한 결과로 생각된다. 발의 혈액 순환이 좋아져서 이렇듯 좋은 결과를 낳은 것으로 보인다.

31. 2019년 4월 17일에 콧물이 흘러나오면서 재채기를 시작하였다. 그래서 계절성 알레르기 비염이 시작되지 않았나 생각하며 잘코넥스 스프레이를 콧속에 뿌렸다.
4월 24일에 눈이 많이 피곤하고 가끔 알레르기 비염 재채기를 하여 눈 안쪽의 근육이 뭉쳐 있는 것을 눌러서 풀어주었더니 상황이 많이 개선되었다.

32. 2019년 3월부터 지속적으로 종아리 마사지를 해오고 있었다. 4월 17일 아침에 걷는데 종아리가 시원함을 느꼈고 걸을 때 무척 기분이 좋았다. 종아리 근육이 많이 풀려서 근육의 신축성(용수철과 같은 작용)이 되살아나 경쾌하게 움직이는 것으로 보인다.
4월 21일에 발등의 큰 혈관이 두드러지게 보여 발바닥 쪽을 살펴보았더니 발바닥에도 가는 핏줄이 형성되어 있는 것이 보였다. 발바닥이 매끄러운 것을 확인하였고 전에 없이 윤기도 보였다. 좀 더 지켜보아야 할 것은 추운 계절에 형성되는 각질의 정도이다. 현재 발바닥은 아주 매끄러운 상태로 발바닥을 어루만져 마사지를 해 줄 정도다.
3월과 4월 두 달 동안 지속적으로 종아리 마사지를 하였더니 전체적으로 종아리 근육이 풀려 있으며 말랑말랑하고 신축성이 좋아진 것을 걸으면서 느꼈다.
종아리 마사지 이후에 종아리를 지나는 굵은 혈관들이 선명하게 보이고 여러 가닥의 작은 핏줄들도 형성된 것으로 보아 혈액 순환이 확실히 좋아진 것을 느꼈다. 특히 아토피 증상이 심했던 정강이 앞부분에도 서너 개의 혈관이 지나는 것을 보았다. 더 이상 가려움 증상도 없고 상쾌함만이 있을 뿐이다.

33. 2019년 5월 1일부터 새로운 건강 실험을 실시하기로 하였다. 눈의 모양근을 마사지하여 뭉친 근육을 풀어보는 것이다. 처음에 만져보니 왼쪽보다 오른쪽이 훨씬 광범위하게 근육이 뭉쳐져 있는 것을 알았다. 이런 이유였는지 모르지만 오른쪽 눈이 왼쪽보다 시력이 좋지 않았고 빨리 피곤해지곤 하였다. 종아리 근육처럼 뭉친 근육을 풀고 나면 다시 뭉치고 하였지만 시간이 지날수록 뭉친 부분이 점차 줄어들고 좀 더 쉽게 풀어지는 것을 알았다. (5월 1일경 개나리도 피고 목련도 피어 봄이 왔음을 알았다.)

계절성 알레르기 증상으로 매년 눈이 따갑고 피곤한 것을 느껴왔으나 올해는 그런 기분이 많이 감소되었음을 알았다.

여러 차례에 걸쳐 양쪽 눈의 모양근을 풀어주고 코와 눈 주위의 근육을 풀어주었다.

5월 2일에 아침에 일어나서 한 번 풀어주고, 교실에서 오전과 오후에 각각 한 차례 더 풀어 주었더니 알레르기 증상이 밖에서도 거의 없었다.(한번은 눈이 따갑고 코에 비염이 심한 나머지 하루에도 여러 번 코 세수를 하였으며 병원에 가봐야겠다고 생각하였다.)

5월 3일에 아침은 물론 오전에도 모양근을 풀어 주지 않았더니 점심시간에 밖에서 산책할 때 재채기가 나오고 그와 더불어 눈이 따갑고 눈물이 생성되는 것을 느꼈다. 그래서 교실에 들어와 양쪽 눈의 모양근의 뭉친 근육을 풀어 주었더니 콧속도 눈도 한결 느낌이 좋아졌다.

5월 13일에 오른쪽 눈에서 눈물이 나는 현상이 있어서 눈 마사지를 더는 하지 않았다. 눈을 만져보니 뭉친 부분이 많이 풀어져서 적어진 것을 알았다. 눈이 따갑거나 재채기를 하는 증상도 거의 없어졌다.

5월 19일에 비가 와서 송홧가루며 꽃가루가 물에 약간 쓸려갔다. 그래서인지 눈과 코의 상태가 훨씬 더 좋아진 듯한 느낌이 들었다.

올해 2019년은 알레르기에 의한 재채기가 거의 없이 무사히 지나간 한 해였다. 해마다 심하게 재채기를 해왔는데 알레르기가 거의 없어진 것 같았다. 그 이유는 매일 아침 약 1시간씩 운동을 한 덕분에 교감 신경이 활성화되어 부교감 신경의 지나친 작용에 의한 면역력 약화로 알레르기 증상이 사라진 것일 수도 있다. 일반적으로 지나친 면역력이 아토피 증상이나 천식 알레르기 증상을 유발한다고 하는데 운동을 통하여 교감 신경과 부교감 신경이 조화를 이루어 알레르기 증상이 완화된 것으로 보인다.(아쿠타 사토시,

『안 아프고 건강하게 사는 법』 중. 혈액 순환(모양근 눈 마사지)과 자율 신경 조화)

34. 종아리 마사지를 3월과 4월 2개월간 지속적으로 실시한 결과 어느 정도 말랑말랑한 종아리가 되어가는 것을 느꼈고, 5월에도 간혹 뭉친 근육을 풀어주었더니 종아리가 한결 시원하고 탄력이 생기며 혈액 순환이 잘 이루어지는 것 같았다. 그리고 다리 부분에 혈관이 생기고, 복숭아뼈와 다리 위쪽을 누르면 아팠던 부위를 지속적으로 눌러 풀어주었더니 아픈 기운이 많이 사라졌다. 아픈 부위가 혈관이 아니라 신경근이 아닌가 생각되었다.

36. 종아리와 눈의 모양근을 풀어 주어 혈관과 신경의 흐름을 원활하게 해줌으로써 건강이 많이 좋아진 것으로 판단된다. 체중이 약 5킬로그램 늘어서 보는 사람마다 살이 붙어 보기 좋다고 칭찬하니 몸이 좋아진 것은 사실인 것으로 보인다. 오랫동안 체중을 늘리려고 노력해왔으나 번번이 실패하고 제대로 되지 않았으나 종아리 근육이 풀어지면서 혈액 순환이 좋아져 몸의 건강이 많이 회복되고 면역력 등이 좋아진 것으로 보인다. 2019년 5월은 남다른 감회가 밀려온 달이다. 비로소 건강을 찾은 느낌이 강하게 든다.

37. 2017년부터 식사 패턴에 변화가 있었다. 소식, 고기 섭취량 감소, 양파와 당근, 감자 위주의 저녁 식사를 꾸준히 하면서 장이 많이 좋아져 과민성대장증상에 의한 설사와 소화 불량이 아주 사라져 버렸다. 종아리 마사지를 3월과 4월 집중적으로 하여 혈액 순환이 좋아져 5월경에 생기던 계절성 알레르기 증상도 사라진 것을 보면서 전체적으로 면역력이 아주 좋아진 것을 알았다. 신체적, 정신적으로 매우 건강함을 느끼며 생활하고 있다. 매우 만족스러운 하루하루를 보내고 있다. 이 모든 것은 건강 공부를 하고 건강 실험을 실천한 결과로 보인다. (그런데 나중에 생각해보니 식생활 개선보다 혹시 물을 충분히 마신 것이 영향을 미친 것이 아닌가 의문이 들었다. 둘 중에 어느 것인지 알기는 쉽지 않은 것 같다. 어느 하나의 조건만 바꾸어 건강 실험을 진행했어야 하는데 두 가지를 동시에 진행하여 원인 파악이 쉽지 않았던 것 같다.)

40. 한 가지 궁금한 점은 얼굴에도 혈관이 분포되어 있느냐는 것이다. 얼굴에서 뭉친 근육을 풀어주면 혈액 순환에 아주 중요할 것으로 생각되었다. 전에 눈의 모양근을 풀면서 코 주위의 근육을 풀어 준 경험이 생각났다. 그때 혈액 순환이 좋아져서 알레르기 증상을 느끼지 못했던 것이 아닌가 판단된다.

42. 2019년 7월 3일(수요일)에 왼쪽 눈 아래쪽에 눈 밑 처짐 현상이 생겼으나 오른쪽 눈쪽은 전혀 생기지 않았다. 그 이유를 찾아보고자 눈 밑 처짐이 나타난 곳 아래쪽 광대뼈를 눌러 보았다. 왼쪽은 매우 아픈 데 반해 오른쪽은 전혀 아프지 않았다. 그래서 아픈 곳을 좀 더 누르고 광대뼈 전체를 만져보니 근육이 상당히 뭉쳐 있는 것을 알았다. 있는 힘을 다해 뭉친 근육을 눌러 풀어 주었더니 눈 밑 처짐이 줄어드는 신비한 현상이 나타났다. 아마도 혈액 순환의 문제 때문에 생긴 것으로 생각된다.

다음 날 아침 왼쪽 얼굴(광대뼈) 근육을 눌러가며 풀어주었다. 누르면 상당한 통증이 있었지만 어제보다 작은 눈 밑 처짐 모양이 남아 있었다.

몇 개월 전에 왼쪽 눈 밑 처짐 증상이 생기면서 그 부위가 떨리는 증상이 있었는데 원인을 알지 못하는 가운데 점차 사라진 적이 있었다.

7월 9일(화요일)에 왼쪽 눈 부위의 통증이 많이 가라앉았고 눈 밑 처짐 현상도 많이 개선되었다. 하지만 약간의 통증과 증상이 남아 있었다. 7월 11일(목요일)에 통증도 사라지고 눈 밑 처짐도 거의 사라졌다.

44. 2019년 9월 초에 코 알레르기 증상과 피부 알레르기 증상이 올해도 나타날 것인지 무척 궁금했다. 뭉친 근육을 풀어줘 혈액 순환이 좋아진 상태에서 알레르기 증상도 좋아지지 않을까 기대되었다.

47. 건강 실험을 하기 전에는 키 173센티미터, 몸무게 약 60킬로그램에서 계속 머물다가 건강 실험을 한 지 2년 정도 지나면서부터는 몸무게가 64킬로그램으로 늘어나 거의 표준 체중이 되었다. 그런데 체중이 늘면서 옆구리에 전에는 없던 러브 밴드(전에는 이런 것이 무언지 전혀 몰랐는데 왠지 기분이 좋지 않았다.)가 생겨 없어지지 않았다. 인

터넷 등에서 검색해 보니 몸 틀기 운동을 하지 않은 것이 문제였다. 몸을 옆으로 돌리는 일이 일상생활에서 거의 없다 보니 당연한 결과였다. 2019년 8월 12일부터 옆으로 몸을 돌리는 운동을 지속적으로 하였더니 9월 20일경에 옆구리 지방이 상당히 없어진 것을 확인하였다. 앞으로도 지속적으로 옆구리 운동을 해나갈 것이다.

48. 2019년 8월 31일(토요일) 아침부터 받는 건강 검진을 위하여 전날 금요일 저녁 식사를 6시에 하였다. 이유는 2017년에 오후 8시 이후에 저녁 식사를 하고 다음 날 건강 검진을 하였을 때 혈당 수치가 105mg/dl가 나와서 정상치 100을 넘었기에 저녁 식사 시간을 앞당기면 달라지지 않을까 하는 생각에서였다. 일단 토요일에 위 내시경 검사를 받고 나서 문진 의사 선생님에게 위 벽에 혈흔이 약간씩 보이는 만성 위염이라는 말을 들었다. 그렇지만 약을 먹을 정도로 심각한 것은 아니라고 하였다. 8월에 방학이 시작된 후에 생화학 수업 준비를 하느라 여러 가지 정신적으로 신경 써야 할 일이 늘어서 그런지 2주 만에 위 상태가 안 좋아진 것은 사실이었다. 검사 직전 주에 식사를 하고 나면 위가 더부룩하다는 느낌이 있었는데 검사를 받은 결과 역시 위염 증상이 나온 것이다. 제5장의 음식물의 소화와 장에서 기술하였듯이 카이스트 박사 과정 때 심각한 신경성 위염으로 6개월간 약을 먹은 후 마음을 고쳐먹고 위염을 완전히 극복한 일이 있었다. 그 경험을 참고하여 이번 위염 증상에 대해서도 마음을 긍정적으로 먹고 평온하게 유지하려고 노력하였더니 1주일 만에 위 상태가 좋아진 느낌이 왔다.(아마 위 점막이 상당히 좋아졌을 것이다.) 안타깝게도 건강 실험에서 직접 위 내시경으로 확인하지 못하는 아쉬움이 있었지만 느낌도 그에 못지않은 좋은 지표가 될 수 있다고 본다.
 – 건강 검진 결과표를 받아 보니 혈당 수치가 94mg/dl로 나왔다. 이로써 2017년 이후 2년 동안, 11번 사례에서 실시한 식생활 개선 효과가 나타난 것을 확인할 수 있어 기분이 좋았다.

49. 9번과 44번 사례에서 보듯이, 2017년과 2018년 9월경 매년 가을이 오면 환절기성 알레르기 증상(기록 이전에도 계속 있었음)이 있었는데, 2019년 9월 3일부터 16일까지 이렇다 할 재채기나 코 점막 간지러움증(알레르기 증상)이 거의 없었다. 지금까지의 결과

를 보면 5월에 봄 환절기성 알레르기 증상이 없었던 것과 비슷하게 9월 환절기 알레르기 증상도 사라진 것으로 판단되었다. 마지막 건강 실험을 한 9월 21일부터 27일까지 붉은 반점이 생기지 않았고 피부의 가려움 증상도 전혀 없었다. 43번 사례에서 올 가을에 환절기성 알레르기 증상이 나타나지 않을 것이라고 예측한 것이 맞았다는 것을 확인하였다. 우리는 어떤 실험을 할 때 결과를 예측하고 확인하는 과정을 거친다. 나의 건강 실험도 조건을 변화시키면서 결과를 예측하고 확인하는 과정이 이와 동일하였다. 이상으로 2014년부터 2019년 9월 말까지 실행하여온 나의 건강 실험도 일단락을 짓게 되었다. 그동안 여러 가지 조건을 변화시키면서 나의 건강 문제를 하나하나 해결해 나 갔고 그 문제들이 해결되는 과정을 관찰해 왔다. 그 결과 내 건강이 매우 좋아진 점을 무척 감사하고 고맙게 여기고 있다. 더 이상 나의 몸에 이상이 없어서 건강 실험을 할 수 없게 되었다. 한편으로는 흥미로운 실험이 없어진 점에 대하여 안타까운 마음이 들기도 하지만 언젠가는 실험의 끝이 다가올 수 있다는 점을 받아들인다. 지금까지 진행한 건강 실험 조건들을 계속 지켜나가면서 현재의 건강 상태를 지속적으로 유지하며 관리하고자 한다.

52. 2019년 10월 12일부터 기존의 안경(플라스틱으로 되어 가벼움) 다리에 있는 플라스틱 부분이 너무 닳아 새로운 것으로 갈아 끼우기 위해 안경점에 맡기고 10년 전에 사용했던 안경(안경테가 금속으로 되어 무거움)을 착용하였다. 그런데 안경을 끼고 있으면 코에 있는 근육이 눌려 혈관의 흐름이 약해지는지 전에 없이 코가 가렵고 재채기를 하며, 코에서 점액이 나오면서 코딱지가 많이 생기는 등 코의 상태가 좋지 않았다. 중간 중간에 코 혈관을 풀어주면 한결 느낌이 좋아지는 것을 느꼈다. 무거운 안경을 쓰면 코 혈관이 눌리게 되어 혈액 순환이 원활해지지 못함으로써 코의 면역 기능이 떨어지고 수분 공급도 제대로 되지 못해 생기는 현상으로 이해했다. 그래서 코의 근육이 눌리지 않도록 안경을 코 위쪽으로 끌어올려 쓰려고 노력했다.
  - 코 또한 면역 효과와 수분 공급 면에서 혈액 순환이 매우 중요함을 알게 되었다.
  - 다시 안경을 수선하여 1주일 만에 플라스틱 안경테로 바꾸어 쓰니 예전의 코 상태로 돌아왔다.

– 오른쪽 귀 위쪽 안경다리가 닿는 위치에 피부 갈라짐이 생겨 안경테를 바꾸게 되었는데, 안경테를 바꿨는데도 11월 30일에 다시 갈라짐이 생겨 연고를 바르지 않고 갈라진 부위의 근육들을 풀어주었더니 갈라진 상처가 말끔히 없어졌다.

54. 2019년 10월 16일 이후 16일 동안 손톱 위 살을 눌러가며 근육을 풀어주었더니 그 부분이 부어올라 염증이 형성되었다. 11월 1일(금요일)에는 너무 부어올라 염증이 심각해져서 근육 풀기를 멈추고 염증을 줄이기 위하여 파스를 바르고 붙여 염증 부위를 가라앉히려고 노력하였다.

– 1개월 이상 지난 11월 22일에는 왼손과 오른손 10개 손가락 모두에서 손톱 위 살이 매우 가지런하게 손톱 위를 잘 덮고 자라났다. 그리고 부기가 많이 가라앉으면서 손톱 위 살이 전에 검붉은 피부색에서 손등과 같은 색으로 되어갔다. 앞으로도 손톱 위 살과 손톱 모양을 좀 더 관심을 가지고 관찰하고자 한다.

– 12월 3일경에 손톱 위 살의 부은 부분이 많이 완화되어 좋아졌으나 왼손 장지와 오른손 약지 손톱 위 살이 다시 벌어지는 일이 발생했다. 그래서 다시 근육을 눌러 풀어 주고 혈액이 흐르도록 노력하고 있다.

59. 2019년 11월 22일에 산행 후유증이 사라지고 손톱 위 살 부기가 거의 사라진 것을 확인하고 아침에 조용히 55번 사례에서 실시한 것처럼 귀 근육을 좀 더 풀어주었더니 오른쪽 귀가 전체적으로 시원해지는 것을 느꼈다. 귀 안쪽과 바깥쪽을 만져보니 많이 뭉쳐있던 근육들이 풀어져 매우 부드러워졌음을 알았다. 어렸을 때 여러 차례 중이염을 앓았고 그 이후에도 귓밥이 잘 나오지 않고 물이 들어갈 때마다 불편한 증상이 있었다. 이 모두가 귀 근육이 뭉쳐서 혈액 순환이 잘 되지 않아 일어난 것으로 판단된다. 앞으로는 오른쪽 귀에 더 문제가 생기지 않을 것으로 기대된다.

– 귀 안쪽 근육이 뭉쳐지고 두꺼워져서 귀 안이 좁아지고 그 때문에 귀에 귓밥이 쌓이고 물이 들어가면 빠지지 않아 염증을 일으키고 불편한 증상이 나타났을 것이다. 이제 귀 안이 넓어지고 혈액 순환이 잘 이루어지게 되었으므로 아픈 증상이 나타나지 않을 것으로 예측된다.

60. 51번에서 건강 실험이 끝난 것으로 생각하였으나 손톱 위 살 벌어짐 증상이 일어나 추가 실험을 진행하게 되었다. 또 다른 건강 문제가 나의 몸에서 일어날 수 있겠지만 현재 여태까지 나를 괴롭혀 온 많은 건강 문제에 대하여 직접 건강 실험을 진행하여 문제점들이 해결되었음과 더불어 건강이 부쩍 좋아진 것을 느낄 수 있다. 최종적으로 여태까지 내가 건강 실험을 하면서 사용해 온 실험 조건들과 그 결과들을 정리한다.

나의 건강 실험 조건들

① 스트레스 적게 만들기

신체적 스트레스(젖산)를 적게 만들기 위해 무리한 운동을 지양하고 중강도 운동을 실천하며 생활 속에서 지나친 활동을 하지 않으려고 노력함.

정신적 스트레스(아드레날린과 코르티솔)를 적게 만들기 위해 화를 내거나 분노하지 않으면서 마음의 안정(평화)을 취하려고 노력함.

② 물을 적극적으로 하루에 2L 정도 마시려고 노력함.

③ 복식 호흡을 통하여 호흡이 안정되도록 노력함.

④ 햇빛을 하루에 30분 정도 쬐려고 낮에 산책을 함.

⑤ 중강도 정도의 운동을 매일 실천함.

⑥ 소식과 다작(많이 씹음)을 실천함.

⑦ 신경과 혈액 흐름을 원활하게 하기 위해 뭉친 근육을 풀고자 노력함.

나의 건강 실험 결과들

① 중성 지방, HDL 및 LDL 수치 개선 – 걷기 운동 효과

② 만성 신경성 위염(6개월 이상 지속) 극복 – 마음 조절 효과

③ 비염 극복 – 계란 알레르기로 인한 것으로 계란 끊음 효과

④ 과민성대장증상, 설사 및 소화 불량 극복 – 물 마시기, 소식, 다작 및 장 개선 효과

⑤ 감기 예방, 편두통 극복 및 잇몸 증상과 치석 개선 효과 – 도리도리 운동 효과

⑥ 발뒤꿈치 각질과 입술 각질 제거 – 종아리와 발 근육 풀기 효과

2019년 11월 29일에 발 위 근육들을 지속적으로 풀어준 결과 걸을 때 발뒤꿈치에서 시

원함을 느낌

⑦ 손톱 위 살 벌어짐 증상 개선 –손톱 위 살 근육 풀기 효과

기타 귀 근육 풀기로 인하여 중이염 증상이 없을 것으로 예측됨

이상으로 나의 건강 실험 이야기에 나타난 나의 건강 실험 조건들과 건강 실험 결과들을 정리하여 보았다. 이것을 참고하여 많은 사람이 자신의 건강 문제를 직접 찾아 실제로 건강 실험을 실시하여 건강이 회복되기를 간절히 기원한다.

61. 2019년 11월 25일(월요일)부터 아침에 두유와 사과를 한꺼번에 먹었던 것을 먼저 두유를 아침에 마시고 사과는 오전 10시에 따로 먹었을 때 훨씬 속이 편하고 변도 좋아지는 것을 알았다. 먼저 두유를 마신 후 1시간 이후에 물을 250밀리리터 마시고, 다시 10시까지 물 250밀리리터를 조금씩 나누어 마신 후 사과를 먹는다. 그 후 점심 먹기 전까지 나머지 250밀리리터를 더 마신다.

   – 12월 10일부터 저녁 식사를 배가 부를 정도로 먹던 것을 배가 살짝 찰 정도로 양을 줄였더니 아침에 일찍 일어나게 되고 몸이 한층 가벼운 느낌이 들고 좋았다. 저녁 식사량을 줄이라는 이시하라 유미의 이야기가 80% 정도 맞는 것이 아닌가 생각된다.

62. 2019년 12월 31일이 기다려진다. 2018년부터 도리도리 운동을 하면서 감기에 걸리지 않았는데 2019년에도 겨울에 목도리(목도리 대신 도리도리를 함)를 하지 않고도 이런 결과가 얻어지는지 기대된다.

63. 12월 31일이 되었다. 감기에 걸리지 않았다. 무척 기쁘고 행복하다.

화학
재미있게 공부하기

책을 끝내면서 보너스로 화학을 공부하는 학생들에게 아주 유익한 방법 두 가지를 소개하고자 한다. 내가 1979년 고등학교 1학년 여름방학 때 상아탑 학원에서 한 달간 배웠던 내용으로, 지금까지도 아주 유익하게 활용하고 있다. 이것이 나를 화학의 세계로 재미있게 이끌었는지도 모른다.

첫째는 주기율표를 기억하는 방법이다.

H							He(헤)
Li (리)	Be(베)	B(바)	C (타)	N(엔)	O(오)	F(풀)	Ne(네)
Na(나)	Mg(마)	Al(알)	Si(시)	P(피)	S(에스)	Cl(염)	Ar(알)
K (카)	Ca(카)						Kr(크립타)
							Xn(크세논)

세로줄로 시작하여 "리나카, 베마카, 바알 타시 엔피, 오에스 풀염 헤네알 크립타 크세논"을 산토끼 노래에 맞추어 불러보면 재미있게 오래 기억할 수 있다. 처음에는 느리지만 자꾸 노래를 부르다 보면 매우 신속하게 주기율표를 기억할 수 있다.

다른 하나는 이온화 경향도를 기억하는 방법이다.

산화가 잘 일어남		환원이 잘 일어남

$\longleftarrow$ $\longrightarrow$

K Ca Na Mg Al Zn Fe Ni   Sn Pb H(기준) Cu Hg Ag Pt Au

갈 거 나? 마 알 애! 철 이(가) 주 나?   구 수 은 백 금(을)

K^+ Ca^{2+} Na^+ Mg^{2+} —————————   —————————

물속에서 양이온으로 존재, 물과 천천히 반응하는 금속들, 물과 거의 반응하지 않는 금속들

이야기처럼 '갈거나?' 하고 물어보면 옆 친구가 가지 '마알애' 하고 답변한다. 왜냐하면 저쪽에 있는 '철이가 주나?' 하면 주지 않을 것이기 때문에 갈 필요 없다는 것이다. 누룽지처럼 매우 구수한 '구수은 백금'을 주지 않을 것이기 때문이다.

그리고 철이를 뺀 '알애(Al, Zn) 주나(Sn, Pb)?' 네 개의 금속은 산성과 염기성 양쪽에서 녹는 양쪽성 금속이다.

나는 개인적으로 주기율표에 있는 30번까지의 원소가 우리 지구상에 많이 존재하고 실제로 중요한 물질이기 때문에 가능하면 30번까지 원소를 알고 있으면 도움이 된다고 보고 내가 기억하기 좋은 방법을 만들어 보았다.

스티브크 망철 코니구야! (코난이구나!)

Sc Ti V   Cr Mn Fe Co Ni Cu Zn

스 티 브(바) 크, 망 철 코 니 구 야!

캔 타 나 롬 간   발 켈 리 연

듐 늄 듐   니   트

즘

그리고 산과 염기의 중화 반응에서 사용하는 지시약을 기억하는 데 도움이 되는 것을 소개하면 다음과 같다.

하나는 "리트머스 산적이다."라고 하는 것으로, "리트머스는 산에서 적색(빨강색)으로 변한다."는 뜻이 있다. 그리고 다른 하나는 일곱 가지 무지개 색 '빨주노초파남보'에서 뒤쪽 두 개를 빼고 맨 앞에 무무를 넣어 만든 '무무빨주노초파'의 일곱 개 색을 사용하여 다음 지시약들을 기억하는 것이다.

	페놀프탈레인			BTB		
무	무	빨	주	노	초	파
		메틸 레드				

원래 우리 생명체들의 체액은 약한 염기성을 띠고 있어 BTB를 사용하면 푸른색(파랑)을 나타내야 정상이어서 생물에서 많이 사용되는 지식약이 BTB이다. 여기서 처음에 산성, 중성, 염기성 순서로 하여 BTB의 색을 나타내면, 산성에서 노랑, 중성에서 초록, 염기성에서 파랑을 나타낸다. 이와 같이 산성, 중성, 염기성 순서로 하여 지시약의 색깔을 기억하려면, 페놀프탈레인 지시약은 산성에서 무색, 중성에서 무색, 염기성에서 빨강이다. 그리고 메틸 레드 지시약은 산성에서 빨강, 중성에서 주황, 염기성에서 노랑을 나타내게 되어 3가지 산-염기 지시약의 색을 기억하는 데 도움이 될 것이다. 결론적으로 염기성을 확인할 때는 염기성에서 빨강이 되는 페놀프탈레인, 산성을 확인할 때는 산성에서 빨강이 되는 메틸 레드를 지시약으로 사용하게 된다.

참고 문헌

강재윤, 『숯을 알면 건강하게 산다』, 한국목탄연구소, 2011.

고창순, 『암에게 절대 기죽지 마라』, 동아일보사, 2006.

김상원, 『세포를 알면 건강이 보인다』, 상상나무, 2012.

김인혁, 『사람을 살리는 물, 수소수』, 평단, 2015.

김종수, 『몸이 따뜻하면 건강이 보인다』, 중앙생활사, 2012.

김철, 『김철의 몸살림 이야기』, 백산서당, 2006.

김현원, 『첨단과학으로 밝히는 물의 신비』, 서지원, 2002.

김현정, 『의사는 수술받지 않는다』, 느리게읽기, 2012.

류창열, 『심뽀를 고쳐야 병이 낫지』, 국일미디어, 2002.

류한평, 『타인 최면』, 갑진출판사, 1999.

문희숙, 『맛있는 과학 21 뇌와 호르몬』, 주니어김영사, 2012.

서형, 『철없는 전자와 파란만장한 미토콘드리아 그리고 인류씨 이야기』, 지성사, 2006.

송재만, 『건강을 살리는 숯』, 문예마당, 2009.

신성호, 『내 몸 살리는 면역 건강법』, 워닝북스, 2017.

양철학, 『효소와 건강』, 서울대학교출판문화원, 2016.

오한진, 『면역 파워』, 북앳북스, 2016.

원동연·김기태, 『5차원 건강법』, 김영사, 2003.

윤영호·김경섭·고현숙, 『암을 이겨내는 사람들의 7가지 습관』, 궁리, 2013.

윤태호, 『암 걸을 힘만 있으면 극복할 수 있다』, 행복나무, 2014.

이경미, 『내 몸은 치유되지 않았다』, 북뱅, 2015.

이광조, 『우리 몸은 채식을 원한다』, 현암사, 2006.

이기호, 『건강기능식품이 내 몸을 망친다』, 샘앤파커스, 2012.

이덕희, 『호메시스』, Mid, 2015.

이동환, 『당신의 세포가 병들어 가고 있다』, 동도원, 2008.

이동환, 『만성피로 극복 프로젝트』, 대림북스, 2013.

이송주, 『장 건강하면 심플하게 산다』, 레몬북스, 2019.

이승남, 『건강에 목숨 걸지 마라』, 브리즈, 2009.

이시형, 『이시형처럼 살아라』, 비타북스, 2012.

이원종, 『100세 건강 우연이 아니다』, 중앙books, 2009.

이은희, 『하리하라의 세포여행』, 봄나무, 2006.

이재수, 『생각을 바꿔라. 건강이 보인다』, 도서출판 주호, 2016.

이정림, 『이정림의 병을 고치는 신비한 숯가루 이야기』, 국일미디어, 2006.

이찬복, 『에너지 상식 사전』, MID, 2019.

임성은, 『병든 몸을 회복시켜주는 효소 건강법』, 모아북스, 2012.

장솔, 『장이 건강하면 우울증 불면증 당뇨병 고혈압 아토피가 치유된다』, 가나북스, 2019.

전세일, 『내 몸이 의사다』, 넥서스BOOKS, 2006.

정대혁 번역·해설, 『붓다의 호흡과 명상(안반수의경 및 재념처경의 풀이)』, 정신세계사, 1991.

최명기, 『내 몸은 내가 지킨다』, 허원미디어, 2012.

최일봉, 『암환자는 암으로 죽지 않는다』, 열음사, 2008.

최중기, 『척추를 바로잡아야 건강이 보인다』, SNPE, 2014.

최현석, 『내 몸의 생로병사 내가 먼저 챙겨보기』, ㈜삼성인쇄, 2003.

최현석, 『내 몸의 생로병사(내가 먼저 챙겨보기)』, 에디터, 2003.

KBS 생로병사의 비밀 다큐멘터리 372편(2002년 1월 29일 1편~2011년 5월 7일 372편)

표만석, 『108번의 내려놓음, KBS 생로병사의 비밀』, 랜덤하우스, 2009.

하우석, 『걷는 인간 죽어도 안 걷는 인간』, 거름, 2004.

홍동주, 『37℃ 건강학 저체온을 잡아라』, 아이프렌드, 2009.

화타 김영길, 『누우면 죽고 걸으면 산다』, 사람과사람 출판사, 2004.

황성주, 『암은 없다』, 청림출판, 2009.

황지현·정경·김소연, 『나는 산소로 다이어트한다』, 더난출판사, 2010.

가와시마 아키라, 『10년 더 젊어지는 따뜻한 몸 만들기』, 전선영 역, 아주 좋은날, 2009.

가이바라 에키켄, 『양생훈』, 강용자 역, 지만지, 2009.

가타히라 에츠코, 『3가지 체액이 내 몸을 살린다』, 박정임 역, 라의눈, 2015.

구보 게이이치, 『자세만 고쳐도 통증은 사라진다』, 이서연 옮김, 한문화, 2012.

기시미 이치로·고가 후미타케, 『미움받을 용기』, 전경아 옮김, 인플루엔셜, 2014.

노보리 마키오, 『하하하 웃음 건강법』, 배성권 옮김, 태웅출판사, 2009.

니시하라 가츠나리, 『코 호흡을 해야 몸이 젊어진다』, 김정환 옮김, 싸이프레스, 2012.

다나카 히데키, 『인생을 바꾸는 숙면의 기술』, 황병일 옮김, 북뱅크, 2008.

마키 다카코, 『건강하게 오래 살려면 종아리를 주물러라』, 오니키 유타카 감수, 은영미 역, 2014.

사이토 마사시, 『체온 1도가 내 몸을 살린다』, 이진후 역, 나리원, 2011.

시마즈 요시노리, 『화내지 않는 기술』, 김혜정 역, 포북(forbook), 2011.

시바타 히로시, 『고기 먹는 사람이 오래 산다』, 이소영 역, 중앙book, 2014.

신야 히로미, 『병 안 걸리고 오래 사는 법』, 이근아 역, 이아소, 2006.

신야 히로미, 『불로장생 탑 시크릿』, 황선종 역, 맥스 media, 2008.

신야 히로미, 『생활 속 독소 배출법』, 윤혜림 역, 전나무숲, 2010.

아베 히로유키, 『독소가 내 몸을 망친다』, 황혜숙 옮김, 동도원, 2012.

아보 도오루, 『암은 스스로 고칠 수 있다』, 이균배 역, 중앙생활사, 2003.

아보 도오루, 『만병의 원인은 스트레스다』, 정유선 역, 부광, 2009.

아보 도오루, 『사람이 병에 걸리는 단 2가지 원인』, 박포 역, 중앙생활사, 2010.

아오야기 유키토시, 『차라리 운동하지 마라』, 김현화 옮김, 비타북스, 2015.

아쿠타 사토미, 『안 아프고 건강하게 사는 법』, 김영진 역, 성안당, 2015.

오노코로 신페이, 『용서 스위치』, 김윤경 역, 브레인스토머, 2014.

오타 시게오, 『몸이 젊어지는 기술』, 김영설·이홍규 옮김, 청림 life, 2011.

와타나베 쇼, 『니시 건강법』, 강호걸 역, 태웅출판사, 2003.

이노우에 겐지, 『잘못된 건강 상식에 속지 마라』, 박상곤 옮김, 하서, 2011.

이토 히로시, 『장기의 시간을 늦춰라』, 정미애 역, 한문화, 2014.

이시하라 유미, 『내 몸 독소 내보내기』, 황미숙 역, 삼호미디어, 2010.

이시하라 유미, 『혈류가 좋으면 왜 건강해지는가』, 김정환 역, 삼호미디어, 2011.

이시하라 유미, 『아침 5분 건강법』, 이정은 역, 아이콘북스, 2012.

이시하라 유미, 『노화는 세포 건조가 원인이다』, 윤혜림 역, 전나무숲, 2017.

이케다 다이사쿠, 『생로병사와 인생을 말한다』, 화광신문사, 2008.

이케타니 토시로, 『혈관을 단련시키면 건강해진다』, 권승원 역, 청홍, 2019.

이토 히로시, 『뭐든지, 호르몬』, 윤혜원 역, 계단, 2016.

카토쿠니 히코, 『스포츠는 몸에 나쁘다』, 건강백세자료실 옮김, 예예원, 1996.

호리 야스노리, 『모든 병은 몸속 정전기가 원인이다』, 김서연 역, 전나무숲, 2013.

후지타 고이치로, 『내 몸에 똥보균이 산다』, 서수지 역, 옥당, 2016.

히키 마사토, 『미토콘드리아 프로젝트(우리 몸의 에너지 발전소)』, 윤은혜 역, 하서출판사, 2012.

기울리아 엔더스, 『매력적인 장 여행』, 배명자 옮김, 와이즈베리, 2014.

마이크 맥기니스, 『허니 다이어트』, 데이먼 리 옮김, 콘텐츠 케이브, 2015.

마하트마 간디, 『간디 자서전(나의 진리 실험 이야기)』, 함석헌 역, 한길사, 1983.

버나드 젠센, 『더러운 장이 병을 만든다』, 김희웅 역, 국일미디어, 2014.

세네카, 『인생이 왜 짧은가』, 천병희 역, 숲, 2005.

소람 칼사, 『비타민 D 혁명』, 장성준 역, 비타북스, 2009.

스티브 메이어로위츠, 『현명한 식습관이 생명을 살린다(Food Combination and Digestion)』, 한재복 역, 중앙생활사, 2005.

제임스 제어드·로리 나델, 『행복 유전자』, 강주헌·지여울 역, 베이직북스, 2010.

조셉 창, 『노화의 비밀』, 서영 역, 2011.

주디스 맥케이·타메라 새쳐, 『항암치료 생존 가이드』, 시세라 역, 삶과지식, 2013.

칼 세이건, 『코스모스』, 홍승수 역, 사이언스북스, 2010.

칼 오래이, 『자연이 준 기적의 물, 식초』, 박선령 역, 웅진윙스, 2006.

토마스 호엔제, 『평정심 나를 지켜내는 힘』, 유영미 역, 갈매나무, 2015.

F. 뱃맨겔리지, 『물, 치료의 핵심이다』, 김성미 역, 물병자리, 2004.

F. 뱃맨겔리지, 『신비한 물 치료 건강법』, 이수령 역, 중앙생활사, 2014.

한스위르겐 크바드베크제거 외, 『화학으로 이루어진 세상』, 권세훈 역, 에코리브르, 2007.

지금까지 '화학으로 바라본 건강 세상'이라는 주제로 모두 8개 장에 걸쳐 기술하였다. 우선 건강이 우리에게 얼마나 중요한 것인지는 고등학교 학생들이 절실하게 실감하기가 매우 어려울 것이라는 점을 인정한다. 나도 10대 시절에는 건강을 심각하게 고민해 본 적이 없었고, 그 이후 오랫동안 건강이라는 것을 잊고 열심히 생활해온 것이 사실이기 때문이다. 그러나 나이가 들어 이제는 건강이 무엇보다 중요하게 느껴져서 건강 관련 이야기를 친구들이나 주위 사람들과 많이 나누고 있다.

건강을 잃어보지 않은 사람은 건강의 중요성을 실감하기가 쉽지 않을 수도 있다. 나는 2007년에 성대 주위에 자라난 양성 혹을 레이저로 잘라 내는 전신마취 수술을 받고 나서 건강이 왜 그렇게 중요한지 실감하였다. 그 이후 건강과 관련한 노력을 조금씩 해오다 2016년에 획기적인 경험을 하기에 이르렀다. 특히 약 2개월간 계란을 끊고 나서 코 점막이 완전히 회복되어 코로 숨을 쉬는 기쁨을 누리게 된 계기는 건강에 대한 연구를 강화하는 기회가 되었다. 이후 건강 관련 서적을 집중해서 읽고 직접 건강 실험을 하면서 그 과정과 결과를 '나의 건강 실험 이야기'로 기록해 가며 꾸준히 건강 실험(자칭 화학 실험)을 진행하고 있다. 과거 실험실에서 유기 화학과 관련된 실험을 많이 한 경험을 살려 내 몸을 하나의 화학 반응기로 보고 이런저런 조건들을 바꾸어 가면서 건강 실험을 직접 실시하고 그 결과를 기록하기 시작하였다. 미진하지만 약 6년간의 건강 실험 결과와 그동안 얻은 지식을 기본 자료로 하여 『화학으로 바라본 건강 세상』이란 책을 펴내게 되었다.

2015년에 교육 과정이 개정되면서 4차 산업혁명 시대를 준비하는 교육 과정의 하나로 각 학교에서 융합 교과를 개설하여 고등학교 학생들을 가르쳐야 했다. 우리 학교에서도 선생님들이 다양한 융합 교과를 준비하는 가운데 나도 '화학으로 바라본 건강 세상'이란 주제로 학생들을 가르치려고 나름대로 준비하였다. 나는 그동안 건강에 관심을 두고 있었기에 수업 시간에 더 재미있게 학생들과 함께하려고 2019년도 1학기에 융합 교과로 '화학으로 바라본 건강 세상'을 마련하여 진행하였다. 융합 교육 과정을 준비하면서 습득한 건강 지식과 조사한 자료를 잘 살려서 많은 학생들에게 도움이 될 수 있는 내용을 책으로 만들고자 하였다.

나는 우리 학생들이 여기에 수록된 내용을 바탕으로 더 넓고 깊은 상상력을 동원하여 내가 알고 있는 것보다 더 풍부하게 건강 관련 지식과 경험을 익히고 쌓아 더욱 발전시켜 나가기를 바란다. 더불어 학생들이 스스로 조사하고 배운 내용을 지식으로만 한정하는 데 멈추지 말고 직접 건강 실험을 실시하여 자신의 건강을 증진해 가기를 당부한다. 어떤 학생들은 지나가면서 "선생님, 저 요즘 물 많이 마시고 있어요.", "저 도리도리 운동을 하고 있어요."라고 말하며 알은체하기도 한다. 내가 기울인 자그마한 노력이 학생들에게 건강 지식을 늘려주고 생각할 기회를 제공하여 그들이 건강해지는 데 도움이 된다면 더없이 기쁘겠다.

진리에 헌신하는 사람은 무슨 일이나 관습에 따라서 해서는 안 될 것이다. 그는 언제나 스스로 수정할 태세를 갖추고 있어야 하고, 자신이 잘못임을 알았을 때는 무슨 일이 있더라도 그것을 고백하고 속죄해야 할 것이다. (『간디 자서전』)

어느 날 함석헌 선생이 번역한 『간디 자서전』을 읽고 나서, 간디가 영국 식민지 시절의 조국 인도를 향하여 보인 놀라운 사랑과 실천에 깊이 감명하였다. 또한 위대한 인물 간디도 직접 자신의 건강을 위해 다양하게 노력하였으며, 다른 사람들에게도 그 건강법을 알려주려고 애를 많이 썼다는 사실을 알았다. 이 부분에서 나는 나 자신의 건강을 위해 무슨 노력을 하고 살아왔는지 반성하지 않을 수 없었다. 정말 막 살아가고 있는 나의 모습이 부끄러웠고 좀 더 노력하는 삶을 살아야겠다고 다짐하였다. 그렇다. 우리는 소중한 자신의 건강을 위해 얼마나 노력하고 있는지 스스로 물음을 던져야 하고 좀 더 겸허하게 자신의 생활을 되돌아보아야 할 것이다. 나는 지금까지는 화학과 더불어 살아왔다면 앞으로 남은 생은 건강 쪽에 좀 더 집중하면서 살아가야겠다고 다짐하기에 이르렀다. 그래서 스스로 3년 이상 건강 공부(생화학 포함)를 다양하게 하면서 건강 실험을 하여 왔고 앞으로도 지속적으로 할 것이다. 이러한 경험을 토대로 우리 학생들에게도 도움을 주고 다른 사람들에게도 미약하나마 도움이 되는 삶을 산다면 더없는 영광이 될 것이다.

지금은 돌아가신, 내가 존경하는 고 김수환 추기경이 텔레비전에 나와 말씀하시는 모습을 본 적이 있다. 그분이 "머리에서 가슴까지 내려오는 데 10년, 가슴에서 다리까지 내려오는 데 30년이 걸렸다"라고 한 말씀이 지금도 생생하게 떠오른다. 어찌 보면 쉬운 것 같지만 정말로 의미심장한 이야기가 아닐 수 없다. 많은 사람들이 많은 지식을 가지고 말을 하지만 그 말의 진의를 느끼지 못하고 실천하지 않는 경우가 허다하다. 김수환 추기경의 말씀은 우리가 아는 지식들 중 옳은 것을 마음으로 느낄 때까지 걸리는 시간과 마음으로 느낀 것을 실천하고 행동하는 데까지 걸리는 시간을 일

깨우고자 한 것으로, 실행이 얼마나 어려운지를 알려주려고 한 것으로 보인다.

나도 약 20여 년간 화학을 학생들에게 지식으로 가르쳐 주었지만, 그 내용을 학생들이 느끼고 일상생활에서 직접 실천하며 살고 있는지 반성하였다. 아무리 화학을 안다고 하여도 자신이 느끼지 못하고 실천하지 못한다면 그냥 머릿속에서 맴돌다 죽은 지식으로 끝나버리고 말 것이기 때문이다. 자신이 쌓은 지식을 좀 더 깊은 상상력을 통하여 다른 것에 적용하려고 노력하는 가운데 융합적 상상력을 키울 수 있고 우리 주변의 실생활에 적용할 수 있는 기회도 늘어날 것이라고 생각한다. 나는 그런 방법의 일환으로 화학을 바탕으로 융합 상상력을 키울 수 있도록 '화학으로 바라본 건강 세상'이란 주제에 따른 융합 교과를 학생들에게 가르치고 있다. 학생들이 화학을 그냥 지식으로만 끝내지 말고, 건강 실험을 통해서 다양한 화학 반응이 내 몸 안에서 일어난다는 사실을 깨닫고 이것을 자신의 건강을 되돌아보는 계기로 삼아 인생을 더욱 건강하게 살아가기를 바란다.

화학이라는 과학의 눈으로 건강을 들여다보면 우리 몸에는 60조 개라는 엄청난 세포가 있음을 알게 된다. 그 많은 세포들이 제 자리에서 자신들이 맡은 임무를 성실히 그리고 훌륭하게 수행하고 있다는 사실을 알면 감사함을 느끼지 않을 수 없다.

하나의 세포에 주목하여 보자. 그 세포의 주변 환경이 얼마나 깨끗하고, 그 세포에 필요한 영양소를 얼마나 원활하게 공급하고 불필요한 노폐물을 어느 정도 제거하느냐에 따라 그 세포의 건강이 좌우될 것이다. 이 모든 것이 혈관을 따라 이동하는 혈액 순환에 달려 있으므로 혈액(환경)을 깨끗하게 유지하는 것이 바로 세포 주변의 환경을 깨끗하게 하는 지름길이다. 근육이 뭉쳐 있어 혈관이 눌려 있으면 혈액의 흐름이 원활하지 못하게 되고, 그에 따라 세포들은 필요한 영양소나 산소를 제대로 공급받지 못할 뿐만 아니라 각종 노폐물이나 독성 물질을 제거하기가 어려워져서 세포 주변 환경이 더러워질 것이다. 만약 세포 주변을 건강하지 않은 환경으로 만들어간다면 단지 시간의 문제일 뿐 언젠가는 건강을 잃어버려 고생할 수밖에 없을 것이다. 그러니 평소에 세포의 환경을 깨끗하고 좋게 만들 수 있도록 노력하고, 만약 지금까지 그렇게 하지 못했다면 그와 관련된 공부를 하고 생활 태도를 획기적으로 바꾸어 나가려고 노력해야 건강을 회복할 수 있을 것이다. 건강은 멀리 있는 것이 아니라 세포 하나하나가 건강해지도록 노력하는 데서 출발한다고 생각한다. 세포를 건강하게 만들려면 모든 세포가 유기적으로 연결되도록 통합 관리가 필요하다. 이런 역할을 하는 것이 바로 신경과 호르몬(혈액 순환 포함)의 작용이다. 60조 개의 세포들이 모두 건강(정신과 신체 건강)해지려면 서로 정보를 전달하고 공유하여 조화와 동적 균형을 이루어야 하고, 이를 위해서는 신경과 호르몬이 필요하며, 나아가 이들을 종합 관리하는 뇌의 역할이 중요해진다. 마음의 안정과 평화를 유지하여 자율 신경과 호르몬이 아름다운 조화와 동적 균형을 이룰 수 있도록 노력하는 자세가 필요하다.

내가 건강 실험을 하면서 깨달은 것이 한 가지 있다. 과거에 건강이 좋지 않았던 원인을 모두 유전자, 즉 건강하게 태어나지 못한 것으로 돌리고 조상 탓을 많이 해온 사실을 알았다. 2014년부터 2019년까지 건강 실험을 하면서 여러 가지 건강 문제가 해결되었고 그에 따라 내 생각도 바뀌었다. 건강이 좋지 않았던 이유가 유전자(조상 탓)에 있는 것이 아니라 많은 경우 내 생활이 잘못되어 건강이 악화된 데 있었다는 사실을 알게 되었다. 2019년 12월 말 현재, 그동안 조상 탓을 해온 나는 초라하기 그지없다. 나는 모든 것이 내 탓이었다는 아주 작은 진실을 알았다. 건강에 문제가 있으면 무조건 유전자(조상 탓)로 돌리지 말고 정말 내 탓은 아니었는지 점검하고 또 확인하여 건강 실험을 해 보기 바란다. 그래서 생활 조건을 바꾸어가면서 건강 문제를 개선할 수 있다는 점을 보여주기 바란다.

내가 언급한 건강 관련 이야기들이 우리 학생들이 융합 상상력을 키우는 기회가 되어주기를 바란다. 그리고 건강 관련 내용을 많은 사람들이 공부하고 그것을 직접 실천하는 방법으로 건강 실험을 하여 건강을 회복하는 데 도움이 되기를 바란다. 나는 이 책이 가깝게는 우리 딸 혜원이와 혜경이에게 도움이 되어 그들이 건강한 삶을 살아가기를 바란다. 그 밖에 가족, 친척들, 친구들 그리고 지인들은 물론 이 책을 읽는 모든 사람에게도 큰 도움이 되었으면 좋겠다. 많은 사람들이 건강 실험을 하고 그 경험을 공유하면서 건강한 사회를 만들어가기를 간절히 기원한다. 여러분에게 도움이 되기를 바라는 마음으로 '나의 건강 실험 이력'을 부록에 실어 놓았다.

나는 인생 후반을 건강 실험을 하는 많은 사람들과 서로 정보를 공유하면서 살아가고자 한다. 그래서 앞으로 인터넷에서 만나 각자 건강을 위하여 얼마나 아름답게 노력하고 있는지 함께 이야기를 나누는 날이 오기를 바란다.

마지막으로 이 책의 출간을 흔쾌히 허락해주신 상상나무(출판사) 김원중 사장님과 김무정 전무님께 깊이 감사드립니다. 또한 이 책의 편집을 도와주신 손광식 선생님과 디자인 작업을 해주신 옥미향 선생님께도 감사 인사를 드립니다.

2020년 1월 새해에 이 주 문